计算机

科学与技术丛书 · 新形态教材

Web前端实战

HTML+CSS+JavaScript全栈开发

微课视频版

李洪建　张熙琨　李振武 ◎ 编著

清華大學出版社

北京

内容简介

本书从HTML最基础的内容开始，逐渐深入到JavaScript，共包含7章。第1章讲述了Web基本概念，对本书所学到的知识进行了初步的讲解。第2章和第3章讲述HTML相关内容，其中第2章讲述了HTML页面中基础网页的构成以及简单实现网页基本内容的方法，第3章讲述了HTML5版本中新增加的标签内容和表格、表单的写法。前3章内容比较轻松，能让读者快速理解前端页面的很多基础知识。第4章和第5章讲述了CSS语言的作用和运用方式，其中第4章主要讲述了对网页中元素的操作方式和一些基础的操作，第5章开始展示并给出对页面整体布局的实际操作和内容的动画效果。第6章讲解JavaScript相关内容，包括基础语法、流程控制、对象。第7章讲述JavaScript中BOM、DOM的操作，以及一些"事件"的使用方式。

本书适合供高等学校相关专业的学生和研究人员作为Web前端的入门和渐进参考书，同样适合作为"1+X"职业技能考试用书。

图书在版编目(CIP)数据

Web前端实战：HTML+CSS+JavaScript全栈开发：微课视频版/李洪建，张熙琨，李振武编著. —北京：清华大学出版社，2023.8
(计算机科学与技术丛书)
新形态教材
ISBN 978-7-302-61917-8

Ⅰ. ①W… Ⅱ. ①李… ②张… ③李… Ⅲ. ①超文本标记语言－程序设计－高等学校－教材 ②网页制作工具－高等学校－教材 ③JAVA语言－程序设计－高等学校－教材 Ⅳ. ①TP312.8 ②TP393.092.2

中国版本图书馆CIP数据核字(2022)第178321号

责任编辑：曾　珊　李　晔
封面设计：吴　刚
责任校对：韩天竹
责任印制：沈　露

出版发行：清华大学出版社
网　　址：http://www.tup.com.cn，http://www.wqbook.com
地　　址：北京清华大学学研大厦A座　　**邮　　编**：100084
社 总 机：010-83470000　　**邮　　购**：010-62786544
投稿与读者服务：010-62776969，c-service@tup.tsinghua.edu.cn
质量反馈：010-62772015，zhiliang@tup.tsinghua.edu.cn
课件下载：http://www.tup.com.cn，010-83470236
印 装 者：三河市人民印务有限公司
经　　销：全国新华书店
开　　本：185mm×260mm　　**印　张**：23　　**字　　数**：560千字
版　　次：2023年9月第1版　　**印　　次**：2023年9月第1次印刷
印　　数：1～2500
定　　价：89.00元

产品编号：091802-01

前言
PREFACE

二十多年前，Internet 在国内开始流行。其中，网页作为互联网的主要载体受到了计算机爱好者的广泛关注。由于网速限制，当时的网页主要承载文本、图片等简单数据，使用 Dreamweaver 即可轻松完成网页制作。而今天，Internet 领域已经改变了太多，用鼠标点几下、拖几下即可完成整个网站的方法已经完全不适用。当今网页制作领域综合了多种技术，初学者该怎样学习网页制作？似乎各大技术高手的教程难度偏高，各技术论坛上长篇累牍的术语，使初学者望而生畏。

我们将网页制作技术粗略划分为前台浏览器端技术和后台服务器端技术。本书主要学习前台浏览器端技术，也就是静态页面制作技术。早期只需要使用 HTML 即可单独完成前台网页制作，而今天需要学习整个 Web 标准体系才能完成规范的前台网页制作。在 Web 标准中，HTML 负责页面结构，CSS 负责样式表现，JavaScript 负责动态行为。本书集合这 3 种技术，引领初学者入门，相比于复杂的后台技术，初学者学习前台技术将更加简单、直观。

本书从初学者的角度出发，展现网页制作独特的魅力，使技术学习不再枯燥、教条。网页制作中融入了很多设计的理念，可以发现，原来冷冰冰的代码变得有趣。本书中的 JavaScript 部分能带领读者入门编程的学习。学完本书后，读者将会发现学习其他程序语言也轻松了很多。本书要求读者边学习边实践操作，每一章都有大量实例供读者参考，避免所学知识流于表面、囿于理论。

同时，本书还综合了很多实际项目中的经验技巧，使读者学习的知识可以迅速应用于相关工作。作为入门书籍，本书涉及技术面比较广，所以不可能讲述所有知识点，但力求所讲内容能马上应用于实践。技术学习的关键是方法，本书在很多实例中强调了方法的重要性，读者只要掌握了各种技术的运用方法，就可在学习更深入的知识时大大提高自学效率。

编　者

2023 年 6 月

微课视频清单

序号	名　　称	位　　置	时长
1	页面跳转	2.1.3 节	2
2	文字标签	2.2.3 节	6′13″
3	文章内容	2.3.3 节	9′37″
4	表格和表单	3.1.3 节	11′13″
5	CSS 初识	4.1.3 节	8′31″
6	CSS 动画	5.2.3 节	7′42″
7	水仙花数	6.1.3 节	3′33″
8	程序计算器	6.2.3 节	11′40″
9	花画廊	7.1.3 节	6′27″

目录

CONTENTS

第1章 Web初识

CHAPTER 1

1.1 Web基本概念

Web出现于1989年3月，起初是起源于欧洲粒子物理研究所(European Organization for Nuclear Research，CERN)的科学家Tim Berners-Lee写的一个关于信息管理的项目建议书(Information Management：A Proposal)。1990年11月，第一个Web服务器开始运行。1991年，CERN正式发布了Web技术标准。1993年，美国伊利诺伊大学国家超级计算应用中心(National Center for Supercomputing Applications，NCSA)的Marc Andreesen及其合作者发布了称为Mosaic的浏览器，这是第一个较健壮的易用的浏览器，它具有友善的图形用户界面。从此，Web迅速成长为全球范围内的信息宝库。1995年，著名的Netscape Navigator浏览器问世。随后，微软公司推出了IE浏览器(Internet Explorer)。目前，与Web相关的各种技术标准都由W3C组织(World Wide Web Consortium)管理和维护。从技术层面看，Web技术主要涉及3个重要内容，即超文本传输协议(HTTP)、统一资源定位符(URL)及超文本标签语言(HTML)，以及5个特征——图形化、与平台无关性、分布式的、动态的、交互。

1.1.1 认识网页

网页是一个包含HTML标签的纯文本文件，它可以存放在世界某个角落的某一台计算机中，是万维网中的一"页"，是超文本标签语言格式(标准通用标签语言的一个应用，文件扩展名为.html或.htm)。网页要通过网页浏览器来阅读，例如百度首页就是一个网页，如图1-1所示。

图1-1　百度首页

从图 1-1 可以看到，文字与图片是构成一个网页的两个最基本的元素。

之后我们按下键盘的 F12 键，就可以通过浏览器的控制台看到网页的实际内容，如图 1-2 所示。

<!doctype html>
<!--STATUS OK-->
<html>
▶<head>…</head>
…▼<body class style> == $0
▶<script>…</script>
▼<div id="wrapper">
▶<script>…</script>
▶<div id="head">…</div>
▶<div class="s_tab" id="s_tab">…</div>
▶<div id="qrcodeCon" class="qrcodeCon ">…</div>
<div id="wrapper_wrapper"></div>
</div>
<div class="c-tips-container" id="c-tips-container"></div>
<script>
window.__async_strategy=2;
</script>
▶<script>…</script>
▶<script>…</script>
▶<script>…</script>
<script type="text/javascript" src="https://dss0.bdstatic.com/5aV1bjqh_Q23odCf/static/superman/js/lib/jquery-1-cc52697ab1.10.2.js"></script>
<script type="text/javascript" src="https://dss0.bdstatic.com/5aV1bjqh_Q23odCf/static/superman/js/sbase-abda8e14ae.js"></script>
▶<style type="text/css">…</style>
▶<script type="text/javascript">…</script>
▶<script>…</script>
▶<script>…</script>
▶<script>…</script>
<script src="https://dss0.bdstatic.com/5aV1bjqh_Q23odCf/static/superman/js/min_super-42c1ac872c.js"></script>
▶<script type="text/javascript">…</script>
<script src="https://ss1.bdstatic.com/5eN1bjq8AAUYm2zgoY3K/r/www/cache/static/protocol/https/global/js/all_async_search_f2dbc0a.js"></script>
▶<script>…</script>
▶<script>…</script>
</body>
</html>

图 1-2 浏览器控制台

可以看到，网页实际上只是一个纯文本文件。它通过各式各样的标签对页面上的文字、图片、表格、声音等元素进行描述（例如字体、颜色、大小），而浏览器则对这些标签进行解释并生成页面，于是就得到了你现在所看到的画面。

1.1.2 名词解释

1. 超文本传输协议

HTTP（Hyper Text Transfer Protocol，超文本传输协议）是用来在互联网上传输文档的通信层协议，它详细规定了浏览器和万维网服务器之间互相通信的规则，是 Web 上最常用、最重要的协议，也是 Web 服务器和 Web 客户（如浏览器）之间传输 Web 页面的基础。HTTP 是建立在 TCP/IP 之上的应用协议，但并不是面向连接的，而是一种请求/应答（Request/Response）式协议。浏览器通常通过 HTTP 向 Web 服务器发送一个 HTTP 请求，其中包括一个方法、可能的几个头、一个体。常用的方法类型包括：GET（请求一个网页）、POST（传送一个表单中的信息）、PUT（存入这个信息、类似于 FTP 中的 PUT）和 DELETE（删除这个信息）。Web 服务器接收到 HTTP 请求之后，执行客户所请求的服务，生成一个HTTP应答返回给客户。在HTTP头中可以定义返回文档的内容类型(MIME类型)、Cache控制、失效时间。MIME类型包括text/html(HTML文本)、image/jpeg(JPEG图)、audio/ra(RealAudio文件)。

2. 统一资源定位符

统一资源定位符(Uniform/Universal Resource Locator,URL)是用于完整地描述Internet上网页和其他资源的地址的一种标识方法。Internet上的每一个网页都具有唯一的名称标识,通常称之为URL地址,好比一个街道在城市中的地址。URL使用数字和字母按一定顺序排列以确定一个地址,这种地址可以是本地磁盘也可以是局域网上的某一台计算机,更多的是Internet上的站点。简单地说,URL就是Web地址,俗称"网址"。

例如,当人们需要访问一个网站时,只需在浏览器的地址栏中输入网站的地址就可以访问该网站。例如在浏览器地址栏中输入:www.baidu.com,就可以访问百度网站。细心的读者会发现,当所要访问的网站打开后,地址栏中的地址变成了http://www.baidu.com。这个地址就是URL。

URL主要由3部分组成:协议类型、存放资源的域名或主机IP地址和资源文件名。

其语法格式如下:

协议名://域名[:端口号]/路径/[;参数][?查询]#字符串

3. Internet网络

互联网又称国际网络,是指网络与网络之间所串连成的庞大网络,这些网络以一组通用的协议相连,形成逻辑上的单一巨大国际网络。

互联网始于1969年美国的阿帕网。通常internet泛指互联网,而Internet则特指因特网。这种将计算机网络互相联结在一起的方法可称作"网络互联",在这基础上发展出覆盖全世界的全球性互联网络称互联网。互联网并不等同万维网,万维网只是一个基于超文本相互链接而成的全球性系统,且是互联网所能提供服务的其中之一。

4. W3C

W3C是英文World Wide Web Consortium的缩写,中文意思是W3C理事会或万维网联盟。W3C于1994年10月在麻省理工学院计算机科学实验室成立,创建者是万维网的发明者Tim Berners-Lee。

W3C组织是对网络标准制定的一个非营利组织,像HTML、XHTML、CSS、XML等标准就是由W3C制定的。W3C会员(大约500名会员),包括生产技术产品及服务的厂商、内容供应商、团体用户、研究实验室、标准制定机构和政府部门)一起协同工作,致力于在万维网发展方向上达成共识。

5. DNS

简单地说,DNS(Domain Name System,域名系统)就是把我们输入的网站域名翻译成IP地址的系统。

比如我们想访问百度网站,键入www.baidu.com,但是计算机不能理解这串字符的含义。于是就把这串字符发送给DNS(域名系统),系统将地址解析119.75.217.109(实际上能理解的就是这个数字),并转向这个IP地址。于是我们就成功地打开了百度的网页。

当然如果直接输入http://119.75.217.109/也能找到百度网站。但很少会有人这么做。因为大多数人对数字的记忆能力没这么强。这就是域名解析服务器的价值所在。

所以我们上网时网页打开慢,有时并不是网络问题而是 DSN 服务器的问题。有时打开网页会莫名其妙地跳出运营商的广告,或者一些别的广告,这并非计算机或者手机中毒的现象,可能是 DNS 被劫持的缘故。

1.1.3 了解 Web 标准

Web 标准不特指某一个标准,而是一系列标准的集合。网页主要由 3 部分组成:结构(Structure)、表现(Presentation)和行为(Behavior)。对应的标准也分为 3 方面:结构化标准语言主要包括 XHTML 和 XML,表现标准语言主要包括 CSS,行为标准主要包括对象模型(如 W3C DOM)、ECMAScript 等。这些标准大部分由万维网联盟(W3C)起草和发布,也有一些是其他标准组织制定的标准,比如 ECMA(European Computer Manufacturers Association)的 ECMAScript 标准。

Web 标准使得 Web 开发更加容易。

简单来说,Web 标准可以分为结构、表现和行为。

结构主要由 html 标签组成,在页面 body 中写入的标签都是为了构建页面的结构。

表现即 CSS 样式表。通过 CSS 可以让结构标签变得更具美感。

行为是指页面与用户具有一定的交互,主要是由 JavaSeript 实现。

为什么要有 Web 标准

开发人员按照 Web 标准制作网页,使得开发工作更加简单,因为开发人员可以很容易了解彼此的编码。

使用 Web 标准,将确保所有浏览器正确显示网站内容而无须费时重写。

遵守标准的 Web 页面使得搜索引擎更容易访问并收入网页,也可以更容易地将网页转换为其他格式,并更易于访问程序代码(如 JavaScript 和 DOM)。

1.2 网页制作入门

1.2.1 HTML 简介

超文本标记语言(HyperText Mark-up Language,HTML)是目前网络上应用最为广泛的语言,也是构成网页文档的主要语言。网页的本质就是超文本标记语言,通过结合使用其他的 Web 技术(如脚本语言、公共网关接口、组件等),可以创造出功能强大的网页。因而,超文本标签语言是万维网(Web)编程的基础,也就是说,万维网是建立在超文本基础之上的。之所以被称为超文本标记语言,是因为 HTML 文本中包含了所谓“超级链接”。HTML 语言都能够把存放在一台计算机中的文本或资源与另一台计算机中的文本或资源方便地联系在一起,从而形成有机的整体。例如,人们访问 Internet 时不用考虑具体信息所处的位置,只需在某一文档中单击一个图标或链接,Internet 就会马上转到与此图标或链接相关的页面上去,而这些信息可能存放在网络的任意一台计算机中。

超文本标记语言文档制作简单,功能强大,支持不同数据格式的文件嵌入。HTML 的主要特点如下:

- 简易性。HTML 是包含标签的文本文件,可使用任何文本编辑工具进行编辑,语言版本升级采用超集成方式,从而更加灵活方便。

- 可扩展性。HTML 语言的广泛应用带来了加强功能，增加标识符等要求，HTML 采取扩展子类元素的方式，从而为系统扩展带来保证。
- 平台无关性。HTML 基于浏览器解释运行，目前几乎所有的 Web 浏览器都支持 HTML，而与操作系统无关。
- 通用性。HTML 是一种简单、通用的全置标记语言。它允许网页制作人建立文本与图片相结合的复杂页面，这些页面可以被网上任何人浏览，无论使用的是什么类型的计算机或浏览器。

1.2.2　CSS 简介

CSS 即层叠样式表，其中的样式定义如何显示 HTML 元素。对于一个大型的网页，如果所有代码都写在一个 HTML 文件中，则很不容易管理，同时代码的简洁度也不够，所以将 HTML 文件内相同的样式提取出来，写到专门的 CSS 文件内，再通过引用的方式得以展现。这可以大大提高代码的复用率，提高整体开发的效率。

CSS 语言的特点主要包括：

(1) 丰富的样式定义。CSS 提供了丰富的文档样式外观；易于使用和修改，CSS 可以将样式定义在 HTML 元素的 style 属性中，也可以定义在 HTML 文档的 header 部分，还可以定义在专门的 CSS 文件中，供 HTML 文件引用。修改时只需要修改定义的那部分代码，不需要修改所有使用这个样式的标签。

(2) 易于管理。CSS 可以将相同样式的元素进行归类，使用同一个样式进行定义，也可以将某个样式应用到所有同名的 HTML 标签中，还可以将一个 CSS 样式指定到某个页面元素中。如果要修改样式，只需要在样式列表中找到相应的样式声明进行修改。

(3) 多页面应用。CSS 样式可以供任何页面文件引用。

(4) 页面压缩。样式声明在 CSS 样式表中，可以大大减少 HTML 页面的内容，减少页面加载的时间。

1.2.3　JavaScript 简介

JavaScript(简称 JS)是一种具有函数优先的轻量级、解释型或即时编译型的编程语言。虽然它是作为开发 Web 页面的脚本语言而出名，但是它也被用于很多非浏览器环境中，JavaScript 基于原型编程、多范式的动态脚本语言，并且支持面向对象、命令式、声明式、函数式编程范式。

JavaScript 在 1995 年由 Netscape 公司的 Brendan Eich 在网景导航者浏览器上首次设计实现。因为 Netscape 与 Sun 合作，Netscape 管理层希望它外观看起来像 Java，因此取名为 JavaScript。但实际上它的语法风格与 Self 及 Scheme 较为接近。

JavaScript 的标准是 ECMAScript。截至 2012 年，所有浏览器都完整地支持 ECMAScript 5.1，旧版本的浏览器至少支持 ECMAScript 3 标准。2015 年 6 月 17 日，ECMA 国际组织发布了 ECMAScript 的第 6 版，该版本正式名称为 ECMAScript 2015，但通常被称为 ECMAScript 6 或者 ES2015。

1.2.4 常见浏览器介绍

1990 年，Tim Berners-Lee 发明了第一个网页浏览器 WorldWideWeb，后来改名为 Nexus。浏览器是指可以显示网页服务器或者文件系统的 HTML 文件（标准通用标签语言的一个应用）内容，并让用户与这些文件交互的一种软件，浏览器负责按照编码规则，将网页开发者编写的代码翻译成形式丰富的网页。

1. IE（Internet Explorer）浏览器

Internet Explorer 浏览器简称 IE 浏览器，如图 1-3 所示，是微软公司（Microsoft）发布的一款免费的 Web 浏览器。Internet Explorer 发布于 1995 年，是当今最流行的浏览器之一。目前最新的 IE 浏览器的版本是 IE 11。

2. Chrome 浏览器

Chrome 浏览器由谷歌公司开发，中文名为“谷歌浏览器”，如图 1-4 所示，它是一款免费的开源 Web 浏览器，整个界面干净清爽，是配置最高的一款浏览器。该浏览器的优点是：不易崩溃、速度快、几乎隐身、搜索简单、标签灵活、更加安全。

3. Firefox 浏览器

Firefox 浏览器，中文名为“火狐浏览器”，如图 1-5 所示，它是一个开源的浏览器，由 Mozilla 基金会和开源开发者一起开发，一般正常使用需要的插件里面都有，也是当今最流行的浏览器之一。Firefox 可以在 Windows、Mac OS X、Linux 和 Android 上运行。

图 1-3 Internet Explorer 浏览器

图 1-4 Chrome 浏览器

图 1-5 Firefox 浏览器

1.3 编译软件的安装

下面介绍几种开发环境的安装全过程。

1.3.1 Visual Studio Code

下面详细介绍 Visual Studio Code 的安装过程。

（1）打开链接 https://visualstudio.microsoft.com/，下载与你的计算机系统匹配的安装包。如图 1-6 所示为下载界面。

（2）下载好安装包后，双击如图 1-7 所示图标即可运行。

（3）选中“我同意此协议”单选按钮，如图 1-8 所示。单击“下一步”按钮。更改软件安装目录，建议安装到 C 盘以外的磁盘中。

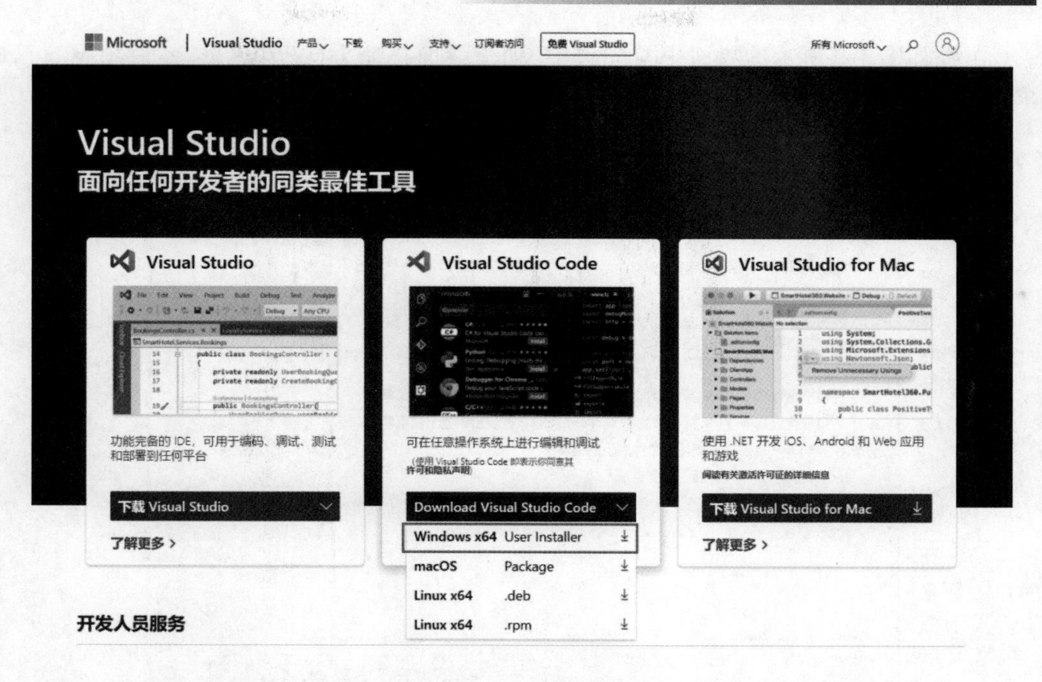

图 1-6　下载 Visual Studio Code 工具

图 1-7　VSCode 安装程序图标

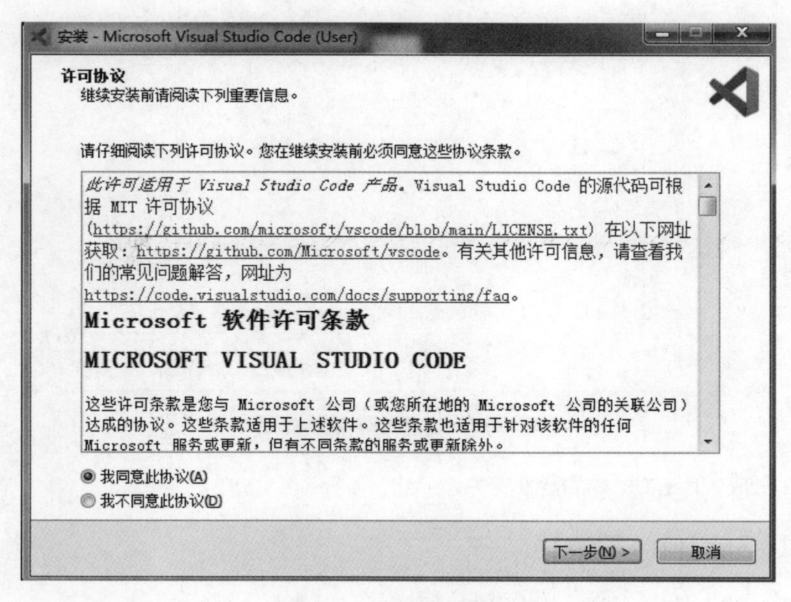

图 1-8　许可协议界面

(4) 在如图 1-9 所示的界面中首先选中“创建桌面快捷方式”复选框，然后根据自己的需求，选择其他的选项，单击“下一步”。

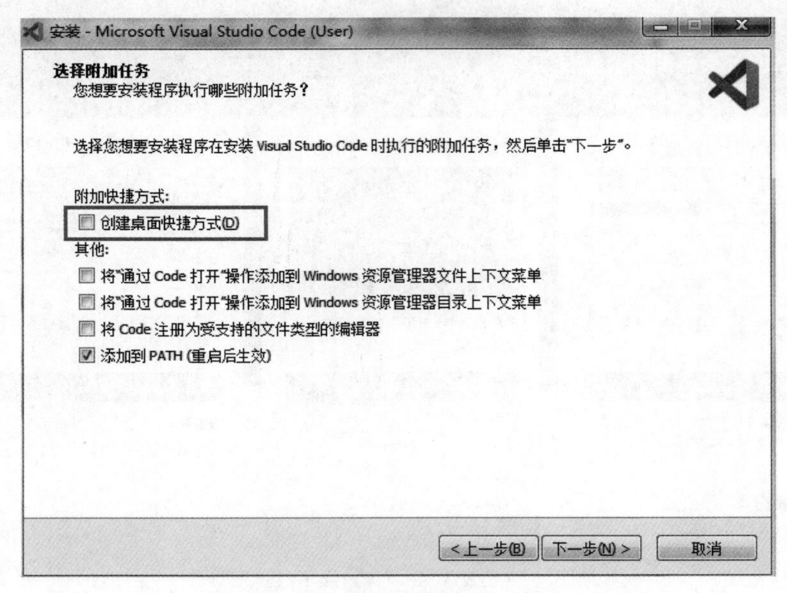

图 1-9　选择其他任务界面

(5) 单击“安装”按钮。如图 1-10 所示。

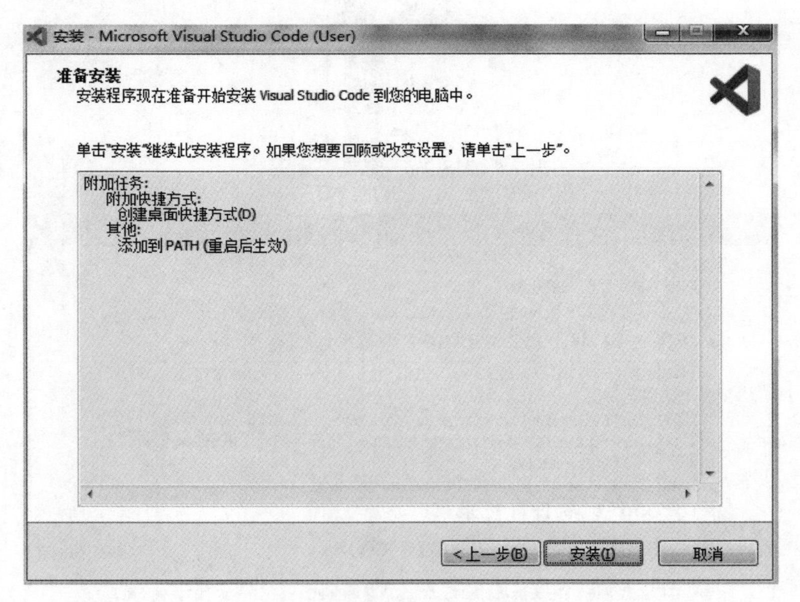

图 1-10　安装准备就绪界面

(6) 安装完成，单击“完成”按钮。

1.3.2 Sublime Text

下面详细介绍 Sublime Text 的安装过程。

(1) 打开链接：https://www.sublimetext.com/3,这里选择与你的计算机相匹配的安装包,如图 1-11 所示。

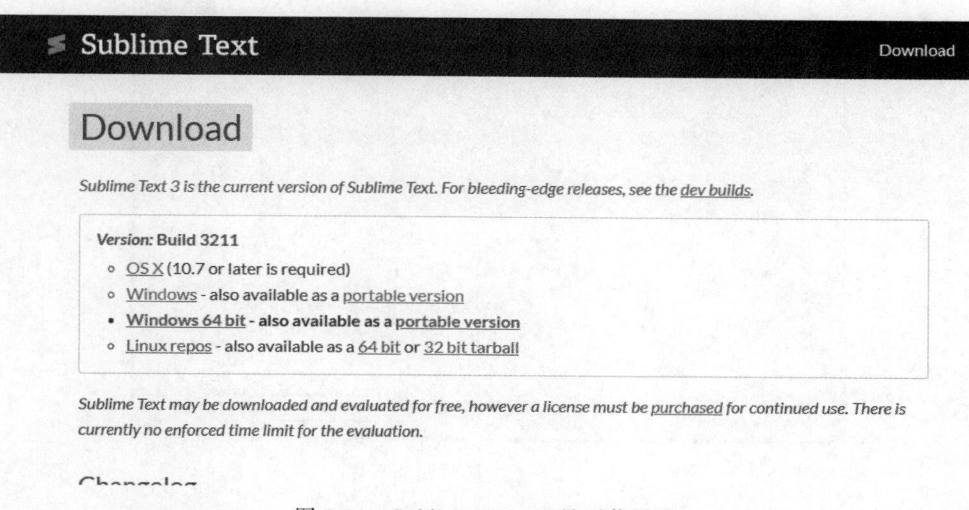

图 1-11 Sublime Text 工具下载界面

(2) 打开安装包,选择一个合适的安装目录,并单击 Next 按钮,如图 1-12 所示。

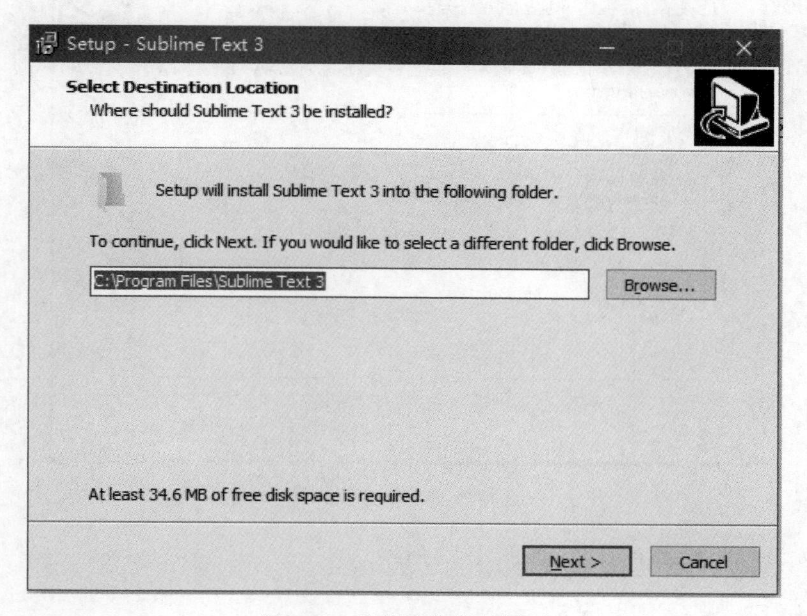

图 1-12 选择安装路径界面

(3) 单击 Next 按钮之后会提示是否添加至“开始”菜单,这里选择“添加”,如图 1-13 所示。

(4) 安装选项配置好之后,单击 Install 按钮开始安装,如图 1-14 所示。

1.3.3 Dreamweaver CS6

下面详细介绍 Dreamweaver CS6 的安装过程。

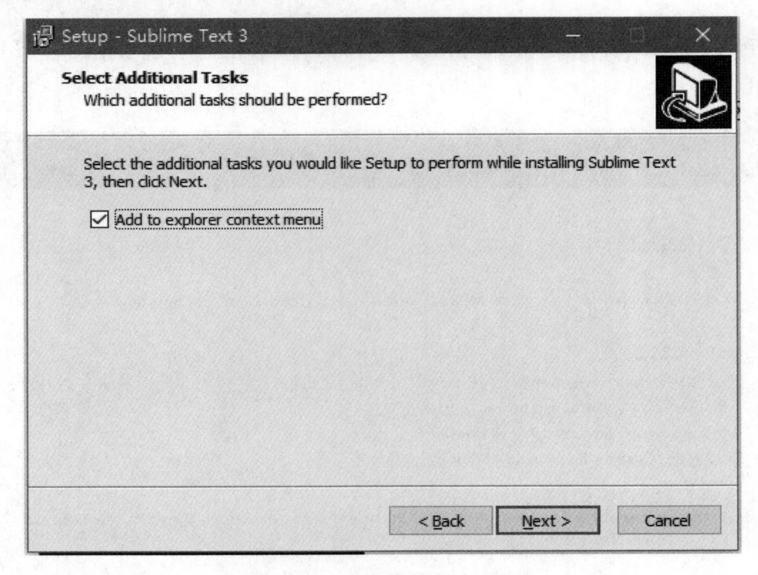

图 1-13　选择其他任务界面

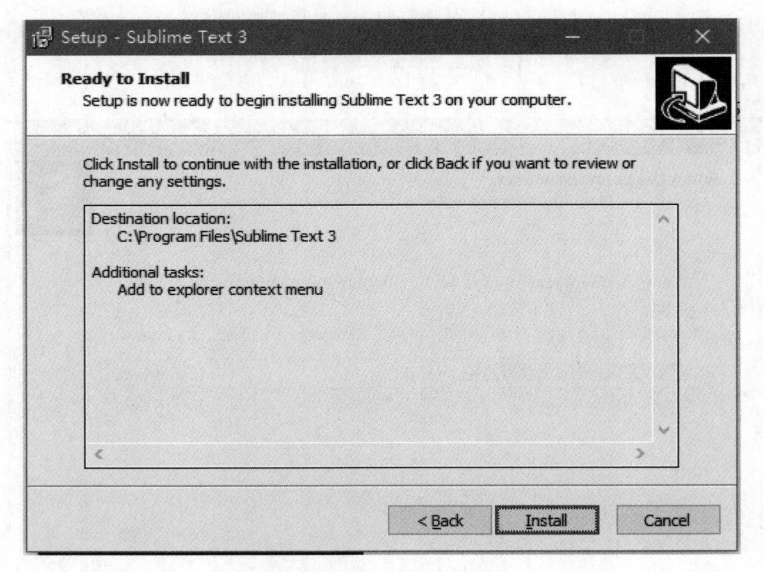

图 1-14　准备安装界面

（1）将安装包下载到计算机，如图 1-15 所示。

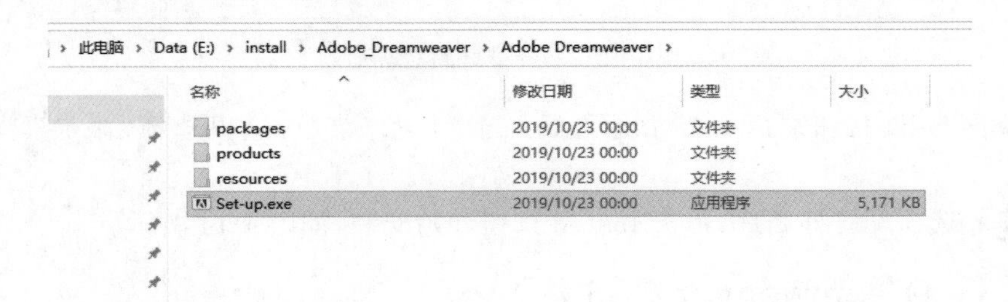

图 1-15　安装目录

(2) 运行 Dreamweaver_CS6 安装程序,如图 1-16 所示。

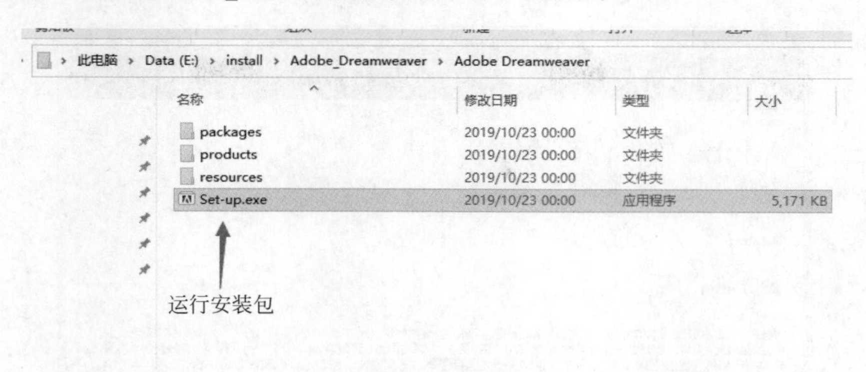

图 1-16 安装程序

(3) 启动安装程序后可能会出现如图 1-17 所示的提示框,单击"忽略"按钮即可,如图 1-17 所示。

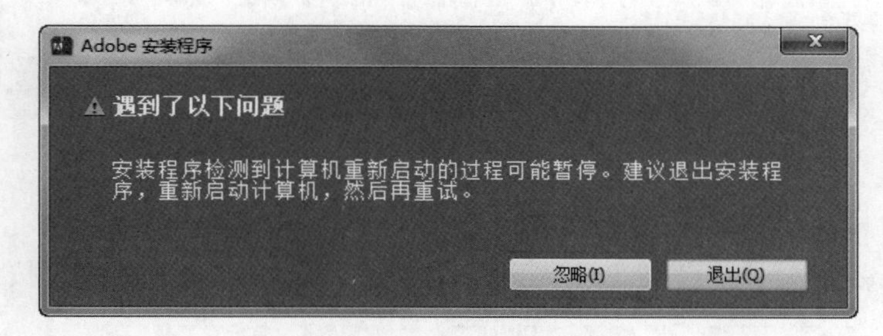

图 1-17 安装时出现的提示框

(4) 接下来就开始进行安装了,这里先选择"试用"选项,如图 1-18 所示。

图 1-18 欢迎界面

（5）单击“接受”按钮，如图 1-19 所示。

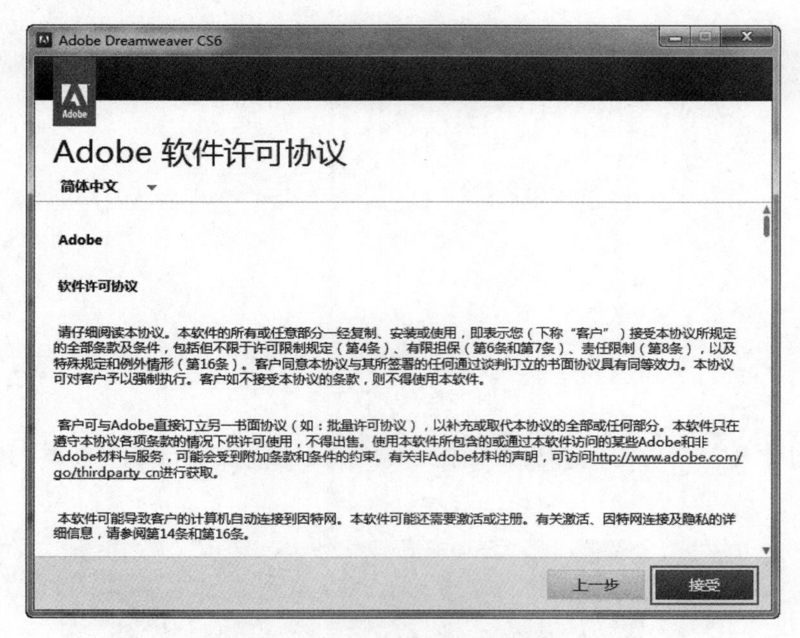

图 1-19　Adobe 软件许可协议界面

（6）接受许可协议后，Adobe Dreamweaver CS6 将会要求登录你的 Adobe 账号进行注册，如图 1-20 所示。如果你已经登录 Adobe 账号，那么直接单击“下一步”按钮即可。

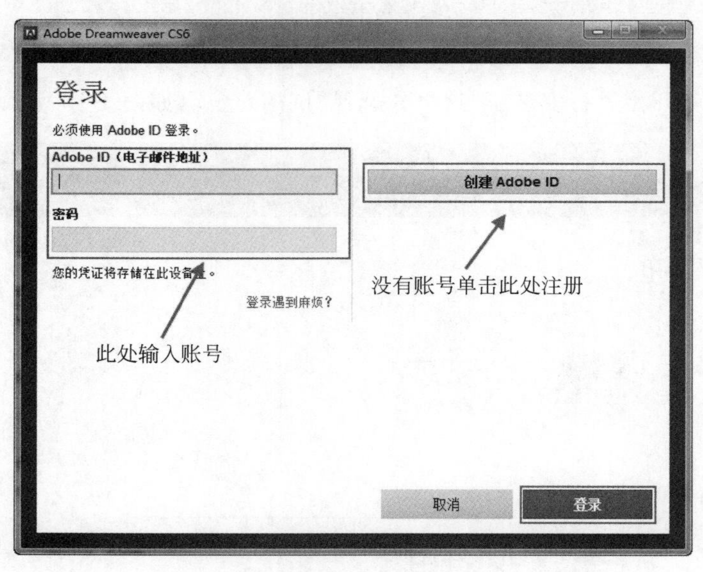

图 1-20　安装登录界面

（7）登录操作完成后就进入安装内容界面了，选择需要安装的版本和安装目录之后单击“安装”按钮即可，如图 1-21 所示。

（8）如图 1-22 所示，需等待安装完成，这个过程需要 5～10 分钟。

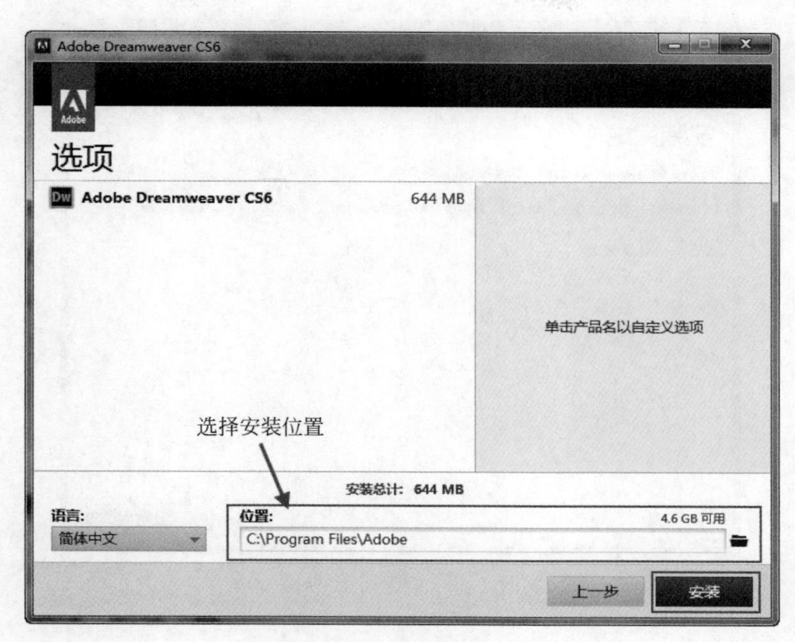

图 1-21 选项界面

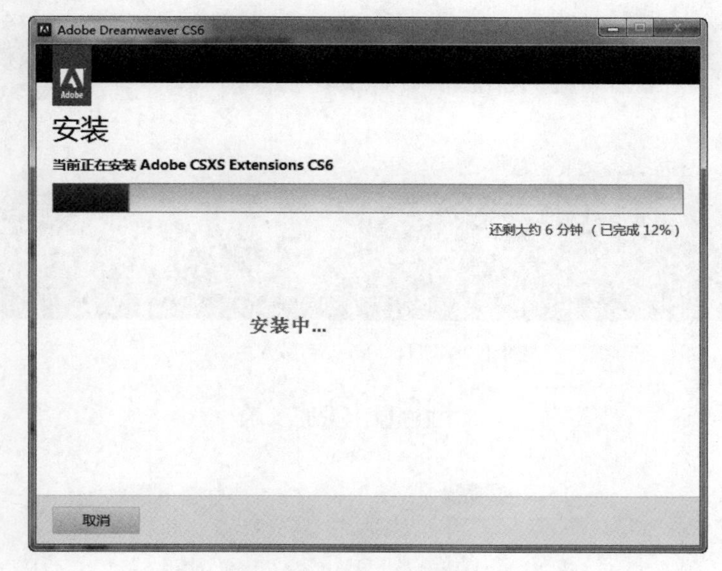

图 1-22 安装界面

(9) 程序安装完毕,单击“立即启动”按钮先看看程序是否安装完整,然后关闭程序,如图 1-23 所示。

1.3.4 HBuilder X

(1) 打开浏览器,输入 https://www.dcloud.io/hbuilderx.html,进入该网页,并单击 DOWNLOAD 按钮,如图 1-24 所示。

(2) 根据计算机的配置和自己的需求选择性下载,如图 1-25 所示。

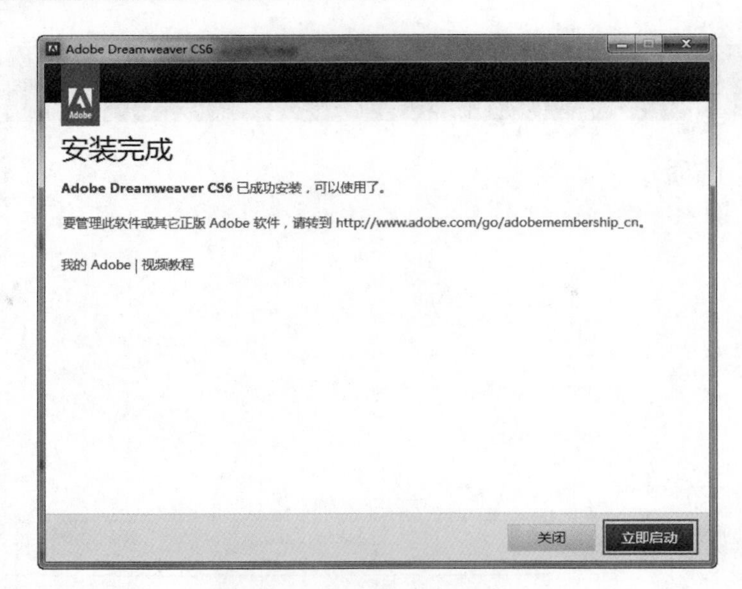

图 1-23　安装完成界面

图 1-24　HBuilder X 官方主页

图 1-25　HBuilder X 工具下载页

（3）下载完成后进行解压，如图 1-26 所示。

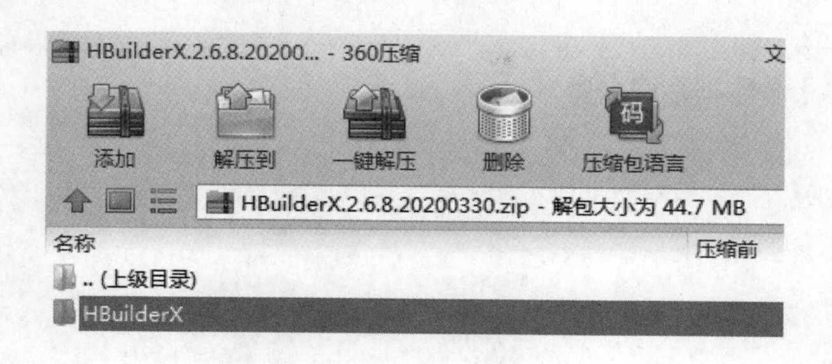

图 1-26　HBuilder 安装文件

（4）解压完成后，选择 HBuilder X. exe 运行即可，如图 1-27 所示。

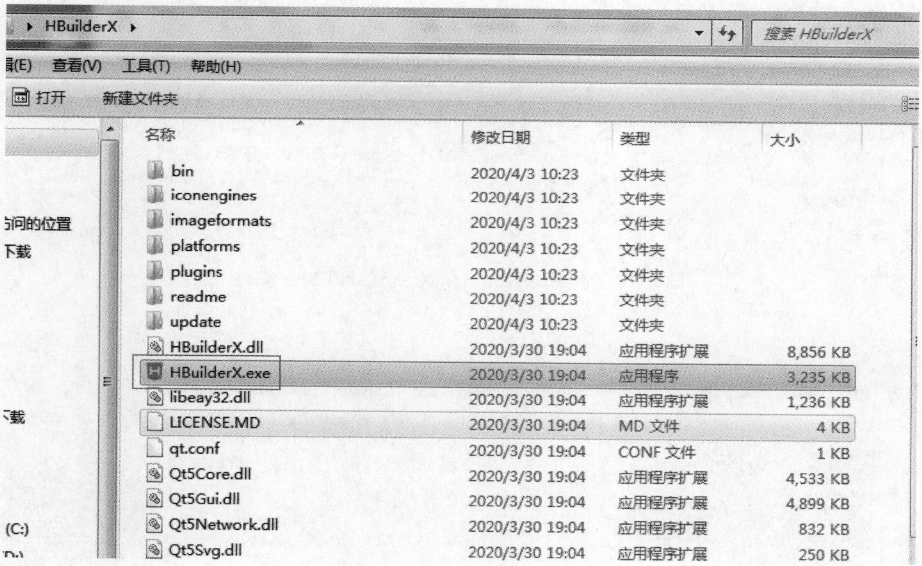

图 1-27　HBuilder X 程序目录

1.4　HBuilder X 的使用

根据上述内容选择一个自己想用的软件。这里介绍 HBuilder X 的使用方式。

（1）打开 HBuilder X 软件，在菜单栏单击“文件”→“新建”→“7. html 文件”选项，如图 1-28 所示。

（2）在“新建 html 文件”窗口，依次填写文件名、文件保存路径，并选择默认模板，单击“创建”按钮，如图 1-29 所示。

（3）在创建好的 HTML 文件中添加内容，然后在菜单栏单击“运行”→“运行到浏览器”→Chrome 命令，如图 1-30 所示。

（4）HTML 文件的运行结果如图 1-31 所示。

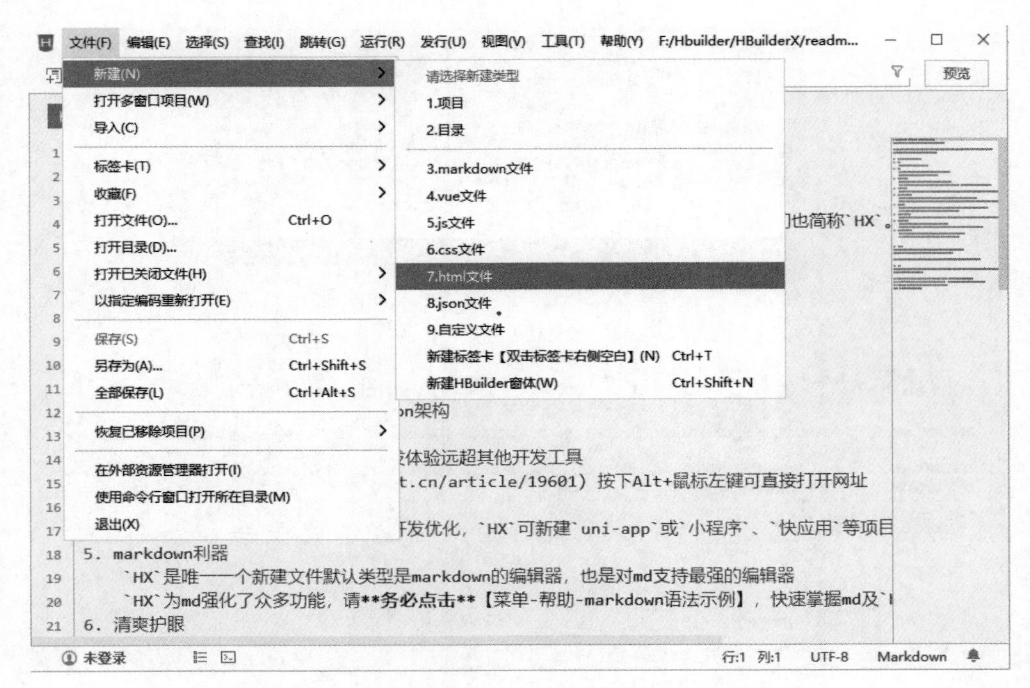

图 1-28　使用 HBuilder X 新建 HTML 文件

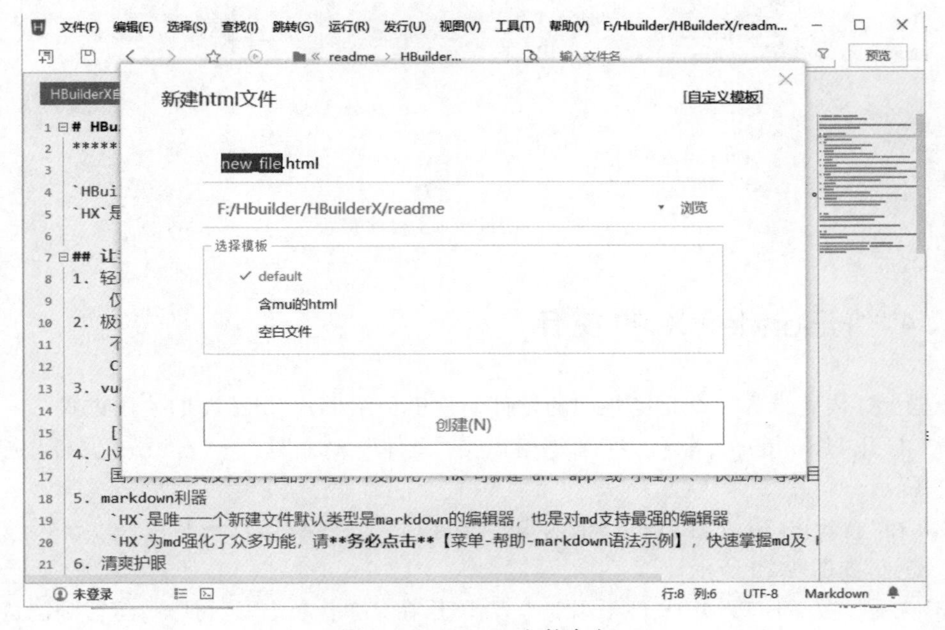

图 1-29　HTML 文件命名

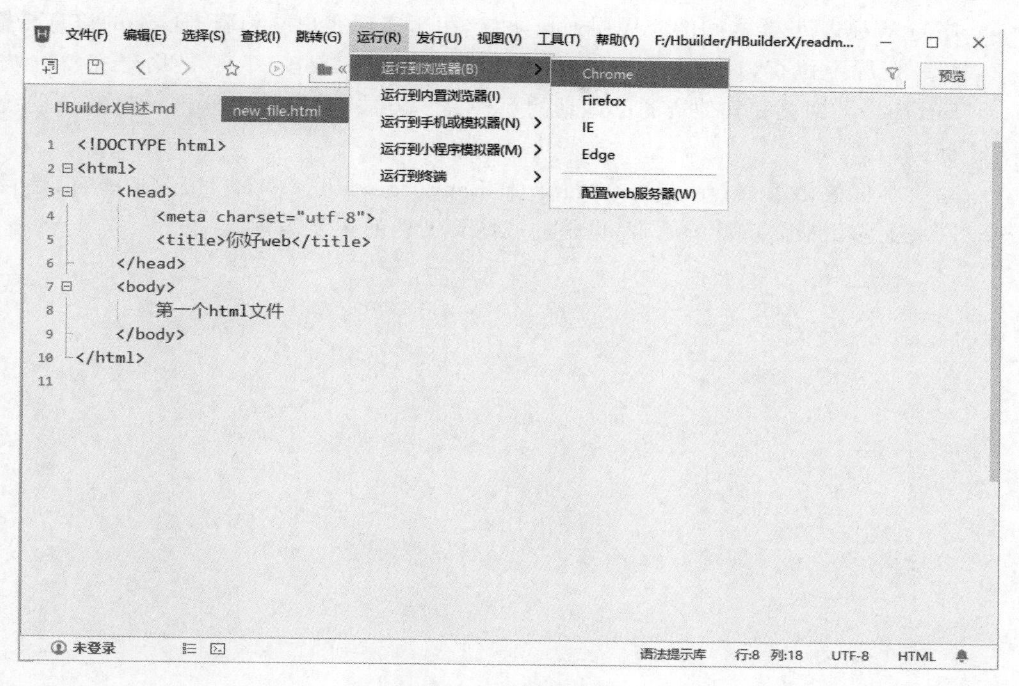

图 1-30　选择浏览器

图 1-31　浏览器浏览效果

本章小结

本章的主要知识点如下：

- 从技术层面看，Web 技术主要有 3 点，即超文本传输协议(HTTP)、统一资源定位符(URL)及超文本标签语言(HTML)。
- Web 技术有 5 个特征：图形化、与平台无关性、分布式、动态性以及交互性。
- Web 标准不是某一特定的标准，简单来说，是由结构(structure)、表现(presentation)和行为(behavior)3 部分组成的一系列标准的集合。
- 超文本传输协议(HyperText Transfer Protocol，HTTP)是客户端浏览器或其他程序与 Web 服务器之间的应用层通信协议，用于实现客户端和服务器端的信息传输。

- 统一资源定位符（Uniform/Universal Resource Locator，URL）是用于完整地描述 Internet 上网页和其他资源的地址的一种标识方法，是实现互联网信息定位的统一标识。
- 超文本标签语言（HyperText Mark-up Language，HTML）即 HTML 语言，是目前网络上应用最为广泛的语言，也是构成网页文档的主要语言。

第 2 章 HTML 网页的初步构建

CHAPTER 2

2.1 初识网页

2.1.1 案例描述

浏览网站已经成了现代人必不可少的一个获取信息的途径。当你查阅资料时，会用到百度、搜狗等搜索网站进行搜索，而网站由一个个网页构成，它主要由多媒体和文字组成。本节将创建一个最基础的 HTML 文件，并且可以在 2 秒后跳转到其他指定的页面，如图 2-1 和图 2-2 所示。

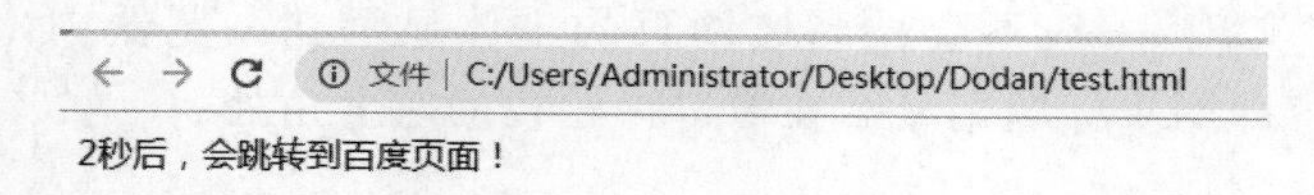

图 2-1　案例 1

图 2-2　跳转结果

2.1.2 知识引入

HTML 的标签总是封装在一对尖括号中，如< HTML >和</HTML >。这些标签通常成对出现，后一个标签在前一个标签的基础上加一个斜杠，表示作用范围是它们之间的文档。这类标签称为“双标签”，其语法格式是：<标签>内容</标签>。其中“内容”部分就是要被这对标签施加作用的部分。另外，某些标签称为“单标签”，因为它只需单独使用就能完整地表达意思，这类标签的语法是<标签/>。一个标准的 HTML 文档如下：

```
<!DOCTYPE html>
<html lang="en">
<head>
<meta charset="UTF-8">
<meta name="viewport" content="width=device-width, initial-scale=1.0">
<title>Document</title>
</head>
<body>
</body>
</html>
```

1. <html>标签

HTML 文件均以<html>标签开始，以</html>标签结束，在这两个标签中间嵌套其他标签。HTML 标签告诉浏览器这两个标签之间的内容是 HTML 文档，需要浏览器用 HTML 格式解释它，直到遇见文件尾部的</html>。其格式如下：

```
<html></html>
```

2. <head>标签

<head>…</head>标签之间的内容用于描述页面的头部信息，如页面的标题、作者、摘要、关键词、版权、自动刷新等信息，是文档的起始部分，主要用来描述文档的一些基本性质，通过嵌入的标签来实现，一般不会被当成网页的主体显示在浏览器中，但位于<title>和</title>之间的内容即网页标题则显示在窗口标题栏的左上角处。

```
<head>
<title>网页标题</title>
</head>
```

3. <body>标签

<body>标签用于定义正文内容的开始，</body>用于定义正文内容的结束。在<body>和</body>之间的内容即为页面的主体内容，网页正文中的所有内容包括文字、表格、图像、声音和动画等都包含在这对标签之间。在主体中除了可以书写正文文字外，还可以嵌入许多由专用标签标识的内容，这些标签将在后续章节中陆续介绍。主体部分格式如下：

```
<body>正文内容</body>
```

4. <title>标签

<title>标签可定义文档的标题，也叫作“标题标签”。<title>标签是<head>标签中唯一要求包含的东西。<title>标签主要的作用有两点：一是告诉访客该网站的主题是什么，二就是给搜索引擎索引，告诉搜索引擎该篇文章是以什么内容为主题。也就是说，<title>标签对于普通访客和搜索引擎起到索引指路的作用，而且对于搜索引擎会根据此标签将网站或文章合理归类，所以对于搜索引擎来说，<title>标签起到了很大的作用，其格式如下：

```
<title>标题内容</title>
```

<meta>标签是 HTML 文档 HEAD 区的一个关键标签，它大多位于 HTML 文档的<head>和<title>之间(有些也不是在<head>和<title>之间)。它提供的信息虽然用户不可见，但是文档的最基本的元信息。<meta>除了提供文档字符集、使用语言、作者等基本信息外，还涉及对关键词和网页等级的设定。

<meta>标签可分为两大部分：name 和 http-equiv。

1) name

name 属性主要用于描述网页，与之对应的属性值为 content，content 中的内容主要是便于搜索引擎机器人查找信息和分类信息用的。

<meta>标签的 name 属性语法格式如下：

```
<meta name = "参数" content = "具体参数值"
```

其中，name 属性主要有以下几种参数：

(1) keywords(关键字)：keywords 用来告诉搜索引擎网页的关键字是什么。

```
<meta name = "Keywords" content = "meta 总结,html meta,meta 属性,meta 跳转"
```

(2) description(网站内容描述)：description 用来告诉搜索引擎网站的主要内容。

```
<meta name = "description" content = "haorooms 博客,html 的 meta 总结,meta 是 html 文档 head 区的一个关键标签.">
```

(3) robots(机器人向导)：robots 用来告诉搜索引擎哪些页面需要索引，哪些页面不需要索引。content 的参数有 all、none、index、noindex、follow、nofollow，默认是 all。

```
<meta name = "robots" content = "none">
```

具体参数含义如下：

all——文件将被检索，且页面上的链接可以被查询。

none——文件将不被检索，且页面上的链接不可以被查询。

index——文件将被检索。

follow——页面上的链接可以被查询。

noindex——文件将不被检索，但页面上的链接可以被查询。

nofollow——文件将被检索，但页面上的链接不可以被查询。

(4) author(作者)——标注网页作者。

```
<meta name = "author" content = "root,root@xxx.com">
```

(5) generator——<meta>标签的 generator 的信息参数，说明网站由什么软件制作。

```
<meta name = "generator" content = "信息参数">
```

(6) copyright——代表网站版权信息。

```
<meta name = "copyright" content = "信息参数">
```

（7）revisit-after：revisit-after代表网站重访，7days代表7天，以此类推。

```
<meta name = "revisit - after" content = "7days">
```

2）http-equiv

http-equiv相当于http的文件头，它可以向浏览器传回一些有用的信息，以帮助正确和精确地显示网页内容，与之对应的属性值为content，content中的内容其实就是各个参数的变量值。

<meta>标签的http-equiv属性语法格式如下：

```
<meta http - equiv = "参数" content = "参数变量值">;
```

其中，http-equiv属性主要有以下几种参数：

（1）expires(期限)——可以用于设定网页的到期时间。一旦网页过期，必须到服务器上重新传输。

```
<meta http - equiv = "expires" content = "Fri,12Jan20018: 18: 18GMT">
```

注意：必须使用GMT的时间格式。

（2）Pragma(cache模式)——禁止浏览器从本地计算机的缓存中访问页面内容。

```
<meta http - equiv = "Pragma" content = "no - cache">
```

注意：这样设定，访问者将无法脱机浏览。

（3）Refresh(刷新)：自动刷新并指向新页面。

```
<meta http - equiv = "Refresh" content = "2"; URL = "http://www.haorooms.com">
```

注意：其中的2是指停留2秒后自动刷新到URL网址。

（4）Set-Cookie(cookie设定)：如果网页过期，那么存盘的cookie将被删除。

```
<meta http - equiv = "Set - Cookie" content = "cookie value = xxx;expries = Friday,12 - Jan -
200118:18:18GMT:path = /">
```

注意：必须使用GMT的时间格式。

（5）Window-target(显示窗口的设定)——强制页面在当前窗口以独立页面显示。

```
<meta http - equiv = "Window - target" content = "_top">
```

注意：用来防止别人在框架里调用自己的页面。

（6）content-Type(显示字符集的设定)——设定页面使用的字符集。

```
<meta http - equiv = "content - Type" content = "text/html;charset = gb2312">
```

<meta>标签的 charset 的信息参数为 GB2312 时，说明网站采用的编码是简体中文。

<meta>标签的 charset 的信息参数为 BIG5 时，说明网站采用的编码是繁体中文。

<meta>标签的 charset 的信息参数为 iso-2022-jp 时，说明网站采用的编码是日文。

<meta>标签的 charset 的信息参数为 ks-c-5601 时，说明网站采用的编码是韩文。

<meta>标签的 charset 的信息参数为 ISO-8859-1 时，说明网站采用的编码是英文。

<meta>标签的 charset 的信息参数如 UTF-8 时，说明网站采用的是世界通用的语言编码。

(7) content-Language(显示语言的设定)。

```
<meta http-equiv="content-Language" content="zh-cn"/>
```

(8) Cache-Control——指定请求和响应遵循的缓存机制。

在请求消息或响应消息中设置 Cache-Control 并不会修改另一个消息处理过程中的缓存处理过程。请求时的缓存指令包括 no-cache、no-store、max-age、max-stale、min-fresh、only-if-cached，响应消息中的指令包括 public、private、no-cache、no-store、no-transform、must-revalidate、proxy-revalidate、max-age。各个消息中的指令含义如下：

public 指示响应可被任何缓存区缓存。

private 指示对于单个用户的整个或部分响应消息，不能被共享缓存处理。这允许服务器仅仅描述当用户的部分响应消息，此响应消息对于其他用户的请求无效。

no-cache 指示请求或响应消息不能缓存。

no-store 用于防止重要的信息被无意地发布。在请求消息中发送将使得请求和响应消息都不使用缓存。

max-age 指示客户机可以接收生存期不大于指定时间(以秒为单位)的响应。

min-fresh 指示客户机可以接收响应时间小于当前时间加上指定时间的响应。

max-stale 指示客户机可以接收超出超时期间的响应消息。如果指定 max-stale 消息的值，那么客户机可以接收超出超时期指定值之内的响应消息。

(9) http-equiv="imagetoolbar"：指定是否显示图片工具栏，当为 false 代表不显示。当为 true 代表显示。

```
<meta http-equiv="imagetoolbar" content="false"/>
```

(10) Content-Script-Type：W3C 网页规范，指明页面中脚本的类型。

```
<meta http-equiv="Content-Script-Type" content="text/javascript"/>
```

2.1.3　案例实现

页面跳转

1. 案例分析

如图 2-1 所示是一个最基本的网页创建案例，要求 2 秒后跳转到百度页面，跳转功能用<meta>标签实现。

2. 代码实现

1) 制作页面结构

根据上面的分析，首先创建一个基本网页，代码如下：

```
<html>
<head>
<title>Meta 标签</title>
</head>
<body>
2 秒后，会跳转到百度页面！
</body>
</html>
```

2）实现跳转

接下来要实现跳转，这里使用< meta >标签实现，在< head >标签中加入以下代码：

```
<meta http-equiv = "refresh" content = "2;url=https://www.baidu.com/">
```

即可完成跳转。

3. 运行效果

上述代码运行后，显示结果如图 2-3 所示。

← → C ⓘ 文件 | C:/Use

2秒后，会跳转到百度页面！

图 2-3 运行效果

2.2 简介页面

2.2.1 案例描述

网页呈现的样式是多种多样的，浏览新闻、公告、简介等是获取信息的重要途径。其实，制作一个公告页面并不复杂，本案例使用字体标签、标题标签等制作如图 2-4 所示的页面。

2.2.2 知识引入

1. 标题标签

在 HTML 网页中有一种很常用的标题标签（< hx >），注意在实际使用< hx >标签时，x 需要用数字 1～6 代替。< h1 >～< h6 >标签可定义标题。< h1 >定义字号最大的标题。< h6 >定义字号最小的标题，效果如图 2-5 所示。

木地酒庄志甄级维代尔白冰酒2012
Woodland Vidal Premium Icewine
类型Type ：甜型白冰酒 Sweet Icewine
葡萄品种Grape Variety： 维代尔 Vidal
酒精度Alcoholic Strength ：10.5%vol
葡萄采摘年份Vintage：2012
产区Wine Region： 加拿大/尼亚加拉湖边小镇
等级Class: **VQA**
净含量Net Weight:*375ml*
价格：￥368

图 2-4 商品页面

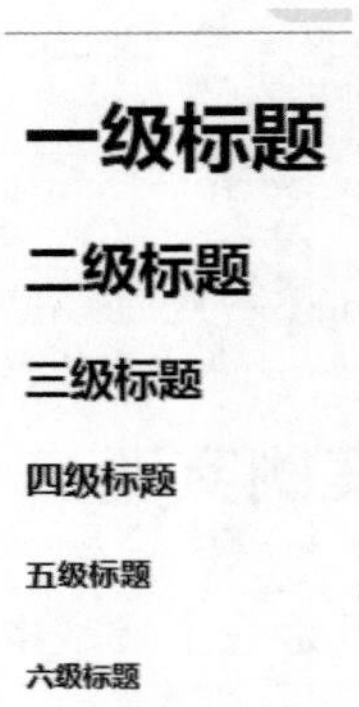

一级标题
二级标题
三级标题
四级标题
五级标题
六级标题

图 2-5 代码实际效果

实例如下：

```
<!DOCTYPE html>
<html lang="en"><! - en英文,zh - CN中文,ja日文,en - US美式英文>
<head>
 <meta charset="UTF - 8"><!-- GB2312 和 GBK 主要用于汉字编码,utf - 8 是国际编码,实用性比较强. -->

 <meta name="viewport" content="width=device - width, initial - scale=1.0">
<!-- initial - scale 初始刻度 -->
 <title>Document</title>
</head>
<body>
 <h1>一级标题</h1>
 <h2>二级标题</h2>
 <h3>三级标题</h3>
 <h4>四级标题</h4>
 <h5>五级标题</h5>
 <h6>六级标题</h6>
</body>
</html>
```

由于h元素拥有确切的语义，因此应慎重选择恰当的标签层级来构建文档的结构。不要利用标题标签来改变同一行中的字号大小。相反，应当使用层叠样式表定义来达到漂亮的显示效果。

标题标签用align属性设置标题的对齐方式，该属性取值可以为left（左对齐）、center（居中）或right（右对齐），效果如图2-6所示。

一级标题

二级标题

三级标题

图2-6 页面效果

实例如下：

```
<!DOCTYPE html>
<html lang="en">
<head>
    <meta charset="UTF - 8">
    <meta name="viewport" content="width=device - width, initial - scale=1.0">
    <title>Document</title>
</head>
<body>
    <h1 align="center">一级标题</h1>
    <h2 align="right">二级标题</h2>
    <h3 align="left">三级标题</h3>
</body>
</html>
```

2. 字体标签

<font>规定文本的字体、字体尺寸、字体颜色，其语法如下：

```
<font> face="字体类型" size="字号" color="颜色">文本内容</font>
```

其中,

- face属性用于控制文字显示的格式,其取值为特定字体类型,字体类型可分为中文字体类型(如宋体、黑体等)和英文字体类型(Arial、Arial Black等),中文字体类型只对中文有效,而英文字体类型也只对英文有效。
- size属性用于指定文字显示大小,即字号。size有两种取值:取1～7的自然数,这种取值称为绝对大小,网页中默认的大小为3;带正负号的取值,区间为[−4,+4],这种称为相对大小。它们是相对于绝对大小中的字号3,然后进行相应的放大或缩小。
- color属性用于指定字体显示颜色。字体颜色的取值可以使用十六进制颜色,如红色为#FF0000;常见的颜色也可以使用英文单词表示,如红色为red。

此外,HTML语言中还提供了大量的逻辑字符标签用来设置字体的样式,如表2-1所示。

表2-1 字符标签

字符标签	说明
<b>…</b>	粗体
<i>…</i>	斜体
<u>…</u>	对文本加下画线
<strong>…</strong>	对文本加强效果,相当于粗体
<big>…</big>	在当前文字大小的基础上再增大一级
<small>…</small>	在当前文字大小的基础上再减小一级
[…]	上标
_…	下标
<em>…</em>	强调文本,通常以斜体显示

表2-1中列举了部分字符标签,HTML语言提供了很多这样的字符标签用以美化文本。

另外某些字符在HTML中具有特殊意义,如版权号"©"。要在浏览器中显示这些特殊字符,就必须使用转义符号,称为字符实体,如表2-2所示。

表2-2 用于显示特殊字符的字符实体

特殊字符	转义符
空格	
大于号(>)	>
小于号(<)	<
引号(")	"
版权号(©)	©

百度网站底部的版权信息为示例,使用了版权符号和空格符号,并利用font标签的属性设置了文字的大小、颜色和字体。代码和运行结果如图2-7所示。

加入百度推广 | 搜索风云榜 | 关于百度 | About Baidu

©2010 Baidu 使用百度前必读 京ICP证030173

图2-7 运行效果

```
<html>
 <head>
    <meta http-equiv="Content-Type" content="text/html" />
    <title>Font 标签演示</title>
</head>
<body>
    <p>
        <font size="2" color="#0066FF" face="宋体">
            加入百度推广
        </font>
         | 
        <font size="2" color="#0066FF" face="宋体">搜索风云榜</font>
         | 
        <font size="2" color="#00664F" face="宋体">关于百度</font>
         | 
        <font size="2" color="#00661F" face="宋体">About Baidu</font>
    </p>
    <font size="2" color="#9EB1E9" face="宋体">&copy;2010 </font>
    <font size="2" color="#9EB1E9" face="宋体">Baidu</font>
    <font size="2" color="#9EB1E9" face="宋体">使用百度前必读</font>
    <font size="2" color="#9EB1E9" face="宋体">
        京 ICP 证 030173
    </font>
</body>
</html>
```

3. 分隔标签

<hr>标签在 HTML 页面中创建一条水平线。水平分隔线(horizontal rule)可以在视觉上将文档分隔成多个部分。

使用方法：

```
上一段文字内容<hr>下一段文字内容
```

利用<hr>标签便可产生一条横向分隔线。另外,其属性和属性值说明如表 2-3 所示。

表 2-3　hr 可选属性和属性值

属性	值	描　述
align	center left right	<hr>对齐方式
noshade	noshade	<hr>有无阴影
size	xpx	<hr>标签的高度(前一个 x 为数字)
width	xpx	<hr>标签的宽度(前一个 x 为数字)
color	颜色码或颜色名称	<hr>标签的颜色

4. 段落标签

在 HTML 网页中,段落是通过<p></p>标签来定义的。其实,HTML 网页中的段落与文章写作中的自然段是类似的。也可以这样认为,HTML 网页中的段落就是为实现文章中的自然段样式效果而设计的。因此，HTML 网页中的段落在新闻、文章、公告等情景应用中是一个非常重要的元素。

当我们在 HTML 网页中设计段落<p></p>标签时，浏览器页面会自动为每一个段落的前后添加空行。在使用过程中，千万不要漏掉段落的结束标签(可能经常会漏掉)，以免浏览器会出现无法正确解析 HTML 页面的问题。

用法如下：

```
<p>第一段</p>
<p>第二段</p>
```

<p></p>标签拥有 align(对齐方式)属性，属性值有 left、right、center 和 justify。

文字标签

2.2.3 案例实现

1. 案例分析

根据效果图(见图 2-8)，进行结构分析，如图 2-9 所示。

木地酒庄志甄级维代尔白冰酒2012
Woodland Vidal Premium Icewine
类型Type ：甜型白冰酒 Sweet Icewine
葡萄品种Grape Variety： 维代尔 Vidal
酒精度Alcoholic Strength ：10.5%vol
葡萄采摘年份Vintage：2012
产区Wine Region： 加拿大/尼亚加拉湖边小镇
等级Class: **VQA**
净含量Net Weight:*375ml*
价格：¥368

图 2-8 效果图

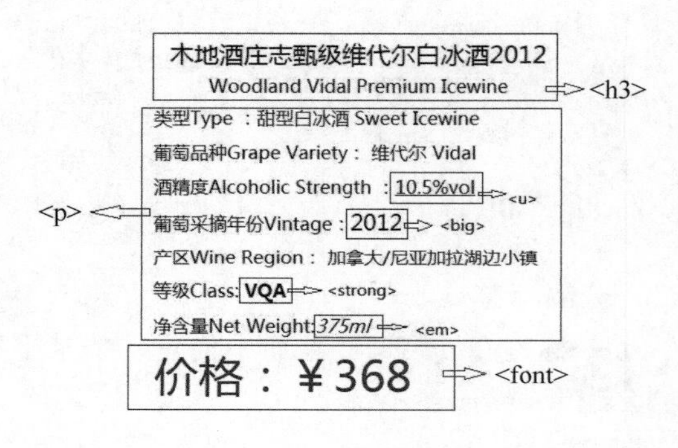

图 2-9 结构分析

2. 代码实现

文本中运用到了上面介绍的大部分标签，具体代码如下：

```
<h3>木地酒庄志甄级维代尔白冰酒 2012
<br><small> Woodland Vidal Premium Icewine </small></h3>
<p>类型 Type :甜型白冰酒 Sweet Icewine </p>
<p>葡萄品种 Grape Variety: 维代尔 Vidal </p>
<p>酒精度 Alcoholic Strength :<u>10.5%vol </u></p>
<p>葡萄采摘年份 Vintage:<big>2012 </big></p>
<p>产区 Wine Region: 加拿大/尼亚加拉湖边小镇 </p>
<p>等级 Class: <b>VQA </b></p>
<p>净含量 Net Weight:<em>375ml </em></p>
<font face="宋体" size="20" color="red">价格:¥368 </font>
```

3. 运行效果

上述代码运行效果如图 2-8 所示。

2.3 列表、超链接和图片

2.3.1 案例描述

这里运用图片、列表和超链接标签来设计新闻的详情页面,页面如图 2-10 所示。

公司新闻 > 新闻详情

2015加拿大农业食品出口贸易洽谈会-中国
发布时间：2015-06-29

2016加拿大农业食品出口贸易洽谈会在中国上海、重庆、北京召开.加拿大农业部邀请木地酒庄一同参加.在这次贸易洽谈会上,加拿大木地酒庄作为加拿大农业部组团成员之一,为加拿大介绍冰葡萄酒的饮用与配餐等方面的知识,并携带多款冰葡萄酒,与大家分享.

2017年即将来临，作为葡萄酒行业的实践者，红酒老郭根据个人的体会对2017年葡萄酒行业一点非常不成熟的思考，敬请行业同仁以娱乐的心情解读，不承担根据这个猜想所作出决定的任何后果。本猜想特指中国大陆地区，不包含港澳台地区市场。

一瓶红酒的价值讨论让李嘉图和古典经济学陷入了非常尴尬的处境，古典经济学被颠覆的同时，也促进了经济学的发展，这就是经济学中有名的“李嘉图悖论” 。12月7日济南奔富电子商务有限公司推出的葡萄酒特卖商城红唯会正式上线，仅仅上线一天，商 城内葡萄酒销量已超过1400瓶

- 一瓶红酒到底值多少钱？
- 几千美元一瓶的拉菲和一瓶几美元的普通红酒劳动成本基本相同，为啥市场上的价格差距如此之大？

后面的经济学家很简单的回答了这个问题，敬请红酒老郭的后续解读

图 2-10 页面效果

2.3.2 知识引入

1. 列表标签

HTML 语言中列表可分为 4 类：无序列表(< ul >)、有序列表(< ol >)、定义列表(< dl >)和嵌套列表。

1) 无序列表

无序列表是一个项目的列表。列表中的项目可以按任何顺序进行排列,无序列表项开始于< ul >标签,结束于</ul >标签。每个列表项开始于< li >标签,结束于</li >标签。列表项内部可以使用段落、换行符、图片、链接以及其他列表等。

示例代码如下所示：

```
< html >
< head >
    < title>无序列表例子</title >
</head >
< body >
    < ul >
        < li >猴子</li >
        < li >熊猫</li >
        < li >长颈鹿</li >
        < li >麋鹿</li >
    </ul >
    <!-- 顺序是无关紧要的 -->
```

```
    <ul>
        <li>长颈鹿</li>
        <li>猴子</li>
        <li>猴子</li>
        <li>麋鹿</li>
        <li>熊猫</li>
    </ul>
</body>
</html>
```

通过浏览器查看，无序列表效果如图 2-11 所示。

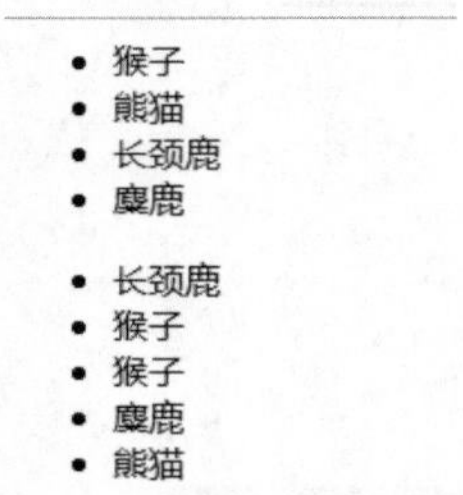

- 猴子
- 熊猫
- 长颈鹿
- 麋鹿

- 长颈鹿
- 猴子
- 猴子
- 麋鹿
- 熊猫

图 2-11　无序列表

2）有序列表

同样，有序列表也是一列项目，列表中的项目是按照先后顺序排列的，列表项目使用数字、字母等进行标记。有序列表开始于< ol >标签，结束于</ol >标签。每个列表项始于< li >标签，结束于</li >标签。列表项内部可以使用段落、换行符、图片、链接以及其他列表等。

示例代码如下所示：

```
<html>
<head>
    <title>有序列表</title>
</head>
<body>
    <ol>
        <li>水瓶座(1.21 - 2.19)</li>
        <li>双鱼座(2.20 - 3.20)</li>
        <li>牧羊座(3.21 - 4.20)</li>
        <li>金牛座(4.21 - 5.21)</li>
        <li>双子座(5.22 - 6.21)</li>
        <li>巨蟹座(6.22 - 7.23)</li>
        <li>狮子座(7.24 - 8.23)</li>
        <li>处女座(8.24 - 9.23)</li>
        <li>天秤座(9.24 - 10.23)</li>
        <li>天蝎座(10.24 - 11.22)</li>
        <li>射手座(11.23 - 12.21)</li>
        <li>摩羯座(12.22 - 1.20)</li>
    </ol>
</body>
</html>
```

通过浏览器查看，有序列表效果如图 2-12 所示。

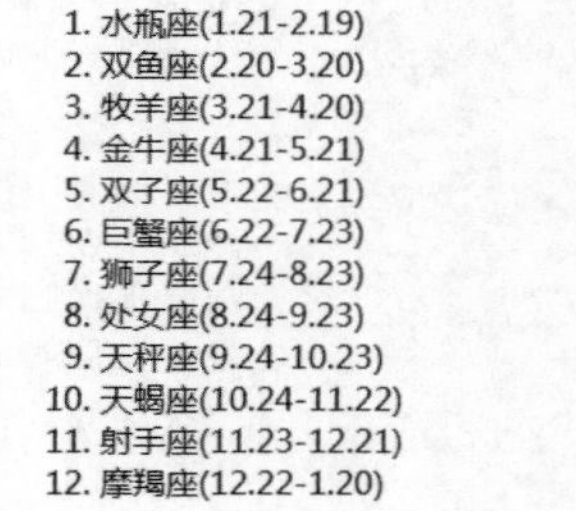

1. 水瓶座(1.21-2.19)
2. 双鱼座(2.20-3.20)
3. 牧羊座(3.21-4.20)
4. 金牛座(4.21-5.21)
5. 双子座(5.22-6.21)
6. 巨蟹座(6.22-7.23)
7. 狮子座(7.24-8.23)
8. 处女座(8.24-9.23)
9. 天秤座(9.24-10.23)
10. 天蝎座(10.24-11.22)
11. 射手座(11.23-12.21)
12. 摩羯座(12.22-1.20)

图 2-12　有序列表

3）定义列表

自定义列表不仅仅是一列项目，而是项目及其注释的组合。自定义列表以< dl >标签开始，结束于</dl >标签。每个自定义列表项以< dt >开始，结束于</dt >标签。每个自定义列表项的定义以< dd >开始，结束于</dd >标签。自定义列表的列表项内部可以使用段落、换行符、图片、链接以及其他列表等。

示例代码如下所示：

```
<html>
<head>
    <title>自定义列表</title>
</head>
<body>
    <!-- HTML 注释:演示列表标签
        列表标签:dl
        上层项目:dt
        下层项目:dd:封装的内容是会被缩进的,有自动缩进的效果.
        -->
    <dl>
        <dt>蔬菜名称:</dt>
        <dd>白菜</dd>
        <dd>黄瓜</dd>
        <dd>西红柿</dd>
        <dd>油菜</dd>
        <dd>菠菜</dd>
        <dd>马铃薯</dd>
    </dl>
</body>
</html>
```

打开浏览器查看，定义列表效果如图 2-13 所示。

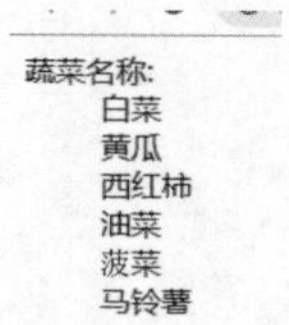

蔬菜名称:
白菜
黄瓜
西红柿
油菜
菠菜
马铃薯

图 2-13　定义列表

4）嵌套列表

嵌套列表就是多个有序列表或无序列表组合在一起使用的列表。在使用嵌套列表时，嵌套列表必须和一个特定的列表项<li>相联系，即嵌套列表通常包含在某个列表项中，用于反映该嵌套列表和该列表项之间的联系。

示例代码如下所示：

```
<html>
<head>
    <title>列表标签演示</title>
</head>
<body>
    <ul>
        <li>宠物</li>
        <ul>
            <li>猫</li>
            <li>狗</li>
        </ul>
        <li>人类</li>
        <ul>
            <li>英国人</li>
            <li>中国人</li>
        </ul>
        <li>植物</li>
    </ul>
    <ol>
        <li>宠物</li>
```

```
        <ol>
            <li>猫</li>
            <li>狗</li>
        </ol>
        <li>人类</li>
        <ol>
            <li>英国人</li>
            <li>中国人</li>
        </ol>
        <li>植物</li>
    </ol>
    <dl>
        <dt>
            Helloworld
        </dt>
        <dd>每一门新的语言都要打印一个 hello world</dd>
        <dt>helloworld</dt>
        <dd>每一门新的语言都要打印一个 hello world</dd>
    </dl>
</body>
</html>
```

打开浏览器查看，嵌套列表效果如图 2-14 所示。

- 宠物
  - 猫
  - 狗
- 人类
  - 英国人
  - 中国人
- 植物

1. 宠物
   1. 猫
   2. 狗
2. 人类
   1. 英国人
   2. 中国人
3. 植物

Helloworld
　　每一门新的语言都要打印一个hello world
helloworld
　　每一门新的语言都要打印一个hello world

图 2-14　嵌套列表

2. 超链接

超链接是网站中使用比较频繁的 HTML 元素，因为网站的各种页面都是由超链接串接而成，超链接完成了页面之间的跳转。超链接是浏览者和服务器的交互的主要手段。

常见的超链接形式有如下几种：

- 文字超链接——在文字上建立超链接。
- 图像超链接——在图像上建立超链接。
- 热区超链接——在图像的指定区域上建立超链接。

超链接的标签是<a></a>，其语法如下：

```
<a href = "url" target = "..." title = "..." id = "..."> 内容</a>
```

其中，

(1) href 属性：用于定义超链接的跳转地址，其取值 url 可以是本地地址或远程地址，url 可以是一个网址、一个文件甚至可以是 HTML 文件的一个位置或 E-mail 的地址。url 既可以是绝对路径，也可以是相对路径。

(2) target 属性：用于指定目标文件的打开位置，其取值见表 2-4。

(3) title 属性：当鼠标指针悬停在超链接上时，显示该超链接的文字注释。

(4) id 属性：在目标文件中定义一个“锚”点，标识超链接跳转的位置。

(5) 内容：就是所定义的超链接的一个外套，浏览者只需单击内容就可以跳转到 url 所指定的位置。

表 2-4 target 属性的取值方式

值	说明
_self	在当前窗口中打开目标文件，这是 target 的默认值
_blank	在新窗口中打开目标文件
_top	在顶层框架中打开网页
_parent	在当前框架中的上一层框架打开网页

1）绝对路径和相对路径

绝对路径就是主页上的文件或目录在硬盘上真正的路径，例如 bg.jpg 这个图片文件是存放在硬盘的“E:\book\网页布局代码\第 2 章”目录下，那么 bg.jpg 的绝对路径就是“E:\book\网页布\代码\第 2 章\bg.jpg”。那么如果要使用绝对路径指定网页的背景图片就应该使用以下语句：<body backround="E:\book\网页布局代码\第 2 章\bg.jpg">。在网络中，以 http 开头的链接都是绝对路径。

顾名思义，相对路径就是相对于当前文件的路径。为了形象地表示这种关系，下面以图 2-15 中的几个 HTML 文件为例，说明什么是相对路径。

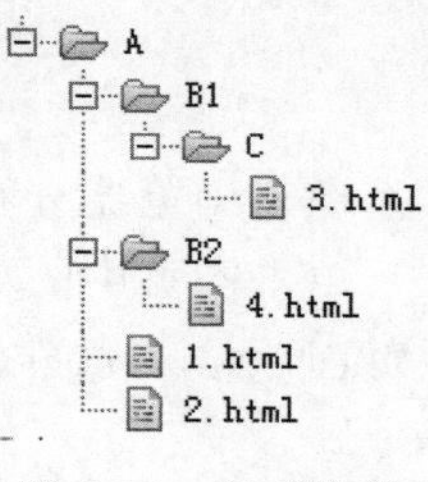

图 2-15 相对路径

关于图 2-15 中各个 HTML 文件之间的相对路径关系，如下所述：

- 从 1.html 到 4.html，其间需要经过 B2 文件夹，所以其相对路径就是 B2/4.html。
- 从 1.html 到 2.html，不需要经过任何文件夹，所以它的相对路径是 2.html。
- 从 2.html 到 3.html，经过 B1 和 C 文件夹，所以它的相对路径是 B1/C/3.html。

上述 3 种路径都是正向的相对路径，逆向的相对路径则如下所示：

- 从 4.html 到 1.html 的相对路径是../1.html。
- 从 3.html 到 4.html 的相对路径是../../B2/4.html。

通过以上示例，可以总结得出：相对路径就是当前文件到达目的文件所经过的路径。其中，下一级文件夹的表示方法为“文件夹名称/”，上一级文件夹的表示方法为“../”。

2）站内链接

站内链接也称为内链。网站域名下的页面之间的互相链接、自己网站的内容链接到自己网站的内部页面，也称为站内链接。

3）内链的作用

- 网站内部之间的权重传递。
- 推动网站页面的搜索引擎排名。
- 提高搜索引擎对网站的索引效率，增加网站的收录。
- 提高用户体验度，让访客留得更久。

其语法如下：

```
<a href="相对路径"> 内容</a>
```

4）站外链接

站外链接也称为外链，它相当于互联网机体的血液。没有链接，信息都是孤立的。其语法与站内链接很相似，但站外链接必须使用绝对路径。其语法如下：

```
<a href="绝对链接路径">内容</a>
```

示例代码如下所示：

```
<html>
<head>
    <title>站外链接示例</title>
</head>
<body>
    <a href="https://www.baidu.com/">站外链接到百度主页</a>
</body>
</html>
```

通过浏览器查看该 HTML，站外链接样式如图 2-16 所示。

单击网页中的“站外链接到百度主页”后，页面会跳转到 https://www.baidu.com/的主页面。结果如图 2-17 所示。

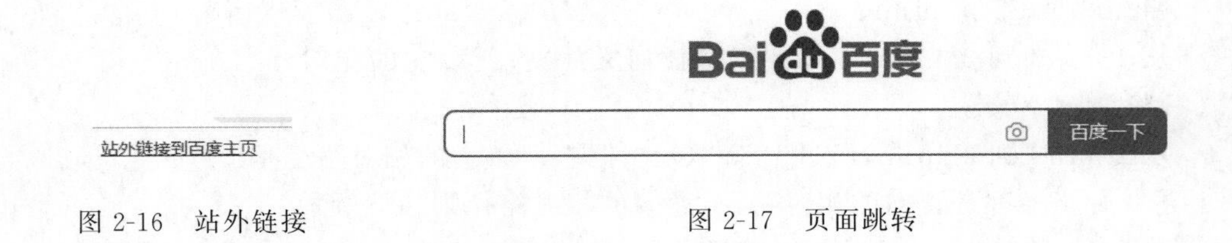

图 2-16　站外链接　　图 2-17　页面跳转

5）锚链接

锚链接一般用于本页面的跳转，比如页面太长，到了尾部要瞬间到顶部，就可以用锚链接，锚链接实际上就是链接文本，又叫锚文本。可以将锚链接理解为：关键词上带超链接的一种链接方式。

锚链接由建立锚点和链接到锚点两部分组成。

锚点就是将要链接到的位置。其语法如下：

```
<a name="锚点名称"></a>
```

建立锚点之后，就可以创建到锚点的链接。其语法如下：

```
<a href="链接到网页的地址#锚点名称">内容</a>
```

当锚点的链接是在当前页面中的锚点时，可以省略掉“链接到网页的地址”，如

```
<a href = "#锚点名称">内容</a>
```

示例代码如下所示：

```
<html>
<head>
    <title>锚链接示例</title>
</head>
<body>
<p><a href = "#C5"><h2>链接到蔬菜</h2></a></p>
<p><a name = "C1"><h3>鞋品</h3></a></p>
<p>男鞋,女鞋,童鞋,运动鞋</p>
<a name = "C2"><h3>女装</h3></a>
<p>连衣裙,半身裙,外套,雪纺衫</p>
<a name = "C3"><h3>男装</h3></a>
<p>短裤,衬衣,T恤,长裤,外套</p>
<a name = "C4"><h3>水果</h3></a>
<p>苹果,桃子,李子,西瓜</p>
<a name = "C5"><h3>蔬菜</h3></a>
<p>西红柿,黄瓜,土豆,白菜</p>
</html>
```

上述代码在"蔬菜"部分设置了锚点"C5",当单击锚链接"链接到蔬菜"后,页面会跳转到蔬菜的位置。通过浏览器查看该 HTML,结果如图 2-18 所示。

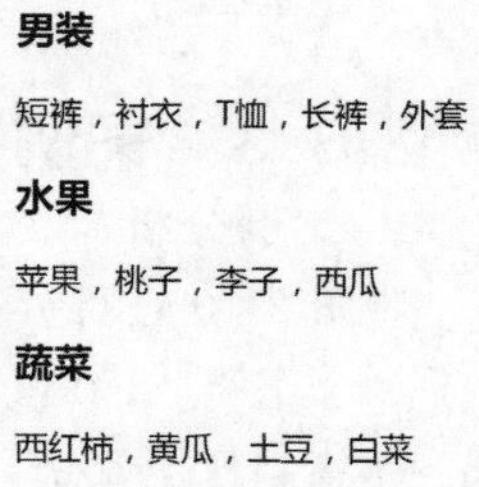

男装

短裤，衬衣，T恤，长裤，外套

水果

苹果，桃子，李子，西瓜

蔬菜

西红柿，黄瓜，土豆，白菜

图 2-18 锚链接

3. <img>标签

<img>标签向网页中嵌入一幅图像,<img>标签有两个必需的属性：src 和 alt。其语法如下：

```
<img src = "url"/>
```

url 表示图片的路径和文件名,其值可以是绝对路径,如"http://localhost/images/123.tif"；也可以是相对路径,如"../images/123.tif"。

<img>标签几个重要属性的说明见表 2-5。

表 2-5 <img>标签的属性

属性	说明
alt	浏览器如果没有载入图片的功能,浏览器就会转而显示 alt 属性的值
align	设置图片的垂直(居上、居中、居下)对齐方式和水平对齐方式(居左、居中、居右)
height	设置图片的高度,默认显示图片的原始高度
width	设置图片的宽度,默认显示图片的原始宽度

示例代码如下所示：

```
<html>
<head>
    <title>图像标签示例</title>
```

```
</head>
<body>
<p>
<img src = "花.jpg" alt = "samile face" align = "left"
height = "200" width = "500">
</p>
</body>
</html>
```

上述代码中，使用绝对路径导入了图片“花.jpg”，并且设置其高度和宽度，在网页的左侧显示。

通过浏览器查看该 HTML，图像标签使用结果如图 2-19 所示。

图 2-19 图像标签示例

文章内容

2.3.3 案例实现

1. 案例分析

对图 2-10 进行分析得出如图 2-20 所示的结果。中间文字运用到了<p>标签，首行缩进了 2 个字符，并在其中穿插了列表标签，标题使用<h3>标签并进行了居中，左上角运用<a>标签制作了索引，中部<img>标签运用<div>标签实现了居中。

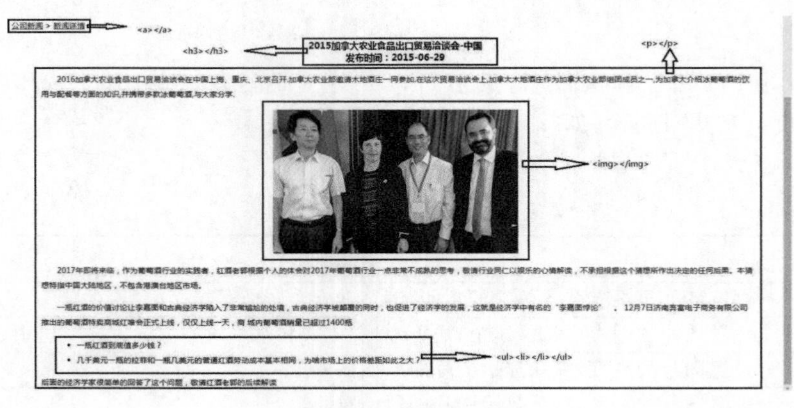

图 2-20 结构分析图

2. 代码实现

1）左上角索引实现

```
<div><a href = "new.html">公司新闻</a> &gt; <a href = "xwxq.html">新闻详情</a></div>
```

2）中间正文的实现

```
<div class = "conbox">
<h3 align = "center">2015 加拿大农业食品出口贸易洽谈会 - 中国<br>发布时间:2015 - 06 - 29
</h3>
<p style = "line - height: 32px; text - indent: 2em; padding - left: 60px; padding - right:
50px;">
2016 加拿大农业食品出口贸易洽谈会在中国上海、重庆、北京召开.加拿大农业部邀请木地酒庄一同
参加.在这次贸易洽谈会上,加拿大木地酒庄作为加拿大农业部组团成员之一,为加拿大介绍冰葡萄
酒的饮用与配餐等方面的知识,并携带多款冰葡萄酒,与大家分享.
</p>
<div style = "text - align:center"><img src = "images/xinwenxiangqing/pic1.jpg"></div>
<p style = "line - height: 32px;text - indent: 2em;padding - left: 60px;padding - right: 50px;">
2017 年即将来临,作为葡萄酒行业的实践者,红酒老郭根据个人的体会对 2017 年葡萄酒行业一点非
常不成熟的思考,敬请行业同仁以娱乐的心情解读,不承担根据这个猜想所作出决定的任何后果.本
猜想特指中国大陆,不包含港澳台地区市场.
</p>
<p style = "line - height: 32px;text - indent: 2em;padding - left: 60px;padding - right: 50px;">
一瓶红酒的价值讨论让李嘉图和古典经济学陷入了非常尴尬的处境,古典经济学被颠覆的同时,也
促进了经济学的发展,这就是经济学中有名的"李嘉图悖论" .12 月 7 日济南奔富电子商务有限公司
推出的葡萄酒特卖商城红唯会正式上线,仅仅上线一天,商 城内葡萄酒销量已超过 1400 瓶</p>
<div style = "line - height: 32px; text - indent: 2em; padding - left: 60px; padding - right:
50px;">
   <ul>
      <li>一瓶红酒到底值多少钱?</li>
      <li>几千美元一瓶的拉菲和一瓶几美元的普通红酒劳动成本基本相同,为啥市场上的价格差
距如此之大?</li>
      </ul>
后面的经济学家很简单地回答了这个问题,敬请红酒老郭的后续解读
</div>
```

3. 运行效果

运行效果如图 2-21 所示。

公司新闻 > 新闻详情

2015加拿大农业食品出口贸易洽谈会-中国
发布时间：2015-06-29

2016加拿大农业食品出口贸易洽谈会在中国上海、重庆、北京召开.加拿大农业部邀请木地酒庄一同参加.在这次贸易洽谈会上,加拿大木地酒庄作为加拿大农业部组团成员之一,为加拿大介绍冰葡萄酒的饮用与配餐等方面的知识,并携带多款冰葡萄酒,与大家分享.

2017年即将来临，作为葡萄酒行业的实践者，红酒老郭根据个人的体会对2017年葡萄酒行业一点非常不成熟的思考，敬请行业同仁以娱乐的心情解读，不承担根据这个猜想所作出决定的任何后果。本猜想特指中国大陆地区，不包含港澳台地区市场。

一瓶红酒的价值讨论让李嘉图和古典经济学陷入了非常尴尬的处境，古典经济学被颠覆的同时，也促进了经济学的发展，这就是经济学中有名的“李嘉图悖论” 。12月7日济南奔富电子商务有限公司推出的葡萄酒特卖商城红唯会正式上线，仅仅上线一天，商 城内葡萄酒销量已超过1400瓶

- 一瓶红酒到底值多少钱？
- 几千美元一瓶的拉菲和一瓶几美元的普通红酒劳动成本基本相同，为啥市场上的价格差距如此之大？

后面的经济学家很简单地回答了这个问题，敬请红酒老郭的后续解读

图 2-21　案例实现效果

本章小结

本章的主要知识点如下：

- 一个基本的 HTML 文档由 html、head 和 body 三部分组成。
- HTML 文件均以<html>标签开始，以</html>标签结束，在这两个标签中间嵌套其他标签。
- HTML 标签由 ASCII 字符来定义，用于控制页面内容（文字、表格、图片、用户自定义内容等）的显示。
- 标签是 HTML 语言中最基本的单位，也是 HTML 语言最重要的组成部分。
- <meta>标签可分为两大部分：http-equiv 和 name。
- HTML 分隔标签用于区分文字段落。HTML 分隔标签分为文字分隔标签和分隔线标签两类。
- HTML 语言中列表分为无序列表（<ul>）、有序列表（<ol>）、定义列表（<dl>）和嵌套列表 4 类。
- 互联网的精髓就在于相互链接，即超链接（hyperlink）。
- 超链接是浏览者和服务器的交互的主要手段。
- 常见的超链接形式有文字超链接、图像超链接和热区超链接 3 种。
- 链接地址有绝对路径和相对路径两种方式。
- HTML 5 是新的网络标准。
- HTML 5 新标签将有利于搜索引擎的索引整理、小屏幕装置和视障人士使用。

第 3 章

表和新内容的理解

CHAPTER 3

3.1 表格、表单

3.1.1 案例描述

在日常浏览网页中，每个人都使用过很多次登录、注册或者添加商品等功能。本案例中会使用表格和表单来实现如图 3-1 所示的注册表。

姓名：	[ ]
密码:	[ ]
确认密码：	[ ]
邮箱：	[ ]
性别：	○男 ○女
爱好：	□吃饭 □玩耍 □休息
城市：	请选择 ▾
自我介绍：	属于你个人的介绍，请填写
	立即注册

图 3-1　注册表

3.1.2 知识引入

1. 表格

表格是网页制作中使用最多的技术之一。表格可以清晰明了地展现数据之间的关系，使对比分析更容易理解。在很多情况下，也可以使用表格对网页进行排版布局。

1）表格结构

在 HTML 中使用< table >标签来创建表格，< table >标签内包含了表名和表格本身内容的代码。表格是由特定数目的行和列组成的，其中行用标签< tr >表示，行由若干单元格构组成。单元格是表格的基本单元，用标签< td >表示，< td >标签定义了一个列，嵌套于< tr >标签之中。多个单元格结合在一起构成了行，多个行结合在一起就构成了一个表格。

其用法如下所示：

```
<table border = "1">
<tr>
<td>第一行,第一列</td>
<td>第一行,第二列</td>
</tr>
<tr>
<td>第二行,第一列</td>
<td>第二行,第二列</td>
</tr>
</table>
```

2）表格标签

HTML 中有 10 个与表格相关的标签，各标签的含义及作用如下所示。

- <table>标签：定义一个表格。
- <caption>标签：定义一个表格标题，必须紧随在<table>标签之后，且每个表格只能包含一个标题，通常这个标题会居中显示于表格上部。
- <th>标签：定义表格内的表头单元格，标签内部的文本通常会呈现为粗体。
- <tr>标签：在表格中定义一行。
- <td>标签：定义表格中的一个单元格，包含在<tr>标签中。
- <thead>标签：定义表格的表头。
- <tbody>标签：定义一段表格主体（正文），使用<tbody>标签，可以将表格中的一行或几行合成一组，从而将表格分为几个单独的部分，一个<tbody>标签就是表格中的一个独立的部分，不能从一个<tbody>跨越到另一个<tbody>中。
- <tfoot>标签：定义表格的页脚（脚注）。
- <col>标签：定义表格中针对一个或多个列的属性值。只能在表格或<colgroup>标签中使用此标签。
- <colgroup>标签：定义表格列的分组。通过此标签可以对列进行组合以便进行格式化，此标签只能用在<table>标签内部。

注意：使用<thead>、<tfoot>以及<tbody>标签可以对表格中的行进行分组。如使表格拥有一个标题行、一些带有数据的行，以及位于底部的一个总计行。这种划分使浏览器有能力支持独立于表格标题和页脚的表格正文滚动。当长的表格被打印时，表格的表头和页脚可被打印在包含表格数据的每个页面上。

示例代码如下所示：

```
<html>
<head>
    <title>表格标签示例</title>
</head>
<body>
    <table border = "1">
        <caption> Table caption here </caption>
        <colgroup span = "1" style = "background:red;" />
        <colgroup span = "2" style = "background:yellow;" />
        <!-- 表格头 -->
        <thead>
            <tr>
```

```
                <th>头 1</th>
                <th>头 2</th>
                <th>头 3</th>
            </tr>
        </thead>
        <!-- 表格页脚 -->
        <tfoot>
            <tr>
                <td>页脚 1</td>
                <td>页脚 2</td>
                <td>页脚 3</td>
            </tr>
        </tfoot>
        <!-- 表格主体 -->
        <tbody>
            <tr>
                <td>A</td>
                <td>B</td>
                <td>C</td>
            </tr>
            <tr>
                <td>D</td>
                <td>E</td>
                <td>F</td>
            </tr>
        </tbody>
    </table>
</body>
</html>
```

表格标签代码效果如图 3-2 所示。

3）表格属性设置

为了使表格的外观更加符合要求，还可以对表格的属性进行设置，比较常用的表格属性包括背景、宽高、对齐方式、单元格间距、文本与边框间距等，如表 3-1 所示。

图 3-2　表格标签示例

表 3-1　表格属性列表

表格属性	说　明
border	此属性定义表格的边框。比如，border=1，表示表格边框的粗细为 1 个像素（默认值），为 0 表示没有边框
bgcolor	表格的背景色。取值方法举例：bgcolor=＃ff0000 或 bgcolor=red。单元格<td>也可有此属性，如果设置了表格的背景色，又设置表格单元格的背景色，这种情况主要用于多单元格的表格
background	表格的背景图。其值为一个有效的图片地址。<td>也有此属性。同时设置背景色和背景图不冲突
width	表格的宽度。取值从 0 开始，默认以像素为单位，与显示器的分辨率的像素是一致的。在 800×600 的显示分辨率下，如果表格设置成 1000 个像素的宽度，那么，得出的效果将导致 IE 的横向滚动条出现，只有通过滑动它才能看到表格最右边的内容，所以建议在设置表格的宽度时充分考虑显示分辨率问题。width 的取值还可以使用百分比，如 width="100%"，这种赋值法的好处是：表格的宽度将根据可显示的宽度来自我调整

续表

表格属性	说　明
height	表格的高度，取值方法同 width。提示：如果不是特别需要，建议不用设置表格的高度，系统会根据表格的内容自动设置高度。所谓特别需要，是指在一些特殊的情形下，需要表格的高度精确，比如，当通过表格的背景来发一张图片时，如果表格的高度不精确定义，图片就不可能完整或完美地显示
align	表格的对齐方式，值有 left（左对齐，默认）、center（居中）以及 right（右对齐）。align 定义的是表格自身的位置，这是一个很有用的属性，强烈建议使用它来规定表格的对齐方式，尽量不要使用< p align＝？ >表格</p >、< div align＝？ >表格</div >和< center >表格</center >标签来规定表格的位置，因为这样做将导致代码冗余。此外，当表格的宽度设置为 100％，或者，表格的宽度设置成了占满它所在的容器的宽度，没有必要定义 align 属性
cellspacing	单元格间距。当一个表格有多个单元格时，各单元格的距离就是 cellspacing 了，如若表格只有一个单元格，那么这个单元格与表格上、下、左、右边框的距离也是 cellspacing
cellpadding	指该单元格里的内容与 cellspacing 区域的距离
colspan	单元格水平合并，值为合并的单元格的数目
rowspan	单元格垂直合并，值为合并的单元格的数目

示例代码如下所示：

```
< html >
< head >
    < title >表格属性示例</title >
</head >
< body >
    < table border = "1" height = "15 % " width = "60 % " cellspacing = "0" style = "font - size:
14px">
        < caption >员工信息表</caption >
        < thead bgcolor = "red">
            < th >部门</th >
            < th >姓名</th >
            < th >联系电话</th >
            < th > E - Mail </th >
        </thead >
        < tbody bgcolor = " # FFFAF0">
            < tr >
                < td >技术部</td >
                < td >张三</td >
                < td > 18585426120 </td >
                < td > zhangs@haier.com </td >
            </tr >
            < tr >
                < td >人事部</td >
                < td >李四</td >
                < td > 18519529902 </td >
                < td > lis@haier.com </td >
            </tr >
        </tbody >
        < tfoot bgcolor = "yellow">
            < tr >
```

```
            <td colspan = "4" align = "right"> Compiled in 2020 by Mr. Zhang </td>
          </tr>
        </tfoot>
    </table>
</body>
</html>
```

使用过表格标签属性的代码页面效果如图 3-3 所示。

员工信息表

部门	姓名	联系电话	E-Mail
技术部	张三	18585426120	zhangs@haier.com
人事部	李四	18519529902	lis@haier.com
Compiled in 2020 by Mr. Zhang			

图 3-3　表格属性实例

2. 表单

表单在网页中主要负责数据采集功能。一个表单有 3 个基本组成部分。

(1) 表单标签：这里面包含了处理表单数据所用 CGI 程序的 URL 以及数据提交到服务器的方法。

(2) 表单域：包含了文本框、密码框、隐藏域、多行文本框、复选框、单选按钮、下拉列表框和文件上传框等表单输入控件。

(3) 表单按钮：包括提交按钮、复位按钮和一般按钮；用于将数据传送到服务器上或者取消输入，还可以用表单按钮来控制其他定义了处理脚本的工作。

```
<html>
<head>
    <title>表单示例</title>
</head>
<body>
    <form action = "a.php" method = "POST">
        账号: <input type = "text" name = "name"><br><br>
        密码: <input type = "password" name = "password"><br>
        <input type = "submit" value = "提交">
    </form>
    <p>单击"提交"按钮,表单数据将被发送到服务器上的"a.php".</p>
</body>
</html>
```

上述代码中，通过<form>和</form>标签表示表单的范围，表单内包含两个文本输入框，分别用于让访问者输入账号和密码；还包含一个提交按钮，用于提交数据。此外，在表单标签中 action 的属性值"a. php"表示表单数据提交的目的地，该表单的提交方式通过 method 属性指定，值为"POST"。

通过 IE 浏览器查看该 HTML，表单效果如图 3-4 所示。

表单标签(<form></form>)用于声明表单，定义采集数据的范围，同时包含了处理表单数据的应用程序以及数据提交到服务器的方法。

其语法如下：

账号:

密码:

提交

单击"提交"按钮，表单数据将被发送到服务器上的"a.php"。

图 3-4　表单示例

```
<form action="url" method="get/post" enctype="mime" target="...">
...</form>
```

表单标签属性如表 3-2 所示。

表 3-2　form 标签属性列表

属性	值	描　　述
accept	MIME_type	HTML5 不支持。规定服务器接收到的文件的类型
accept-charset	character_set	规定服务器可处理的表单数据字符集
action	URL	指定处理表单中用户输入数据的 URL(URL 可为 Servlet、JSP 或 ASP 等服务器端程序)，也可以将输入数据发送到指定的 E-Mail 地址等
enctype	application/x-www-form-urlencoded multipart/form-data text/plain	指定数据发送时的编码类型，默认值是 application/x-www-form-urlencoded，用于常规数据的编码。另一种编码类型是 multipart/form-data，该类型将表单数据编码为一条消息，每一个表单控件的数据对应消息的一部分，以二进制的方式发送给服务器端。这种方法比较适合传递复杂的用户数据，如文件的上传操作
method	get post	指定向服务器传递数据的 HTTP 方法，主要有 get 和 post 两种方法，默认值是 get。get 方式是将表单控件的 name/value 信息经过编码之后，通过 URL 发送，可以在浏览器的地址栏中看到这些值。而采用 post 方式传输信息则在地址栏看不到表单的提交信息。需要注意的是，当只为取得和显示少量数据时可以使用 get 方法；一旦涉及数据的保存和更新，即大量的数据传输时则应当使用 post 方法
name	text	规定表单的名称
target	_blank _self _parent _top	用于指定在浏览器哪个框架中显示服务器的响应 HTML，默认值是当前框架。现在大多数专业界面使用框架越来越少，所以此属性已很少使用

注意：一般情况下，target 属性的取值有如下情况：

_blank——在一个新的浏览器窗口调入指定的文档；

_self——在当前框架中调入文档；

_parent——把文档调入当前框架的直接父框架集中，这个值在当前框架没有父框架集时等价于_self；

_top——把文档调入原来最顶部的浏览器窗口中。

HTML5 新增属性如表 3-3 所示。

表 3-3　表单标签的 HTML5 新增属性列表

属性	值	描　述
autocomplete	On off	规定是否启用表单的自动完成功能
novalidate	novalidate	如果使用该属性,则提交表单时不进行验证

(1) 表单域。

表单域包含了文本框、密码框、隐藏域、多行文本框、复选框、单选按钮、下拉列表框和文件上传框等,用于采集用户输入或选择的数据。下面分别讲述各表单域。

(2) 文本框。

<input>标签规定用户可以在其中输入数据的输入字段。在表单标签中使用,用来声明允许用户输入数据的是 input 元素,输入字段可通过多种方式改变,取决于 type 属性。

其语法格式如下:

```
< input type = "..." name = "..." size = "..." maxlength = "..." value = "..." />
```

文本框属性如表 3-4 所示。

表 3-4　文本框属性列表

属性	值	描　述
accept	audio/ * video/ * image/ * MIME_type	规定通过文件上传来提交的文件的类型,只针对 type="file"
align	Left/right/top /middle/bottom	HTML5 已废弃,不建议使用。规定图像输入的对齐方式,只针对 type="image"
alt	text	定义图像输入的替代文本,只针对 type="image"
checked	checked	规定在页面加载时应该被预先选定的 input 元素,只针对 type="checkbox" 或者 type="radio"
disabled	disabled	规定应该禁用的 input 元素
name	text name	规定 input 元素的名称
size	number	规定以字符数计的 input 元素的可见宽度
src	URL	规定显示为提交按钮的图像的 URL,只针对 type="image"
type	button checkbox color date datetime datetime-local email file hidden image month	规定要显示的 input 元素的类型

续表

属性	值	描　　述
type	number password radio range reset search submit tel text time url week	
value	text	指定 input 元素 value 的值
maxlength	number	规定 input 元素中允许的最大字符数

文本框 HTML5 新增属性，如表 3-5 所示。

表 3-5　文本框 HTML5 新增属性列表

属性	值	描　　述
autocomplete	On off	规定 input 元素输入字段是否应该启用自动完成功能
autofocus	autofocus	规定当页面加载时 input 元素应该自动获得焦点
form	form_id	form 属性规定 input 元素所属的一个或多个表单
formaction	URL	规定当表单提交时处理输入控件的文件的 URL，只针对 type="submit" 和 type="image"
formenctype	application/x-www-form-urlencodedmultipart/form-datatext/plain	规定当表单数据提交到服务器时如何编码，只适合 type="submit" 和 type="image"
formmethod	getpost	定义发送表单数据到 action URL 的 HTTP 方法，只适合 type="submit" 和 type="image"
formnovalidate	formnovalidate	覆盖 form 元素的 novalidate 属性
formtarget	_blank_self_parent_topframename	规定表示提交表单后在哪里显示接收到响应的名称或关键词，只适合 type="submit" 和 type="image"
height	pixels	规定 input 元素的高度，只针对 type="image"
list	datalist_id	引用 datalist 元素，其中包含 input 元素的预定义选项
max	numberdate	规定 input 元素的最大值
min	numberdate	规定 input 元素的最小值
multiple	multiple	规定允许用户输入到 input 元素的多个值
pattern	regexp	规定用于验证 input 元素的值的正则表达式
placeholder	text	规定可描述输入 input 字段预期值的简短的提示信息
readonly	readonly	规定输入字段是只读的
required	required	规定必需在提交表单之前填写输入字段
stepNew	number	规定 input 元素的合法数字间隔
width	pixels	规定 input 元素的宽度，只针对 type="image"

(3) 多行文本框。

多行文本框(文本域)是一种用来输入较长内容的表单对象。文本区域中可容纳无限数量的文本,多行文本框中的文本的默认字体是等宽字体(通常是 Courier)。

可以通过 cols 和 rows 属性来规定 textarea 的尺寸大小,不过更好的办法是使用 CSS 的 height 和 width 属性。

其语法格式如下:

```
<textarea name = "..." cols = "..." rows = "..." wrap = "VIRTUAL"></textarea>
```

多行文本框属性如表 3-6 所示。

表 3-6　多行文本框属性列表

属性	值	描　述
cols	number	定义多行文本框的宽度,单位是单个字符宽度
name	text	指定文本域的名称
rows	number	规定文本区域内可见的行数
disabled	disabled	规定禁用文本区域
readonly	readonly	规定文本区域为只读

多行文本框 HTML5 新增属性如表 3-7 所示。

表 3-7　多行文本框 HTML5 新增属性列表

属性	值	描　述
autofocus	autofocus	规定当页面加载时,文本区域自动获得焦点
form	text	定义文本区域所属的一个或多个表单
maxlength	number	规定文本区域允许的最大字符数
placeholder	disabled	规定一个简短的提示,描述文本区域期望的输入值
required	readonly	规定文本区域是必需的/必填的
wrap	hardsoft	规定当提交表单时,文本区域中的文本应该怎样换行

(4) 密码框。

密码框是一种用于输入密码的特殊文本域。当访问者输入文字时,文字会被星号或其他符号代替,从而隐藏输入的真实文字。

其语法格式如下:

```
<input type = "password" name = "..." size = "..." maxlength = "..." />
```

其中,

- type="password":定义密码框。
- name:指定密码框的名称。
- size:定义密码框的宽度,单位是单个字符宽度。
- maxlength:定义最多输入的字符数。

注意:密码框并不能保证安全,仅仅是使得周围的人看不见输入的内容,在传输过程中还是以明文传输,为了保证安全可以采用数据加密技术。

(5) 隐藏框。

隐藏域是用来收集或发送信息的不可见元素，网页的访问者无法看到隐藏域，但是当表单被提交时，隐藏域的内容同样会被提交。

其语法格式如下：

```
<input type="hidden" name="..." value="..." />
```

其中，

- type="hidden"：定义隐藏域。
- name：同 text 的 name 属性。
- value：定义隐藏域的值。

(6) 复选框。

复选框允许在待选项中选中一个以上的选项。每个复选框都是一个独立的元素。

其语法格式如下：

```
<input type="checkbox" name="..." value="..." />
```

其中，

- type="checkbox"：定义复选框。
- name：同 text 的 name 属性。
- value：定义复选框的值。

注意：通常情况下，对于一组复选框的 name 值推荐使用相同的值，这样提交表单后，在服务器端便于数据的处理。

(7) 单选按钮。

单选按钮只允许访问者在待选项中选择唯一的一项。该控件用于一组相互排斥的值，组中每个单选按钮控件的名字相同，用户一次只能选择一个选项。

其语法格式如下：

```
<input type="radio" name="..." value="..." />
```

其中，

- type="radio"：定义单选按钮。
- name：同 text 的 name 属性，name 相同的单选按钮为一组，一组内只能选中一项。
- value：定义单选按钮的值，在同一组中，单选按钮的值不能相同。

(8) 文件上传框。

文件上传框用于让用户上传自己的文件，文件上传框与其他文本域类似，但它还包含了一个浏览按钮。访问者可以通过输入需要上传的文件的路径或者单击“浏览”按钮选择需要上传的文件。

其语法格式如下：

```
<input type="file" name="..." size="15" maxlength="100" />
```

其中，

- type＝"file"：定义文件上传框。
- name：同 text 的 name 属性。
- size：定义文件上传框的宽度，单位是单个字符宽度。
- maxlength：定义最多输入的字符数。

注意：在使用文件域以前，需要确定服务器是否允许匿名上传文件。另外，在表单标签中必须设置 enctype＝"multipart/form-data"来确保文件被正确编码；表单的传送方式必须设置成 post。

(9) 下拉列表框。

下拉列表框可以让浏览者快速、方便、正确地选择一些选项，同时可以节省页面空间，它通过< select >标签实现，该标签用于显示可供用户选择的下拉列表。每个选项由一个< option >标签表示，< select >标签至少包含一个< option >标签。

其语法格式如下：

```
<select name="..." size="..." multiple>
    <option value="..." selected>...</option>
    ...
</select>
```

属性：< select >和< option >的属性如表 3-8 和表 3-9 所示。

表 3-8　< select >属性列表

属性	值	描　　述
disabled	disabled	当该属性为 true 时，会禁用下拉列表
multiple	multiple	当该属性为 true 时，可选择多个选项
name	name	定义下拉列表的名称
size	number	规定下拉列表中可见选项的数目

表 3-9　< option >属性列表

属性	值	描　　述
disabled	disabled	规定此选项应在首次加载时被禁用
label	text	定义当使用< optgroup >时所使用的标注
selected	selected	规定选项(在首次显示在列表中时)表现为选中状态
value	text	定义送往服务器的选项值

< select >在 HTML5 新增属性如表 3-10 所示。

表 3-10　< select > HTML5 新增属性列表

属性	值	描　　述
autofocus	autofocus	规定在页面加载时下拉列表自动获得焦点
form	form_id	定义< select >所属的一个或多个表单
required	required	规定用户在提交表单前必须选择一个下拉列表中的选项

(10) 表单按钮。

在表单中，按钮的应用非常频繁，表单按钮主要分为3类：提交按钮、复位按钮和普通按钮。

① 提交按钮。

提交按钮用来将输入的表单信息提交到服务器。

其语法格式如下：

```
< input type = "submit" name = "..." value = "..." />
```

其中，

- type="submit"：定义提交按钮。
- name：定义提交按钮的名称。
- value：定义按钮的显示文字。

② 复位按钮。

复位按钮用来重置表单。

其语法格式如下：

```
< input type = "reset" name = "..." value = "..." />
```

其中，

- type="reset"：定义复位按钮。
- name：定义复位按钮的名称。
- value：定义按钮的显示文字。

注意：复位按钮并不是清空表单信息，只是还原成默认值，例如，表单中有文本框<input type="text" name="name" value="张三"/>，在该文本框中填入“李四”，当单击该复位按钮时，清除文本框中的“李四”，还原为“张三”。

③ 普通按钮。

普通按钮通常用来响应JavaScript事件（如onclick），用来调用相应的JavaScript函数来实现各种功能。

其语法格式如下：

```
< input type = "button" name = "..." value = "..." onclick = "..." />
```

其中，

- type="button"：定义普通按钮。
- name：定义按钮的名称。
- value：定义按钮的显示文字。
- onclick：通过指定脚本函数来定义按钮的行为。

网页中表单的用途很广，下面是一些典型表单的应用：

- 在用户注册某种服务时收集姓名、地址、电话号码、电子邮件和其他信息。
- 收集购买某个商品的订单信息、收集关于调查问卷信息等。

• 通过创建用户注册页面，演示 HTML 表单的综合应用。

在上面的情况下，通常要求用户输入关于个人的基本信息并提交到服务器，这些表单类似于在网站上注册用户时的表单。代码如下：

```
<html>
<head>
<meta http-equiv="Content-Type" content="text/html; charset=utf-8" />
<title>表单控件</title>
<style type="text/CSS">
    input{font-family:Verdana, Arial, Helvetica, sans-serif,"宋体";}
</style>
</head>
<body>
<form method="post" action="#">
<table style="font-size:12px">
        <tr>
            <td align="right">用户名:</td>
            <td><input type="text" id="username" value="" size="20"/></td>
        </tr>
<tr>
            <td align="right">密码:</td>
            <td><input type="password" id="password" value="" size="20"/></td>
        </tr>
        <tr>
            <td align="right">性别:</td>
            <td>
                <input type="radio" id="sex" value="male" />男
                <input type="radio" id="sex" value="female" />女
            </td>
        </tr>
        <tr>
            <td align="right">国家:</td>
            <td>
                <select name="country">
                    <option id="default" selected="selected">
                    -请选择您所在的国家-
                </option>
<option id="China">中国</option>
                    <option id="America">美国</option>
                    <option id="Japan">日本</option>
                    <option id="France">法国</option>
                    <option id="England">英国</option>
                </select>
            </td>
        </tr>
        <tr>
            <td align="right">爱好:</td>
            <td>
                <input type="checkbox" name="interest" value="music" />音乐
                <input type="checkbox" name="interest" value="travel" />旅游
                <input type="checkbox" name="interest" value="climbing" />登山
                <input type="checkbox" name="interest" value="reading" />阅读
```

```
                <input type = "checkbox" name = "interest" value = "basketball"/>篮球
                <input type = "checkbox" name = "interest" value = "football" />足球
            </td>
        </tr>
<tr>
            <td align = "right">个人简介:</td>
            <td>
                <textarea name = "comments" rows = "3" cols = "50"></textarea>
            </td>
        </tr>
        <tr>
            <td colspan = "2" align = "center">
                <input type = "submit" value = "提交" />   
                <input type = "reset" value = "重置" />
            </td>
        </tr>
    </table>
</form>
</body>
</html>
```

通过 IE 查看该 HTML，效果如图 3-5 所示。

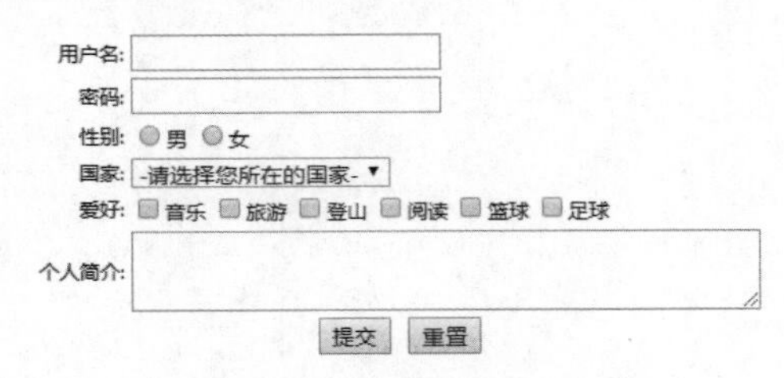

图 3-5 表单控件应用案例

表格和表单

3.1.3 案例实现

1. 案例分析

对图 3-1 进行分析，得出如图 3-6 所示结果。

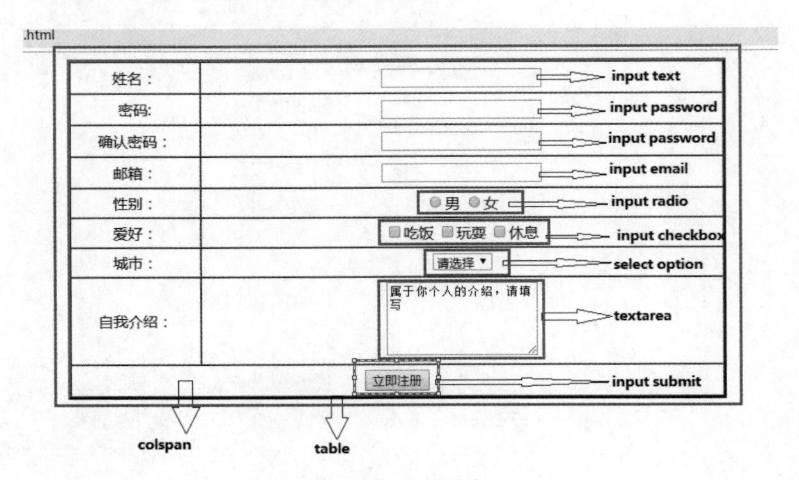

图 3-6 表格分析

2. 代码实现

```
<!DOCTYPE html>
<html lang="en">
<head>
    <meta charset="UTF-8">
    <title>form test</title>
</head>
<body>
<form action="#" method="get" id="form">
   <table border="3px" width="50%" align="center" cellpadding="5px" cellspacing=
"0px">
       <tr align="center">
         <td width="20%">姓名:</td>
           <td>
             <input type="text" name="uname" id="uname" />
               <span id="uNameSpan"></span>
             </td>
        </tr>
        <tr align="center">
          <td>密码: </td>
          <td>
            <input type="password" name="pwd" id="pwd" />
              <span id="pwdSpan"></span>
          </td>
         </tr>
         <tr align="center">
           <td>确认密码:</td>
           <td>
             <input type="password" name="pwd2" id="pwd2" />
               <span id="pwd2Span"></span>
             </td>
          </tr>
          <tr align="center">
            <td>邮箱:</td>
            <td>
              <input type="text" name="email" id="email" />
              <span id="emailSpan"></span>
            </td>
          </tr>
          <tr align="center">
            <td>性别:</td>
            <td>
             <input type="radio" name="gender" id="man" value="man" />男
             <input type="radio" name="gender" id="girl" value="girl" />女
            </td>
          </tr>
          <tr align="center">
            <td>爱好:</td>
            <td>
             <input type="checkbox" name="like" id="eat" value="eat" />吃饭
             <input type="checkbox" name="like" id="play" value="play" />玩耍
             <input type="checkbox" name="like" id="sleep" value="sleep">休息
```

```
                </td>
              </tr>
              <tr align = "center">
                <td>城市:</td>
               <td>
                <select name = "city" id = "city">
                    <option value = "">请选择</option>
                    <option value = "bj">北京</option>
                    <option value = "sz">深圳</option>
                    <option value = "gz">广州</option>
                </select>
                </td>
            </tr>
            <tr align = "center">
                 <td>自我介绍:</td>
                 <td>
                     <textarea id = "myInfo" name = "myInfo" rows = "5" cols = "20">属于你个人的介
绍,请填写</textarea>
                   </td>
                </tr>
              <tr align = "center">
                <td colspan = "2">
              <input type = "submit" value = "立即注册" />
            </td>
          </tr>
        </table>
      </form>
    </body>
    </html>
```

3. 运行效果

通过 Chrome 查看该 HTML,上述代码运行结果如图 3-7 所示。

姓名：	
密码:	
确认密码：	
邮箱：	
性别：	男 女
爱好：	吃饭 玩耍 休息
城市：	请选择
自我介绍：	属于你个人的介绍，请填写
立即注册	

图 3-7　表格实例

3.2　HTML5 新增标签

HTML5 是一个新的网络标准,目的是取代现有的 HTML 4.01、XHTML 1.0 和 DOM Level 2 HTML 标准。它希望能够减少浏览器对于需要插件的丰富性网络应用服务(plug-in-based Rich Internet Application，RIA），如 Adobe Flash、Microsoft Silverlight 与 Sun JavaFX 的需求。

HTML5 提供了一些新的元素和属性，其中有些在技术上类似了< div >和< span >标签，例如< nav >（网站导航块）和< footer >。这种标签将有利于搜索引擎的索引整理、小屏幕装置和视障人士使用。同时为其他浏览要素提供了新的功能。

一些过时的 HTML 4 标签将取消，其中包括纯粹用于显示效果的标签，如< font >和< center >，因为它们已经被 CSS 取代。

1. <article>标签

< article >标签代表网站制作中的文档、页面或应用程序中独立的、完整的、可以独自被外部引用的内容。它可以是一篇博客或者报刊中的文章、一篇论坛帖子、一段用户评论，或其他任何独立的内容。除了内容部分，一个< article >标签通常用作它自己的标题，有时还用作它自己的脚注。

浏览器支持：

IE 9+、Firefox 和 Chrome 都支持< article >标签。

注意：IE 8 或更早版本的 IE 浏览器不支持< article >标签。

HTML5：< article ></article >。

HTML4：< div ></div >。

属性/属性值/描述：支持 HTML5 的全局属性和事件属性。

其使用语法如下：

```
<article> ... </article>
```

< article >标签是可以嵌套的，内层的内容原则上需要与外层的内容相关联。例如，一篇博客文章中，针对该文章的评论就可以使用嵌套< article >标签的方式，用来呈现评论的< article >标签被包含在表示整体内容的< article >标签里面。

示例代码如下所示：

```
<html>
<head>
  <title>article 标签嵌套实例</title>
</head>
<body>
    <article>
        <header>
            <h1>标题</h1>
            <p>发表日期:<time pubdate = "pubdate">2020 年 4 月 20 号</time></p>
        </header>
        <section>
            <h2>评论区</h2>
            <article style = "background - color: #ccc; ">
                <header>
                    <h4>张三评论了此条微博</h4>
                    <p>12 分钟前</p>
                </header>
```

```
                <p>…</p>
            </article>
            <article style="background-color:#ccc;">
                <header>
                    <h4>李四评论了此条微博</h4>
                    <p>15 分钟前</p>
                </header>
                <p>…</p>
            </article>
        </section>
    </article>
    </article>
</body>
</html>
```

<article>标签应用实例效果如图 3-8 所示。

标题

发表日期：2020年4月20号

评论区

张三评论了此条微博

12分钟前

李四评论了此条微博

15分钟前

图 3-8 <article>标签应用实例

2. <aside>标签

<aside>标签用来表示当前页面或文章的附属信息部分，可以包含与当前页面或主要内容相关的引用、侧边栏、广告、nav 元素组，以及其他类似的有别于主要内容的部分。

根据目前的规范，<aside>标签有两种使用方法：

- 被包含在<article>标签中作为主要内容的附属信息部分，其中的内容可以是与当前文章有关的引用、词汇列表等。
- 在<article>标签之外使用，作为页面或站点全局的附属信息部分；最典型的形式是侧边栏(sidebar)，其中的内容可以是友情链接、附属导航或广告单元等。

浏览器支持：

IE 9+、Firefox 和 Chrome 都支持<aside>标签。

注意：IE 8 或更早版本的 IE 浏览器不支持<aside>标签。

HTML5：<aside></aside>。

HTML4：<div></div>。

示例代码如下所示：

```
<html>
<head>
    <title>aside 标签示例</title>
</head>
<body>
    <p style="color:red;">包含于 article 元素之中:</p>
    <article>
        <h1>世情国情党情是什么?</h1>
        <p>十八大以来,我们党对当前世情国情党情作出怎样的判断,又是如何朝好的方向努力,
争取最好的结果的?</p>
        <aside>十八大</aside>
    </article>
    <p style="color:red;">包含于 article 元素之外:</p>
```

```
    <aside>
        <h2>友情链接</h2>
        <ul>
            <li><a href="#">百度网</a></li>
            <li><a href="#">搜狐网</a></li>
        </ul>
    </aside>
</body>
</html>
```

<aside>标签示例代码效果如图 3-9 所示。

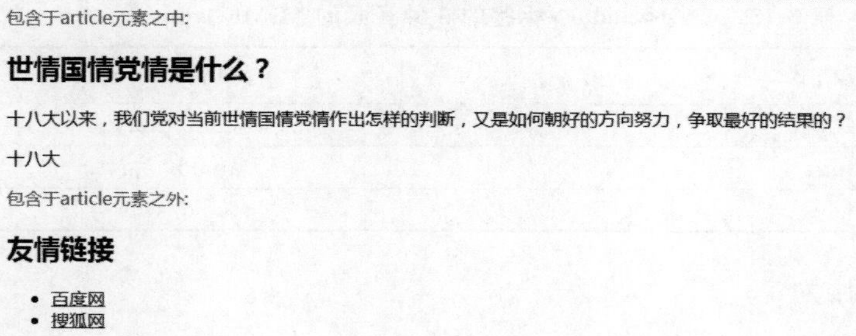

包含于article元素之中:

世情国情党情是什么？

十八大以来，我们党对当前世情国情党情作出怎样的判断，又是如何朝好的方向努力，争取最好的结果的？

十八大

包含于article元素之外:

友情链接

- 百度网
- 搜狐网

图 3-9　aside 标签示例

3. <audio>标签

<audio>标签定义声音，比如音乐或其他音频流。到今天为止，大多数的音频文件播放是通过 Flash 来实现的。而 HTML5 定义了一个新标签<audio>，在播放音频上提供了很多方便的功能。

浏览器支持：

IE 9+、Firefox 和 Chrome 都支持<audio>标签。

注意：IE 8 或更早版本的 IE 浏览器不支持<audio>标签。

HTML5：<audio src="someaudio.wav"> audio 标签。</audio>。

HTML4：<object type="application/ogg" data="someaudio.wav"><param name="src" value="someaudio.wav"></object>。

属性/属性值/描述：支持 HTML5 的全局属性和事件属性，该标签的特有属性如表 3-11 所示。

表 3-11　<audio>标签属性

属性	属性值	描　述
autoplay	autoplay	自动播放
controls	controls	显示控件
loop	loop	自动重播
src	url	音频的 URL
preload	preload	预备播放。如果使用"autoplay"，则忽略改属性
muted	muted	静音

到目前为止，有 3 个音频格式是<audio>标签支持的，分别是 MP3、Wav 和 Ogg，其浏览器支持如表 3-12 所示。

表 3-12 支持<audio>标签的浏览器

浏览器	MP3	Wav	Ogg
Internet Explorer 9＋	√	×	×
Chrome 6＋	√	√	√
Firefox 3.6＋	×	√	√

这 3 种音频的 MIME-type 如表 3-13 所示。

表 3-13 支持<audio>标签的 3 种音频的 MIME-type

音频格式	MIME-type
MP3	audio/mpeg
Ogg	audio/ogg
Wav	audio/wav

其使用方法如下所示：

```
<audio src = "音频"> audio 标签.</audio>
```

示例代码如下所示：

```
<html>
<head>
<title> audio 标签示例</title>
</head>
<body>
  <audio id = "media" src = "a.mp3" controls>你的浏览器不支持</audio>
</body>
</html>
```

0:00 / 0:00

图 3-10 audio 标签示例

<audio>标签示例代码效果如图 3-10 所示。

4. <canvas>标签

<canvas>标签定义图形，使用 JavaScript 在网页上绘制 2D 图像。比如图表和其他图像。这个 HTML 元素是为了客户端矢量图形而设计的。它自己没有行为，却把一个绘图 API 展现给客户端 JavaScript，以使脚本能够将想绘制的内容都绘制到一块画布上。<canvas>标签由 Apple 公司在 Safari 1.3 Web 浏览器中引入。对 HTML 的这一根本扩展的原因在于，HTML 在 Safari 中的绘图能力也为 Mac OS X 桌面的 Dashboard 组件所使用，并且 Apple 公司希望有一种方式在 Dashboard 中支持脚本化的图形。

Firefox 1.5 和 Opera 9 都跟随了 Safari 的引领。这两个浏览器都支持<canvas>标签。我们甚至可以在 IE 中使用<canvas>标签，并在 IE 的 VML 支持的基础上用开源的 JavaScript 代码（由 Google 公司发起）来构建兼容性的画布。<canvas>的标准化的努力由

一个 Web 浏览器厂商的非正式协会在推进，目前<canvas>已经成为 HTML 5 草案中一个正式的标签。

1）canvas 标签和 SVG 以及 VML 之间的差异

<canvas>标签和 SVG 以及 VML 之间的一个重要的不同是，<canvas>有一个基于 JavaScript 的绘图 API，而 SVG 和 VML 使用一个 XML 文档来描述绘图。

这两种方式在功能上是等同的，任何一种都可以用另一种来模拟。从表面上看，它们很不相同，可是，每一种都有强项和弱点。例如，SVG 绘图很容易编辑，只要从其描述中移除元素就行。要从同一图形的一个<canvas>标签中移除元素，往往需要擦掉绘图重新绘制它。<canvas>与 SVG 具体应用比较如表 3-14 所示。

表 3-14　Canvas 与 SVG 具体应用比较

Canvas	SVG
依赖分辨率	不依赖分辨率
不支持事件处理器	支持事件处理器
弱的文本渲染能力	最适合带有大型渲染区域的应用程序（如谷歌地图）
能够以 .png 或 .jpg 格式保存结果图像	复杂度高会减慢渲染速度（任何过度使用 DOM 的应用都不快）
最适合图像密集型的游戏，其中的许多对象会被频繁重绘	不适合游戏应用

2）如何使用<canvas>标签绘图

大多数 Canvas 绘图 API 都没有定义在<canvas>标签本身上，而是定义在通过画布的 getContext()方法获得的一个“绘图环境”对象上。

Canvas API 也使用了路径的表示法。但是，路径由一系列的方法调用来定义，而不是描述为字母和数字的字符串，比如调用 beginPath()和 arc()方法。

一旦定义了路径，其他的方法，如 fill()，都是对此路径进行操作。绘图环境的各种属性，比如 fillStyle，说明了这些操作如何使用。

注意：Canvas API 非常紧凑的一个原因是它没有对绘制文本提供任何支持。要把文本加入一个 Canvas 图形，必须先自己绘制它再用位图图像合并它，或者在<canvas>上方使用 CSS 定位来覆盖 HTML 文本。

浏览器支持：

IE 9、Firefox、和 Chrome 都支持<canvas>标签。

注意：IE 8 或更早版本的 IE 浏览器不支持<canvas>标签。

HTML5：<canvas id="myCanvas" width="200" height="200"></canvas>。

HTML4：<object data="inc/hdr.svg" type="image/svg+xml" width="200" height="200"></object>。

属性/属性值/描述：支持 HTML5 的全局属性和事件属性，<canvas>标签的特有属性如表 3-15 所示。

表 3-15 <canvas>标签的特有属性

属性	属性值	描述
height	height	设置 canvas 标签高度
width	width	设置 canvas 标签宽度

其使用方法如下所示:

```
<canvas>...</canvas>
```

示例代码如下所示:

```
<html>
<head>
    <title><audio>Canvas标签示例</title>
</head>
<body>
    <canvas id="myCanvas" width="200" height="200" style="border:solid 1px #000;">
        您的浏览器不支持canvas,建议使用最新版的浏览器</canvas>
</body>
</html>
```

<canvas>标签示例页面如图 3-11 所示。

图 3-11 <canvas>标签示例

5. <command>标签

<command>标签定义一个命令按钮,比如单选按钮、复选框或按钮。只有 Internet Explorer 9(更早或更晚的版本都不支持)支持<command>标签。

HTML5:<command onclick = cut()" label = "cut">。

HTML4:none。

属性/属性值/描述:支持 HTML5 的全局属性和事件属性,<command>标签的特有属性如表 3-16 所示。

表 3-16 <command>标签特有的属性

属性	属性值	描述
type	checkbox command radio	定义该<command>的类型。默认是 command
radiogroup	groupname	显示控件
label	text	为<command>定义可见的 label
icon	url	定义所显示的图像的 url
disabled	disabled	定义<command>是否可用
checked	checked	定义是否被选中。仅用 radio 或 checkbox 类型

其使用方法如下所示：

```
<menu><command onclick="事件">Click here.</command></menu>
```

因为该标签在新版浏览器中没有可以使用的场景，所以不在此举例，对该标签只需了解。

6. <datalist>标签

作为HTML5中的新标签，<datalist>标签实现定义选项列表，这个标签在使用的时候配合<input>标签来使用，可以实现类似百度搜索框一样的搜索提示功能。<datalist>与<select>标签类似。作为选项列表，它们都需要借助<option>标签来实现选项列表的每一项的内容。

浏览器支持：

IE 10、Firefox和Chrome都支持<datalist>标签。

注意：IE 9和更早版本的IE浏览器以及Safari不支持<datalist>标签。

HTML5：<datalist></datalist>。

属性/属性值/描述：支持HTML5的全局属性和事件属性。

其使用方法如下所示：

```
<input id="A" list="B"/><datalist id="B"><option value="值"></datalist>
```

示例代码如下所示：

```
<html>
<head>
    <title>datalist标签示例</title>
</head>
<body>
    <input type="text" list="test" />
    <datalist id="test">
        <option value="Adidas"></option>
        <option value="Baidu"></option>
        <option value="Cctv"></option>
        <option value="Dreamweaver"></option>
        <option value="Eclipse"></option>
    </datalist>
</body>
</html>
```

<datalist>标签示例代码运行效果如图3-12所示。

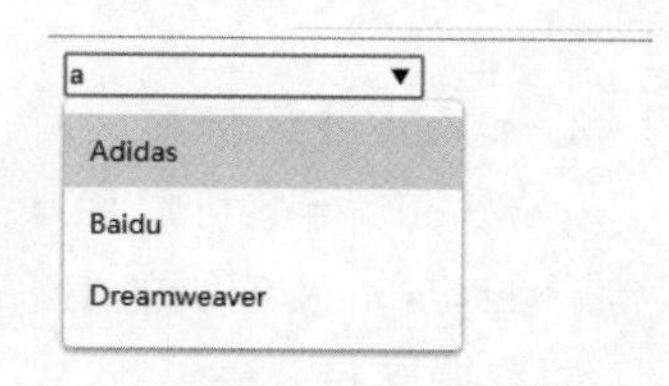

图3-12 <datalist>标签示例

7. <details>标签

<details>标签定义元素的细节，用户可进行查看，或通过单击进行隐藏。与<summary>一起使用可制作<details>的标题。该标题对用户是可见的，当在其上单击时可打开或关闭<details>。任何形式的内容都能被放在<details>标签中。

浏览器支持：

目前，只有 Chrome 和 Safari 6 支持< details >标签。

HTML5：< details ></details >。

HTML4：< dl style="display：hidden"></dl >。

属性/属性值/描述：支持 HTML5 的全局属性和事件属性，< details >标签的特有属性如表 3-17 所示。

表 3-17　< details >标签特有属性

属性	属性值	描　　述
open	open	定义 details 是否可见

其使用方法如下所示：

```
< details >…</details >
```

示例代码如下所示：

```
< html >
< head >
< meta charset = "utf - 8">
< title > details 标签示例</title >
</head >
< body >
< details >
< summary > Copyright 1999 - 2011.</summary >
< p >  -  by Refsnes Data. All Rights Reserved.</p >
< p > All content and graphics on this Web site are the property of the company Refsnes Data.</p >
</details >
< p >< b >注意:</b >目前,只有 Chrome 和 Safari 6 支持 &lt details &gt 标签.</p >
</body >
</html >
```

< details >标签示例代码运行效果如图 3-13 所示。

▼Copyright 1999-2011.

- by Refsnes Data. All Rights Reserved.

All content and graphics on this Web site are the property of the company Refsnes Data.

注意：目前，只有 Chrome 和 Safari 6 支持 < details > 标签。

图 3-13　< details >标签示例

8. < embed > 标签

< embed >标签可以用来插入各种多媒体内容，格式可以是 Midi、Wav、AIFF、AU、MP3 等等，Netscape 及新版的 IE 都支持。

浏览器支持：

所有主流浏览器都支持< embed >标签。

HTML5：< embed src="horse. wav" />。

HTML4：<object data="flash.swf" type="application/x-shockwave-flash"></object>。

属性/属性值/描述：支持 HTML5 的全局属性和事件属性，<embed>标签的特有属性如表 3-18 所示。

表 3-18 <embed>标签特有属性

属性	属性值	描 述
height	pixels	设置嵌入内容的高度
src	url	嵌入内容的 URL
type	type	定义嵌入内容的类型
width	pixels	设置嵌入内容的高度

其使用方法如下：

```
<embed src = "嵌入内容的 url" />
```

9. <figcaption> 标签

<figcaption>标签定义 figure 元素的标题。<figcaption>标签应该被置于 figure 元素的第一个或最后一个子元素的位置。

浏览器支持：

IE 9、Firefox、和 Chrome 支持<figcaption>标签。

注意：IE 8 或更早版本的 IE 浏览器不支持<figcaption>标签。

HTML5：<figure><figcaption></figcaption></figure>。

HTML4：无。

属性/属性值/描述：支持 HTML5 的全局属性和事件属性。

其使用方法如下：

```
<figure><figcaption>标题内容</figcaption></figure>
```

示例代码如下所示：

```
<html>
<head>
<title>&lt figcaption &gt 标签示例</title>
</head>
<body>
<figure>
<figcaption>一朵花</figcaption>
<img src = "1.jpg" width = "450" height = "234" />
</figure>
</body>
</html>
```

通过 IE 查看该 HTML，效果如图 3-14 所示。

10. <figure> 标签

定义一组媒体内容(图像、图表、照片、代码等)以及它们的标题。如果被删除，则不应对

图 3-14 <figcaption>标签显示效果

文档流产生影响。

浏览器支持：

IE 9、Firefox 和 Chrome 支持<figure>标签。

注意：IE 8 或更早版本的 IE 浏览器不支持<figure>标签。

HTML5：<figure><figcaption>PRC</figcaption><p>The People's Republic of China was born in 1949...</p></figure>。

HTML4：<dl><h1>PRC</h1><p>The People's Republic of China was born in 1949...</p></dl>。

属性/属性值/描述：支持 HTML5 的全局属性和事件属性。

其使用方法如下：

```
<figure><figcaption>标题内容</figcaption>内容</figure>
```

示例代码如下所示：

```
<html>
<head>
<title>&lt figure &gt 标签示例</title>
</head>
<body>
<p>The Pulpit Rock is a massive cliff 604 metres (1982 feet) above Lysefjorden, opposite the Kjerag plateau, in Forsand, Ryfylke, Norway. The top of the cliff is approximately 25 by 25 metres (82 by 82 feet) square and almost flat, and is a famous tourist attraction in Norway.</p>
<figure>
  <img src="2.jpg" alt="The Pulpit Rock" width="304" height="228">
</figure>
</body>
</html>
```

<figure>标签显示效果如图 3-15 所示。

11. <footer>标签

<footer>标签定义文档或文档一部分区域的页脚。典型地，它会包含创作者的姓名、文档的创作日期以及联系信息，在一个文档中，可以定义多个<footer>标签。

浏览器支持：

IE 9、Firefox、和 Chrome 支持<footer>标签。

The Pulpit Rock is a massive cliff 604 metres (1982 feet) above Lysefjorden, opposite the Kjerag plateau, in Forsand, Ryfylke, Norway. The top of the cliff is approximately 25 by 25 metres (82 by 82 feet) square and almost flat, and is a famous tourist attraction in Norway.

图 3-15　<figure>标签显示效果

注意：IE 8 或更早版本的 IE 浏览器不支持<footer>标签。

HTML5：<footer></footer>。

HTML4：<div></div>。

属性/属性值/描述：支持 HTML5 的全局属性和事件属性。

其使用方法如下：

```
<footer>页脚内容</footer>
```

示例代码如下所示：

```
<html>
<head>
    <title>footer 标签示例</title>
</head>
<body>
    <footer>
        <p>Posted by: Hege Refsnes</p>
        <p><time pubdate datetime = "2020 - 04 - 22"></time></p>
    </footer>
</body>
</html>
```

<footer>标签显示效果如图 3-16 所示。

Posted by: Hege Refsnes

图 3-16　<footer>标签显示效果

12. <header> 标签

<header>标签定义文档或者文档的一部分区域的页眉。在一个文档中，可以定义多个<header>标签，但是<header>标签不能被放在<footer>、<address>或者另一个<header>标签内部。

浏览器支持：

IE 9、Firefox、Opera、Chrome 和 Safari 支持<header>标签。

注意：IE 8 或更早版本的 IE 浏览器不支持<header>标签。

HTML5：<header></header>。

HTML4：<div></div>。

属性/属性值/描述：支持 HTML5 的全局属性和事件属性。

其使用方法如下：

```
<header>页眉内容</header>
```

示例代码如下所示：

```
<html>
<head>
<title>&lt header &gt 标签示例</title>
</head>
<body>
<article>
  <header>
    <h1>Internet Explorer 9</h1>
    <p><time pubdate datetime="2020-04-22"></time></p>
  </header>
  <p>Windows Internet Explorer 9(缩写为 IE9 )是在 2011 年 3 月 14 日 21:00 发布的.</p>
</article>
</body>
</html>
```

<header>标签显示效果如图 3-17 所示。

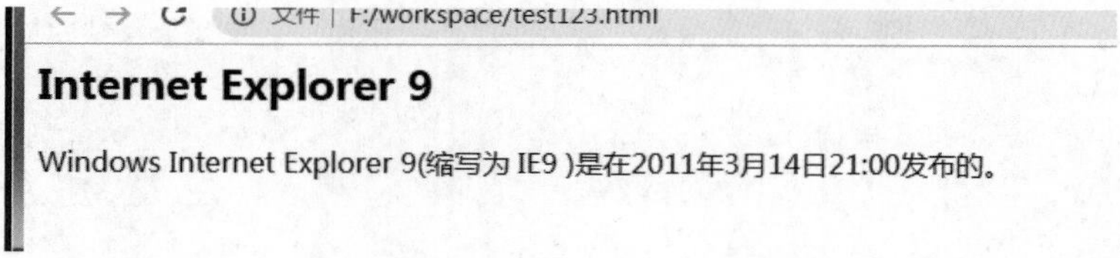

图 3-17 <header>标签显示效果

13. <hgroup> 标签

<hgroup>标签用来指定组合网页或区段的标题，修改 hgroup 样式后，被它包围的 h1、h4 之类的标题元素就会同时继承它设置的样式。

浏览器支持：

IE 9、Firefox、Opera、Chrome 和 Safari 支持 <hgroup> 标签。

HTML5：<hgroup></hgroup>。

HTML4：<div></div>。

属性/属性值/描述：支持 HTML5 的全局属性和事件属性。

其使用方法如下：

```
<hgroup>
<h1>标题一</h1>
</hgroup>
```

示例代码如下所示：

```
<html>
<head>
<title>hgroup 标签示例</title>
</head>
<body>
<hgroup>
<h1>Welcome to my WWF</h1>
<h2>For a living planet</h2>
</hgroup>
<p>The rest of the content...</p>
</body></html>
```

<hgroup>标签显示效果如图 3-18 所示。

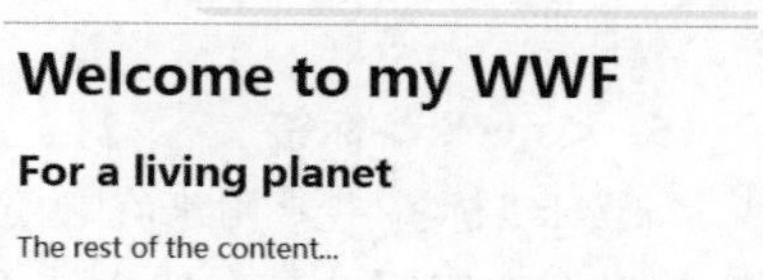

Welcome to my WWF

For a living planet

The rest of the content...

图 3-18　<hgroup>标签显示效果

14. <keygen> 标签

<keygen>标签规定用于表单的密钥对生成器字段。当提交表单时，私钥存储在本地，公钥发送到服务器。

浏览器支持：

Firefox 和 Chrome 支持<keygen>标签。

HTML5：<keygen>。

HTML4：<div></div>。

属性/属性值/描述：支持 HTML5 的全局属性和事件属性。<keygen>标签的特有属性如表 3-19 所示。

表 3-19　<keygen>标签特有属性

属性	属性值	描　　述
autofocus	autofocus	使 keygen 字段在页面加载时获得焦点
challenge	challenge	如果使用，则将 keygen 的值设置为在提交时询问
disabled	disabled	禁用 keytag 字段
form	formname	定义该 keygen 字段所属的一个或多个表单
keytype	rsa	定义 keytype。rsa 生成 RSA 密钥
name	fieldname	定义 keygen 元素的唯一名称，用于在提交表单时搜集字段的值。

其使用方法如下：

```
<keygen from = value">
```

示例代码如下所示：

```
<html>
<head>
<title>keygen 标签示例</title>
</head>
<body>
<form action = "/example/html5/demo_form.asp" method = "get">
```

```
用户名:< input type = "text" name = "usr_name" />
加密:< keygen name = "security" />
< input type = "submit" />
</form >
</body >
</html >
```

< keygen >标签显示效果如图 3-19 所示。

图 3-19 < keygen >标签显示效果

15. < mark >标签

< mark >标签主要用来在视觉上向用户呈现那些需要突出的文字。< mark >标签的一个比较典型的应用就是在搜索结果中向用户高亮显示搜索关键词。

浏览器支持：

IE 9＋、Firefox 和 Chrome 支持< mark >标签。

注意：Internet Explorer 8 及更早版本不支持< mark >标签。

HTML5：< mark ></mark >。

HTML4：< span ></span >。

属性/属性值/描述：支持 HTML5 的全局属性和事件属性。

其使用方法如下：

```
< mark >内容</mark >
```

示例代码如下所示：

```
< html >
< head >
< title > mark 标签示例</title >
</head >
< body >
< p > Do not forget to buy < mark > milk </mark > today. </p >
</body >
</html >
```

< mark >标签显示效果如图 3-20 所示。

图 3-20 < mark >标签显示效果

16. < meter >标签

< meter >标签定义度量衡。仅用于已知最大值和最小值的度量。必须定义度量的范围，既可以在元素的文本中，也可以在 min/max 属性中定义。

浏览器支持：

Firefox 和 Chrome 支持< meter >标签。

HTML5：<meter></meter>。

HTML4：无。

属性/属性值/描述：支持 HTML5 的全局属性和事件属性。<meter>标签的特有属性如表 3-20 所示。

表 3-20　<meter>标签特有属性

属性	属性值	描　述
high	number	定义度量的值位于哪个点，被界定为高的值
low	number	定义度量的值位于哪个点，被界定为低的值
max	number	定义最大值。默认值是 1
min	number	定义最小值。默认值是 0
optimum	number	定义什么样的度量值是最佳的值。如果该值高于 high 属性的值，则意味着值越大越好。如果该值低于 low 属性的值，则意味着值越小越好
value	number	定义度量的值

其使用方法如下：

```
<meter value="值">内容</meter>
```

示例代码如下所示：

```
<html>
<head>
<title>标签示例</title>
</head>
<body>
<meter value="2" min="0" max="10">2 out of 10</meter><br>
<meter value="0.6">60%</meter>
</body>
</html>
```

<meter>标签显示效果如图 3-21 所示。

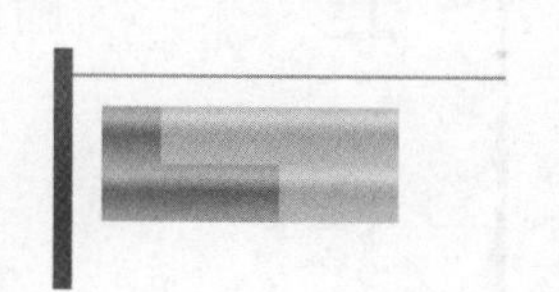

图 3-21　<meter>标签显示效果

17. <nav>标签

<nav>标签定义导航链接的部分。并不是所有的 HTML 文档都要用到<nav>标签。<nav>标签只是作为标注一个导航链接的区域。在不同的手机或者 PC 上可以指定导航链接是否显示，以适应不同屏幕的需求。

浏览器支持：

目前大多数浏览器支持<nav>标签。

HTML5：<nav></nav>。

HTML4：<ul></ul>。

属性/属性值/描述：支持 HTML5 的全局属性和事件属性。

其使用方法如下：

```
<nav> 内容</nav>
```

示例代码如下所示：

```
<html>
<head>
<title> nav 标签示例</title>
</head>
<body>
<header>
</header>
    <article>
        <hgroup>
            <h2>文章的标题</h2>
            <nav>
                <ul>
                    <li><a href="#p1">段一</a></li>
                    <li><a href="#p2">段二</a></li>
                    <li><a href="#p3">段三</a></li>
                </ul>
            </nav>
        </h2></hgroup>
        <p id="p1">段一</p>
        <p id="p2">段二</p>
        <p id="p3">段三</p>
    </article>
    <footer>
    </footer>
</body>
</html>
```

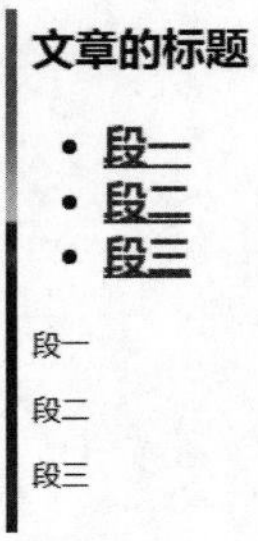

<nav>标签显示效果如图 3-22 所示。

文章的标题

- 段一
- 段二
- 段三

段一

段二

段三

图 3-22 <nav>标签显示效果

18. <output>标签

<output>标签用于计算结果的输出显示（比如执行脚本的输出）。

浏览器支持：

Firefox 和 Opera 浏览器都支持<output>标签。

注意：Internet Explorer 浏览器不支持<output>标签。

HTML5：<output></output>。

HTML4：<span></span>。

属性/属性值/描述：支持 HTML5 的全局属性和事件属性。<output>标签的特有属性如表 3-21 所示。

表 3-21 <output>标签属性

属性	属性值	描　述
for	id of Another element	定义输出域相关的一个或多个元素

续表

属性	属性值	描　述
form	formname	定义输入字段所属的一个或多个表单
name	unique name	定义对象的唯一名称(提交表单时使用)

其使用方法如下：

```
<output name = "name", from = "from_id", for = "element_id"></output>
```

示例代码如下所示：

```
<html>
<head>
<title>标签示例</title>
</head>
<body>
<form oninput = "x.value = parseInt(a.value) + parseInt(b.value)"> 0
  <input type = "range" id = "a" value = "50"> 100
  + <input type = "number" id = "b" value = "50">
 = <output name = "x" for = "a b"></output>
</body>
</html>
```

<output>标签显示效果如图 3-23 所示。

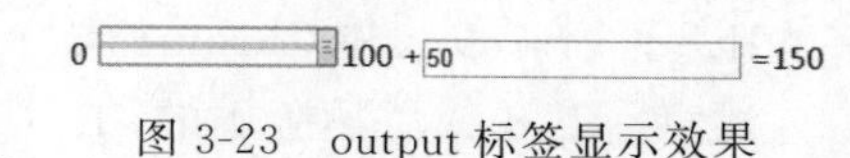

图 3-23　output 标签显示效果

19. <progress> 标签

<progress>标签表示运行中的进程。可以使用<progress>标签来显示 JavaScript 中耗费时间的函数的进程。

浏览器支持：

IE 10、Firefox 和 Chrome 支持<progress>标签。

注意：IE 9 或者更早版本的 IE 浏览器不支持<progress>标签。

HTML5：<progress></progress>。

HTML4：无。

属性/属性值/描述：支持 HTML5 的全局属性和事件属性。<progress>标签的特有属性如表 3-22 所示。

表 3-22　<progress>标签属性

属性	属性值	描　述
max	number	定义完成的值
min	number	定义进程的当前值

其使用方法如下：

```
<progress value = "值" max = "最大值"></progress>
```

示例代码如下所示：

```
<html>
<head>
<title>&lt progress &gt 标签示例</title>
</head>
<body>
   <p>下载进度:</p>
   <progress value="33" max="100"></progress>
   <p>其实一个 &lt progress &gt 标签就实现了一个进度条
   <br/>并且我们可以控制进度利用的是 value 这个属性,max 表示最大的长度</p>
</body>
</html>
```

<progress>标签显示效果如图 3-24 所示。

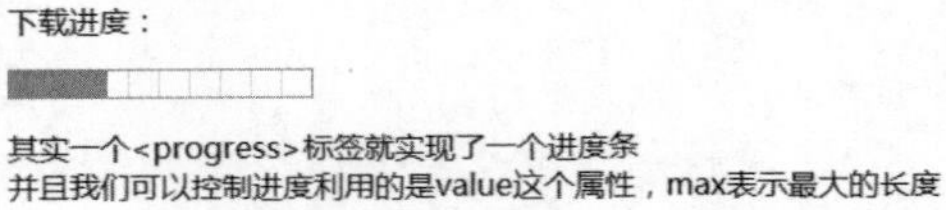

下载进度：

其实一个<progress>标签就实现了一个进度条
并且我们可以控制进度利用的是value这个属性，max表示最大的长度

图 3-24 <progress>标签显示效果

20. <rp> 标签

<rp>标签在<ruby>标签中使用，以定义不支持<ruby>标签的浏览器所显示的内容。<ruby>标签中是中文注音或字符。在东亚地区使用，显示的是东亚字符的发音。

浏览器支持：

IE 9＋、Firefox 和 Chrome 支持<rp>标签。

注意： IE 8 或更早版本的 IE 浏览器不支持<rp>标签。

HTML5：<ruby><rt><rp></rp></rt></ruby>。

HTML4：无。

属性/属性值/描述： 支持 HTML5 的全局属性和事件属性。

其使用方法如下：

```
<ruby><rt><rp></rp></rt></ruby>
```

示例代码如下所示：

```
<html>
<head>
<title>&lt rp &gt 标签示例</title>
</head>
<body>
<ruby>
  汉 <rp>(</rp><rt>Kan</rt><rp>)</rp>
  字 <rp>(</rp><rt>ji</rt><rp>)</rp>
</ruby>
</body>
</html>
```

<rp>标签显示效果如图 3-25 所示。

21. <rt> 标签

<rt>标签定义字符（中文注音或字符）的解释或发音，将<rt>标签与<ruby>和<rp>标签一起使用。

Kan ji
漢字

图 3-25　<rp>标签显示效果(1)

浏览器支持：

IE 9＋、Firefox 和 Chrome 支持<rt>标签。

注意：IE 8 或更早版本的 IE 浏览器不支持<rt>标签。

HTML5：<ruby>汉 <rt> ㄏㄢˋ </rt></ruby>。

HTML4：无。

属性/属性值/描述：支持 HTML5 的全局属性和事件属性。

其使用方法如下：

```
<ruby><rt><rp></rp></rt></ruby>
```

示例代码如下所示：

```
<html>
<head>
<title>&lt rt &gt 标签示例</title>
</head>
<body>
<ruby>
汉 <rt> ㄏㄢˋ </rt>
</ruby>
</body>
</html>
```

<rt>标签显示效果如图 3-26 所示。

ㄏㄢˋ
漢

图 3-26　<rt>标签显示效果(2)

22. <ruby> 标签

定义 ruby 标签（中文注音或字符）。在东亚地区使用，显示的是东亚字符的发音。ruby 标签由一个或多个标签字符（需要一个解释/发音）和一个提供该信息的<rt>标签组成，还包括可选的<rp>标签，定义当浏览器不支持<ruby>标签时显示的内容。

浏览器支持：

IE 9＋、Firefox 和 Chrome 支持 <ruby> 标签。

注意：IE 8 或更早版本的 IE 浏览器不支持 <ruby> 标签。

HTML5：<ruby><rt><rp>(</rp><rp>)</rp></rt></ruby>。

HTML4：无。

属性/属性值/描述：支持 HTML5 的全局属性和事件属性。

其使用方法如下：

```
<ruby><rt><rp></rp></rt></ruby>
```

示例代码如下所示：

```
<html>
<head>
<title>&lt ruby &gt 标签示例</title>
</head>
<body>
  <ruby>
        <rb>吉林大学</rb>
        <rp>(</rp>
        <rt>きつ りん だい がく</rt>
        <rp>)</rp>
    </ruby>
    <p></p>
    <ruby>
        <rb>吉林大学</rb>
        <rp>(</rp>
        <rt> ji lin da xue </rt>
        <rp>)</rp>
    </ruby>
</body>
</html>
```

<ruby>标签显示效果如图 3-27 所示。

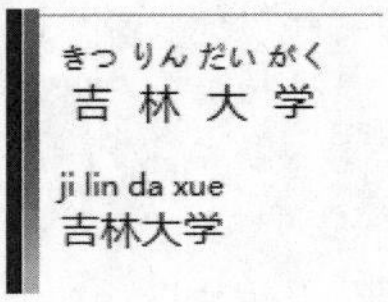

きつ りん だい がく
吉 林 大 学

ji lin da xue
吉林大学

图 3-27 <ruby>标签显示效果(3)

23. <section>标签

<section>标签定义文档中的节（区段）。比如章节、页眉、页脚或文档中的其他部分，<section>标签用来表现普通的文档内容或应用区块。一个<section>通常由内容及其标题组成，但<section>标签并非一个普通的容器元素；当一个容器需要被直接定义样式或通过脚本定义行为时，推荐使用<div>标签而非<section>。该标签是成对出现的，以<section>开始，以</section>结束，<section>标签通常带有一个标题和一个内容块。

1）<article>与<section>的异同

<section>和<article>可以互相嵌套，也就是说，它们没有上下级关系，<section>可以包含<article>，<article>也可以包含<section>。

两者在使用上都差不多，都可以有 h1、h2、h3，也都有一个主体，那么应该怎么来区分它们呢？其实很简单，只要从字面上理解就可以了。

（1）<article>是文章，文章就是一段完整的、独立的内容。

（2）<section>是块，某种意义上可以理解为<div>，但是比<div>的意思更加明确。

2）<section>和<div>的异同

（1）<section>和<div>都可以对内容进行分块，但是<section>是进行有意义的分块，无意义的分块应该由<div>来做，例如，用作设置样式的页面容器。

（2）<section>内部必须有标题，标题也代表了 section 的意义所在。

3）使用<section>标签需要注意的地方

（1）不要将<section>作为用来设置样式或行为的“钩子”容器，那是<div>的工作。

（2）如果<article>、<aside>或<nav>能够满足要求，则不要使用<section>。

(3)不要对没有标题的内容区块使用<section>。

浏览器支持：

IE 9+、Firefox 和 Chrome 支持<section>标签。

注意：IE 8 或更早版本的 IE 浏览器不支持<section>标签。

HTML5：<section></section>。

HTML4：<div></div>。

属性/属性值/描述：支持 HTML5 的全局属性和事件属性。<section>标签的特有属性如表 3-23 所示。

表 3-23　<section>标签特有属性

属性	属性值	描　述
cite	URL	当<section>摘自 Web 时使用

其使用方法如下：

```
<section>内容</section>
```

示例代码如下所示：

```
<html>
<head>
<title>section标签示例</title>
</head>
<body>
<section>
  <h1>WWF</h1>
  <p>The World Wide Fund for Nature (WWF) is an international organization working on issues regarding the conservation, research and restoration of the environment, formerly named the World Wildlife Fund. WWF was founded in 1961.</p>
</section>
<section>
  <h1>WWF's Panda symbol</h1>
  <p>The Panda has become the symbol of WWF. The well-known panda logo of WWF originated from a panda named Chi Chi that was transferred from the Beijing Zoo to the London Zoo in the same year of the establishment of WWF.</p>
</section>
</body>
</html>
```

<section>标签显示效果如图 3-28 所示。

24. <source>标签

<source>标签为媒体元素(比如<video>和<audio>)定义媒体资源，<source>标签规定视频/音频文件根据浏览对媒体类型或者编解码器的支持进行选择媒体资源。

浏览器支持：

IE 9+、Firefox 和 Chrome 都支持<source>标签。

注意：IE 8 或更早版本的 IE 浏览器都不支持<source>标签。

WWF

The World Wide Fund for Nature (WWF) is an international organization working on issues regarding the conservation, research and restoration of the environment, formerly named the World Wildlife Fund. WWF was founded in 1961.

WWF's Panda symbol

The Panda has become the symbol of WWF. The well-known panda logo of WWF originated from a panda named Chi Chi that was transferred from the Beijing Zoo to the London Zoo in the same year of the establishment of WWF.

图 3-28　section 标签显示效果

HTML5：<source>。

HTML4：<param>。

属性/属性值/描述：支持 HTML5 的全局属性和事件属性。<source>标签的特有属性如表 3-24 所示。

表 3-24　<source>标签特有属性

属性	属性值	描　述
media	Media query	定义媒体资源的类型，供浏览器决定是否下载
src	url	媒体的 URL
type	Numeric value	定义播放器在音频流中播放起始位置。默认是从开头播放

其使用方法如下所示：

```
<source src = "url" type = "类型值">
```

示例代码如下所示：

```
<html>
<head>
<title>source 标签示例</title>
</head>
<body>
<audio controls>
<source src = "不顾一切地爱 - 李圣杰.mp3" type = "audio/mpeg">
您的浏览器不支持 audio 元素.
</audio>
</body>
</html>
```

图 3-29　<source>标签显示效果

通过 IE 查看该 HTML，<source>标签显示效果如图 3-29 所示。

25. <summary>标签

<summary>标签包含<details>元素的标题，<details>标签用于描述有关文档或文档片段的详细信息。"summary"元素应该是<detail>标签的第一个子元素。

浏览器支持：

目前只有 Chrome 支持<summary>标签。

HTML5：<details><summary>HTML 5</summary>This document teaches you everything you have to learn about HTML 5.</details>。

HTML4：无。

属性/属性值/描述：支持HTML5的全局属性和事件属性。

其使用方法如下所示：

```
<details><summary>标题</summary>内容</details>
```

示例代码如下所示：

```
<html>
<head>
<title>&lt summary &gt 标签示例</title>
</head>
<body>
<details>
<summary>HTML 5</summary>
This document teaches you everything you have to learn about HTML 5.
</details>
</body>
</html>
```

通过Chrome浏览器查看该HTML，<summary>标签显示效果如图3-30所示。

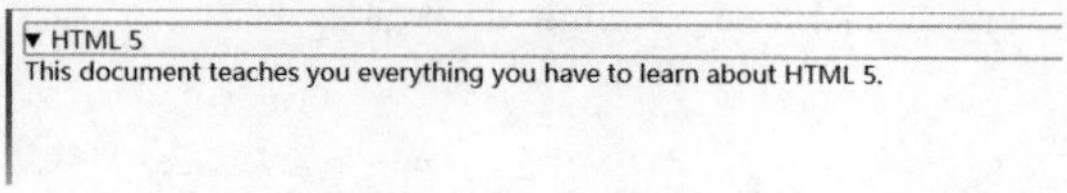

▼ HTML 5
This document teaches you everything you have to learn about HTML 5.

图3-30　<summary>标签显示效果

26. <time>标签

<time>标签定义日期或时间，或者两者，<time>标签定义公历的时间（24小时制）或日期，时间和时区是可选的。该标签能够以机器可读的方式对日期和时间进行编码。举例来说，用户代理能够把生日提醒或排定的事件添加到用户日程表中，搜索引擎也能够生成更智能的搜索结果。

浏览器支持：

IE 9+、Firefox和Chrome都支持<source>标签。

HTML5：<time></time>。

HTML4：<span></span>。

属性/属性值/描述：支持HTML5的全局属性和事件属性。<time>标签的特有属性如表3-25所示。

表3-25　<time>标签特有属性

属性	属性值	描　述
datetime	datetime	规定日期或时间。否则，由元素的内容给定日期或时间
pubdate	pubdate	指示<time>标签中的日期或时间是文档的发布日期

其使用方法如下所示:

```
<time></time>
```

示例代码如下所示:

```
<html>
<head>
<title>&lt time &gt 标签示例</title>
</head>
<body>
<p>我们在每天早上<time>9:00</time>开始营业.</p>
<p>我在<time datetime="2020-02-14">情人节</time>有个约会.</p>
<p><strong>注意:</strong> Internet Explorer 8 及更早版本不支持<time>标签.</p>
</body>
</html>
```

<time>标签显示效果如图 3-31 所示。

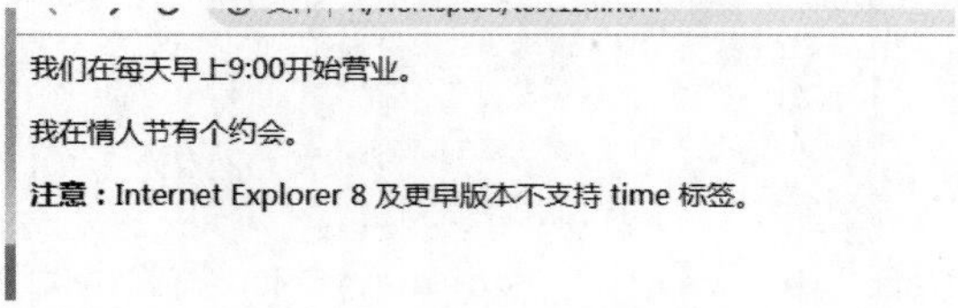

图 3-31 <time>标签显示效果

27. <video> 标签

<video>标签定义视频,比如电影片段或其他视频流,可以在<video>和</video>标签之间放置文本内容,这样不支持<video>标签的浏览器就可以显示出该标签的信息。

浏览器支持:

IE 9+、Firefox 和 Chrome 都支持<video>标签。

注意: IE 8 或更早版本的 IE 浏览器不支持<video>标签。

HTML5:<video src="movie.ogg" controls="controls">您的浏览器不支持 video 标签。</video>。

HTML4:<object type="video/ogg" data="movie.ogv"><param name="src" value="movie.ogv"></object>。

属性/属性值/描述: 支持 HTML5 的全局属性和事件属性。<video>标签的特有属性如表 3-26 所示。

表 3-26 <video>标签特有属性

属性	属性值	描 述
autoplay	autoplay	自动播放
controls	controls	显示控件
height	pixels	设置视频播放器的高度
loop	loop	自动重播

续表

属性	属性值	描述
preload	preload	预备播放。如果使用 autoplay,则忽略该属性
src	url	视频的 URL
width	pixels	设置视频播放器的宽度

目前,< video >标签支持 3 种视频格式：MP4、WEBM、Ogg。如表 3-27 所示。

表 3-27 支持格式

浏览器	MP4	WEBM	Ogg
Internet Explorer	YES	NO	NO
Chrome	YES	YES	YES
Firefox	YES(从 Firefox 21 版本开始) (Linux 系统从 Firefox 30 开始)	YES	YES

- MP4 表示 MPEG 4 文件使用 H264 视频编解码器和 AAC 音频编解码器。
- WEBM 表示 WEBM 文件使用 VP8 视频编解码器和 Vorbis 音频编解码器。
- Ogg 表示 Ogg 文件使用 Theora 视频编解码器和 Vorbis 音频编解码器。

音频格式的 MIME 类型如表 3-28 所示：

表 3-28 MIME 类型

格式	MIME 类型
MP4	video/mp4
WEBM	video/webm
Ogg	video/ogg

其使用方法如下所示：

```
< video src = "URL" controls = "controls">您的浏览器不支持 video 标签.</video >
```

示例代码如下所示：

```
< html >
< head >
< title > &lt video &gt 标签示例</title >
</head >
< body >
< video width = "320" height = "240" controls >
  < source src = "movie. mp4" type = "video/mp4">
</video >
</body >
</html >
```

<video>标签显示效果如图 3-32 所示。

图 3-32　<video>标签显示效果

本章小结

本章的主要知识点如下：

- 表格是 HTML 的高级控件之一。表格可以清晰明了地展现数据之间的关系，便于对比分析。
- HTML 中与表格有关的 10 个标签是：<table>、<caption>、<th>、<tr>、<td>、<thead>、<tbody>、<tfoot>、<col>、<colgroup>。
- 表单由表单标签、表单域、表单按钮组成。
- 创建表单最关键的是掌握 3 个要素，即表单控件、action 属性和 method 属性。
- 向服务器传递数据的 HTTP 方法，主要有 get 和 post 两种方法，默认值是 get。
- 表单域包含了文本框、密码框、隐藏域、多行文本框、复选框、单选按钮、下拉列表框和文件上传框等，用于采集用户输入或选择的数据。
- 表单按钮主要分为 3 类：提交按钮、重置按钮和普通按钮。
- 使用框架可以将浏览器窗口划分成多个相互独立的区域。
- HTML 框架既可以横向分隔，也可以纵向分隔。
- 使用框架技术可以方便地实现页面导航功能。
- <canvas>标签定义图形，使用 JavaScript 在网页上绘制 2D 图像。
- <canvas>标签和 SVG 以及 VML 之间的不同点。

第 4 章 CSS 初识

CHAPTER 4

4.1 CSS 基础

4.1.1 案例描述

一个页面不只是简单地排列文字、图、列表，在浏览页面的过程中也会看到很多各式各样的页面，如图 4-1 所示。本节运用 CSS 基础知识来实现这个页面。

公司简介- -关于我们

木地酒庄是一家加拿大公司，总公司设在加拿大多伦多

木地酒庄与世界各产区最优秀的酒庄紧密合作，直接进口各类冰酒，红葡萄酒，白葡萄酒，香槟和起泡酒

木地酒庄在中国广东省珠海市设有子公司—珠海木地酒庄有限公司，备有恒温恒湿仓库，货物分销到全中国各地

1997年8月28日，在世界著名的法国葡萄酒教授的协助下，陈庄主和来自法国的有意者找到了这里并联合创办木地酒庄。开始在这片难得的土地上酿造葡萄酒，使得这片土地重新唤起世人的注目。

---------------展开---------------

完美的生产工艺

葡萄酒生产工艺的目的：在原料质量好的情况下尽可能的把存在于葡萄原料中的所有的潜在质量，在葡萄酒中经济、完美的表现出来。在原料质量较差的情况下，则应尽量掩盖和除去其缺陷，生产出质量相对良好的葡萄酒。好的葡萄酒香气协调，酒体丰满，滋味纯正，风格独特；但任何单一品种的葡萄都很难使酒达到预期的风味。因为纵使是优质的葡萄，其优点再突出，也有欠缺的一面。酿酒工艺师为了弥补葡萄的某些缺陷，在新品葡萄开发之初就对拟用葡萄品种作了精心的研究，将不同品种的葡萄进行最合理的搭配，五味调和，才有品格高雅的葡萄酒奉献给世人。+

图 4-1　案例 1

4.1.2 知识引入

1. CSS 概述

随着 Internet 的迅猛发展，HTML 的应用越来越广泛，HTML 在排版和界面效果方面的局限性也就日益暴露出来。为了解决这个问题，起初网页设计人员给 HTML 增加了很多属性，结果代码变得十分臃肿，例如，将文本变成图片，并过多地利用 Table 来排版，用空白的图片表示白色的空间等，直到 CSS 的出现才较好地解决了这个问题。

CSS(Cascading Style Sheets，层叠样式表)是网页设计的一个突破，它解决了网页界面排版的难题。可以这样理解，HTML 的标签主要是定义网页的内容(Content)，而 CSS 侧重于网页内容如何显示(Layout)。借助CSS的强大功能，网页设计人员可以设计出丰富多样的网页。

2. CSS语法

CSS语法由3部分构成：选择器、属性和值。其语法如下：

```
selector {property: value}
```

其中，

selector是选择符，最普通的选择符就是HTML标签的名称。可以用逗号将选择符中的所有元素分开，把一组属性应用于多个元素，这样可以减少样式的重复定义，如：

```
h1,h2{ color:red};
h3,h4{ color:blue};
```

property是你希望改变的属性，每个属性都有一个值(value)。属性和值被冒号分开，并由大括号包围，每对属性名/属性值后一般要跟一个分号(括号内只有一对名/值的情况除外)。这样就组成了一个完整的样式声明(declaration)。

例如，下述CSS代码片段：

```
P
{ font - family:Arial;
font - size:20pt;
font - weight:bold;
color:red;
display:block;}
```

此样式表中定义了一个规则，这个规则指定使用P元素修饰的段落应以20磅(font-size：20pt)、粗体(font-weight：bold)的Arial字体(font-family：Arial)，并将其以红(color：red)显示在块中(display：block)。

示例代码如下所示：

```
< html >
< head >
    < title > CSS基础</title >
    < style type = "text/CSS">
        h1 {color:red;font - size:38px;font - family:impact}
</style >
</head >
< body >
    < h1 > CSS样式显示</h1 >
</body >
</html >
```

在上述代码中，通过CSS设定了h1标题的颜色为red、字号为38px、字体系列为impact，并使用< style >标签将CSS语句嵌入到HTML中。通过IE查看该HTML，结果如图4-2所示。

3. CSS 常用选择器

要使用 CSS 对 HTML 页面中的元素实现一对一、一对多或者多对一的控制，这就需要用到 CSS 选择器。

HTML 页面中的元素就是通过 CSS 选择器进行控制的。

图 4-2 CSS 用法演示

1）类别选择器

使用类别选择器，可以把相同的元素分类定义为不同的样式。对于一篇文章，要求段落的显示有两种对齐方式：要么居中，要么左对齐，这时就可以通过类选择符来实现。定义类别选择器时，在自定类的名称前面加一个点号。具体语法如下：

```
selector.classname{property1:value;...}
```

其中，classname 用于指定选择符 selector 的区分类名。

示例代码如下所示：

```
<html>
<head>
    <title>类别选择器</title>
    <style type="text/CSS">
        p.left{text-align:left;background-color:red;font-weight:bold}
        p.right{text-align:right;background-color:yellow;font-weight:bold}
    </style>
</head>
<body>
    <p class="left">这个段落是左对齐的!</p>
    <p class="right">这个段落是右对齐的!</p>
</body>
</html>
```

通过 IE 查看该 HTML，结果如图 4-3 所示。

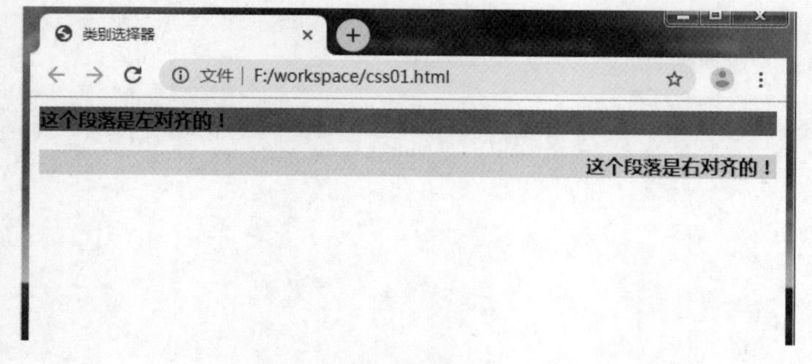

图 4-3 类别选择器（一）

使用类别选择器时也可以不用指定选择符，直接用“.”加上类名称，这样可以使不同的选择符共享同样的样式，提高了代码的灵活度和复用度。其语法如下：

```
.classname{property1:value;...}
```

示例代码如下所示：

```
<html>
<head>
    <title>类别选择器</title>
    <style type="text/CSS">
        .left{text-align:left;background-color:yellow}
        .center{text-align:center;color:green}
    </style>
</head>
<body>
    <p class="left">这个段落是左对齐的!</p>
    <h1 class="center">这个标题是居中对齐的!</h1>
</body>
</html>
```

上述代码中，将两个类样式分别用在了段落和标题上，显示结果如图 4-4 所示。

图 4-4　类别选择器(二)

2）标签选择器

一个完整的 HTML 页面由很多不同的标签组成，而标签选择器则决定哪些标签采用哪种 CSS 样式。

示例代码如下所示：

```
<html>
<head>
    <title>标签选择器</title>
    <style type="text/CSS">
        p{font-size:16px; background:#c00; color:#fff;font-weight:bold}
    </style>
</head>
<body>
    <p>标签选择器</p>
</body>
</html>
```

页面中所有 p 元素的背景都是 #c00(红色)，文字大小均是 16px，颜色为 #fff，这在后期维护中，如果想改变整个网站中 p 元素的背景颜色，那么只需要修改 background 属性就可以了。

显示结果如图 4-5 所示。

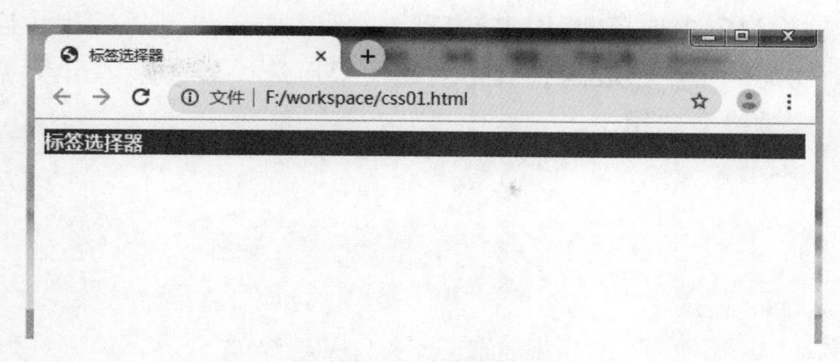

图 4-5 标签选择器

3）ID 选择器

在 HTML 页面中可以通过 ID 选择器为某个单一元素定义单独的样式。ID 选择符的语法规则如下：

```
#IDName{ property1:value;...}
```

其中，IDName 指定 ID 选择器的名称。

示例代码如下所示：

```
<html>
<head>
    <title>ID 选择器</title>
    <style type="text/CSS">
        #note {color:green;font-size:38px;font-family:impact}
    </style>
</head>
<body>
    <h1 id="note">CSS 样式</h1>
</body>
</html>
```

显示结果如图 4-6 所示。

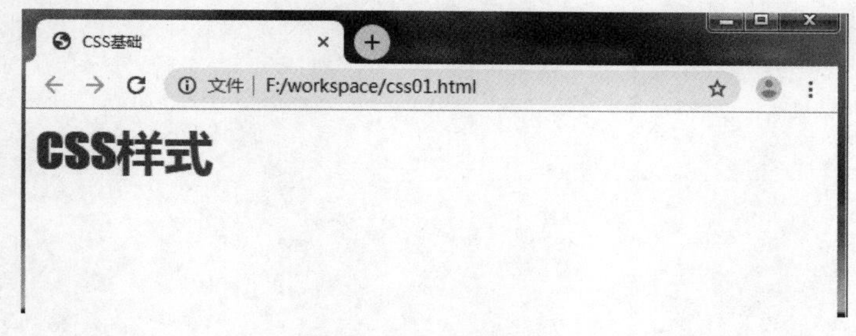

图 4-6 ID 选择器

注意：尽量少用 ID 选择器，该选择器具有一定的局限性，因为要引用该选择符必须占用标签的 id 属性，但标签的 id 属性可能用来唯一标识标签对象。

4）后代选择器

后代选择器也称为包含选择器，用来选择特定元素或元素组的后代。后代选择器用两个常用选择器，中间加一个空格表示。其中前面的常用选择器选择父元素，后面的常用选择器选择子元素，样式最终会应用于子元素中。

示例代码如下所示：

```
<html>
<head>
    <title>后代选择器</title>
    <style type="text/CSS">
        .father .child{color:#0000CC;}
    </style>
</head>
<body>
    <p class="father">黑色
<label class="child">蓝色
<b>也是蓝色</b>
</label>
</p>
 </body>
</html>
```

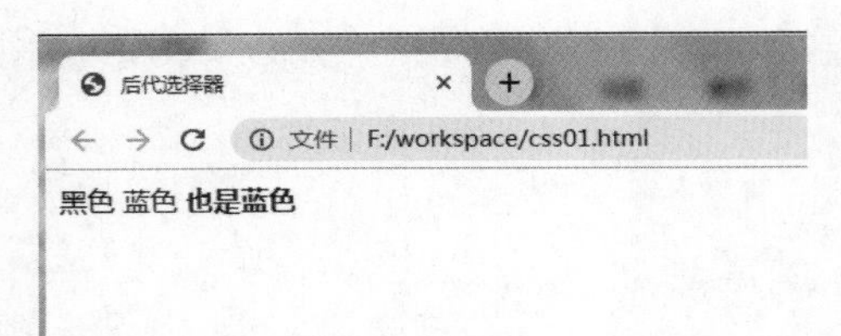

图 4-7 后代选择器

显示结果如图 4-7 所示。

后代选择器是一种很有用的选择器，使用后代选择器可以更加精确地定位元素。

5）子代选择器

请注意这个选择器与后代选择器的区别，子代选择器(child selector)仅指它的直接后代，或者可以理解为作用于子元素的第一个后代；而后代选择器是作用于所有子后代元素。后代选择器通过空格来进行选择，而子代选择器是通过“>”进行选择。

示例代码如下所示：

```
<html>
 <head>
    <title>子代选择器</title>
    <style type="text/CSS">
    #links a {color:red;}
        #links > a {color:blue;}
    </style>
</head>
<body>
    <p id="links">
<a href="#">Div+CSS 教程</a>
<span><a href="#">CSS 布局实例</a></span>
<span><a href="#">CSS2.0 教程</a></span>
</p>
 </body>
</html>
```

显示结果如图 4-8 所示。

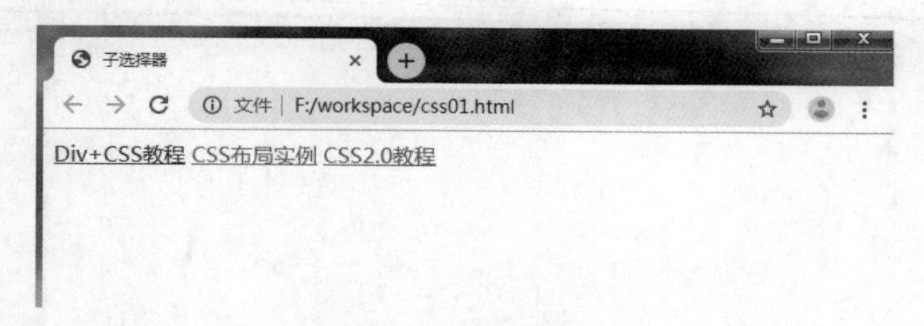

图 4-8　子代选择器

我们将会看到第一个链接元素"Div+CSS 教程"会显示成蓝色，而其他两个元素会显示成红色。当然，或许你的浏览器并不支持这样的 CSS 选择器。

子代选择器(>)和后代选择器(空格)的区别与联系：两者都表示"祖先-后代"的关系，但是">"必须采用"爸爸>儿子"的形式，而空格不仅可以是"爸爸儿子"，还能是"爷爷孙子""太爷爷孙子"的形式。

6）伪类选择器

有时还需要用文档以外的其他条件来应用元素的样式，比如鼠标悬停等。这时就需要用到伪类选择器了。以下是伪类选择器定义。

示例代码如下所示：

```
<html>
 <head>
      <title>伪类选择器</title>
      <style type="text/CSS">
          a.ClassFst:link{font-size:18px;color:red;text-decoration:none}
          a.ClassFst:visited{font-size:18px;color:blue;text-decoration:none}
a.ClassFst:hover{font-size:18px;color:yellow;text-decoration:none}
         a.ClassSec:link{font-size:18px;color:gray;text-decoration:none}
         a.ClassSec:visited{font-size:18px;color:green;text-decoration:underline}
      </style>
 </head>
 <body>
      <a class="ClassFst" href="#锚点 1">转到锚点 1</a><br>
      <a class="ClassSec" href="#锚点 2">转到锚点 2</a><br><br><br>
      <a name="锚点 1"><h3>1</h3></a><br><br><br>
      <a name="锚点 2"><h3>2</h3></a>
 </body>
</html>
```

显示结果如图 4-9 所示。

link 表示链接在没有被单击时的样式。visited 表示链接已经被访问过的样式。hover 表示当鼠标悬停在链接上面时的样式。

伪类选择器不仅可以应用在链接标签中，也可以应用在一些表单元素中，但 IE 不支持表单元素的应用，所以一般伪类选择器只会被应用在链接的样式上。

7）通用选择器

通用选择器用于选择页面上所有元素。

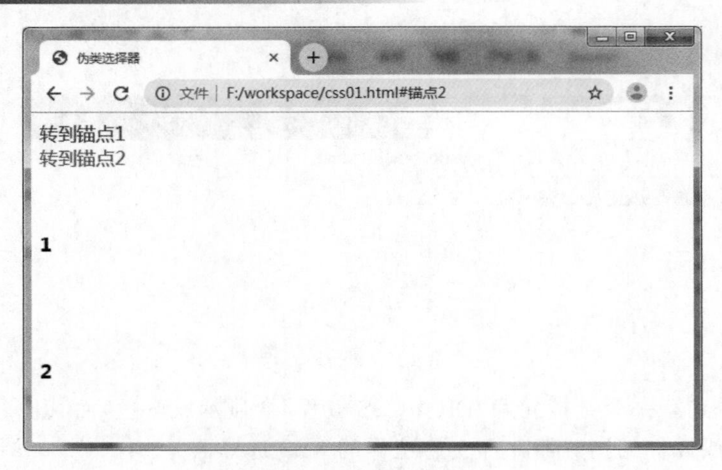

图 4-9 伪类选择器

示例代码如下所示：

```
<html>
    <head>
        <title>通用选择器</title>
        <style type = "text/CSS">
            * {font - size: 23px;color:red;}
        </style>
    </head>
    <body>
        <p>所有的文本都被定义成红色
<p>1</p>
<em>2</em>
</p>
    </body>
</html>
```

上面的代码表示所有的元素的字体大小都是 23px，所有文本的颜色都是红色。显示结果如图 4-10 所示。

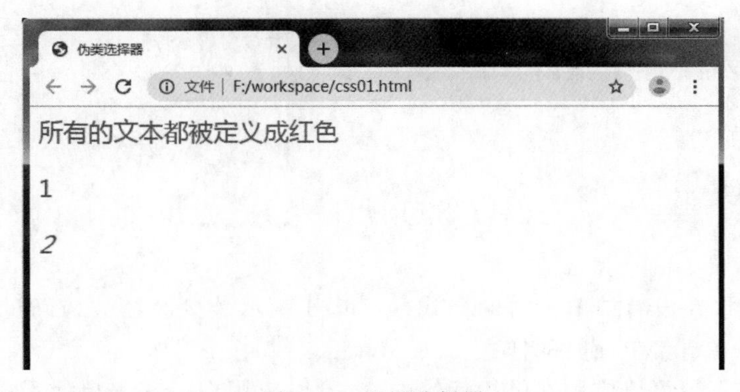

图 4-10 通用选择器

8）群组选择器

当几个元素样式属性一样时，可以共同调用一个声明，元素之间用逗号分隔。

示例代码如下所示：

```
< html >
< head >
        < title >群组选择器</title >
        < style type = "text/CSS">
            h3,div,p,span{color:red;}
        </style >
</head >
< body >
        < h3 >码农教程</h3 >
        < div > php 教程</div >
        < p > java 教程</p >
        < span > CSS 教程</span >
</body >
</html >
```

显示结果如图 4-11 所示。

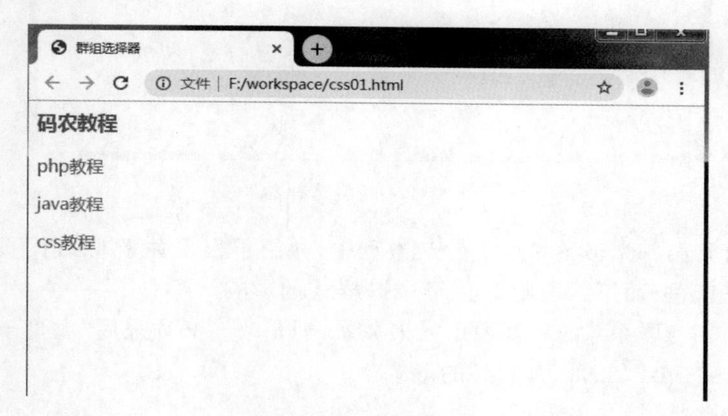

图 4-11　群组选择器

使用群组选择器，将会大大简化 CSS 代码，将具有多个相同属性的元素，合并为群组进行选择，定义同样的 CSS 属性，从而大大提高编码效率，同时也减少了 CSS 文件的大小。

9）同胞选择器

除了上面的子代选择器与后代选择器，我们可能还希望找到兄弟两个中的一个，如一个标题 h1 元素后面紧跟了两个段落 p 元素，如果想定位第一个段落 p 元素，对它应用样式，那么可以使用相邻同胞选择器。

示例代码如下所示：

```
< html >
< head >
< title >同胞选择器</title >
< style type = "text/CSS">
h1 + p {color:blue}
</style >
</head >
```

```
<body>
<h1>一个非常专业的 CSS 站点</h1>
<p>Div + CSS 教程中,介绍了很多关于 CSS 网页布局的知识。</p>
<p>CSS 布局实例中,有很多与 CSS 布局有关的案例。</p>
</body>
</html>
```

显示结果如图 4-12 所示。

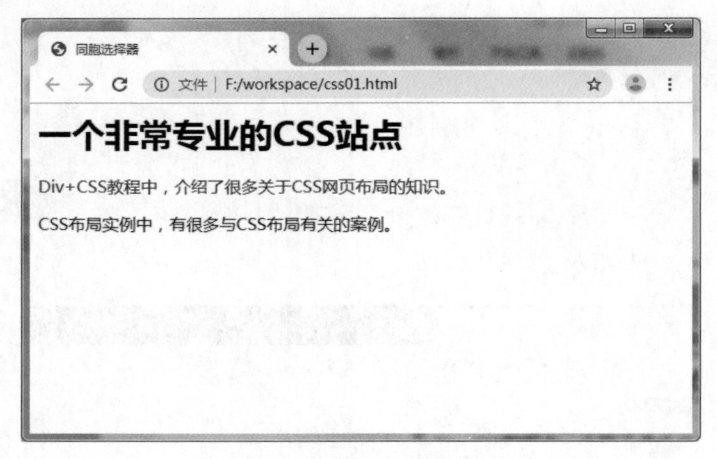

图 4-12 同胞选择器

我们将会看到第一个段落“Div＋CSS 教程中,介绍了很多关于 CSS 网页布局的知识。”文字颜色将会是蓝色,而第二段则不受此 CSS 样式的影响。

＋和～的区别与联系：两者都表示兄弟关系,但是“＋”必须采用“大哥＋二哥”的形式,～还能是“大哥～三弟”“二哥～四妹”的形式。

10）属性选择器

属性选择器可以根据元素的属性及属性值来选择元素。

示例代码如下所示：

```
<html>
<head>
<title>属性选择器</title>
<style type = "text/CSS">
a[href]{color:red;}
</style>
</head>
<body>
<h1>可以应用样式:</h1>
<a href = "http://baidu.com">百度</a>
<hr />
<h1>无法应用样式:</h1>
<a name = "http://baidu.com">百度</a>
</body>
</html>
```

显示结果如图 4-13 所示。

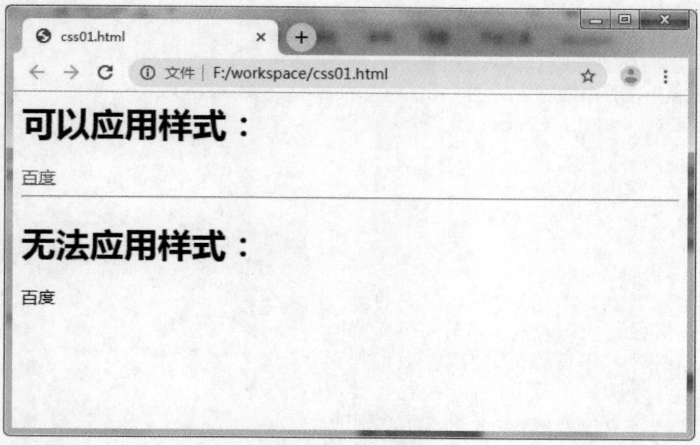

图 4-13 属性选择器

4. CSS 属性

1）文本属性

文本属性主要用于块标签中文本的样式设置，常用的属性有缩进、对齐方式、行高、文字和字母间隔、文本转换和文本修饰等。各属性的主要功能和取值方式如表 4-1 所示。

表 4-1 文本属性列表

文本属性	功 能	取 值 方 式
text-indent	实现文本的缩进	长度(length)：可以用绝对单位(cm、mm、in、pt、pc)或者相对单位(em、ex、px)；百分比(%)：相对于父标签宽度的百分比
text-align	设置文本的对齐方式	left：左对齐；center：居中对齐；right：右对齐；justify：两端对齐
line-height	设置行高	数字或百分比，具体可参考文本缩进的取值方式
word-spacing	文字间隔，用来修改段落中文字之间的距离	默认值为 0。word-spacing 的值可以为负数。当 word-spacing 的值为正数时，文字之间的间隔会增大；当 word-spacing 的值为负数时，文字间距就会减少
letter-spacing	字母间隔，控制字母或字符之间的间隔	取值同文字间隔类似
text-transform	文本转换，主要是对文本中字母大小写的转换	uppercase：将整个文本变为大写；lowercase：将整个文本变为小写；capitalize：将整个文本的每个文字的首字母大写
text-decoration	文本修饰，修饰强调段落中一些主要的文字	none、underline(下画线)、overline(上画线)、line-through(删除线)和 blink(闪烁)

示例代码如下所示：

```
<html>
 <head>
```

```
        <title>CSS 属性演示</title>
        <style type="text/CSS">
            /* 文本属性设置 */
            p{line-height:40px;word-spacing:4px; text-indent:30px;
text-decoration:underline;margin:auto;text-align:center}
            h2{text-align:center}
        </style>
    </head>
    <body>
        <div>
            <h2>送芥友</h2>
            <p>人生何如不相识,君老江南我燕北。</p>
            <p>何如相逢不相合,更无别恨横胸臆。</p>
            <p>留君不住我心苦,横门骊歌泪如雨。</p>
            <p>君行四月草萋萋,柳花桃花半委泥。</p>
            <p>我今落拓何所止,一事无成已如此。</p>
            <p>平生纵有英雄血,无由一溅荆江水。</p>
            <p>荆江日落阵云低,横戈跃马今何时。</p>
            <p>忽忆去年风月夜,与君展卷论王霸。</p>
            <p>君今偃仰九龙间,吾欲从兹事耕稼。</p>
            <p>芙蓉湖上芙蓉花,秋风未落如朝霞。</p>
            <p>君如载酒须尽醉,醉来不复思天涯。</p>
        </div>
    </body>
</html>
```

上述代码将段落的首行缩进 30px，行高设置为 40px，文字之间的间距为 4px，段落中文字使用下画线进行修饰。

通过 IE 查看该 HTML，结果如图 4-14 所示。

图 4-14 CSS 属性演示(1)

2）文字属性

CSS 中通过一系列的文字属性来设置网页中文字的显示效果，主要包括文字字体、文字加粗、字号、文字样式。各属性的功能和取值方式如表 4-2 所示。

表 4-2　文字属性表

属性	功能	取值方式
font-family	设置文字字体	文字字体取值可以为宋体、ncursive、fantasy、serif 等多种字体
font-weight	文字加粗	normal：正常字体；bold：粗体；bolder：特粗体；lighter：细体
font-size	文字字号	absolute-size：根据对象字体进行调节；relative-size：相对于父对象中字体尺寸进行相对调节；length：百分比，由浮点数字和单位标识符组成的长度值，不可为负值，其百分比取值是基于父标签中字体的尺寸
font-style	文字样式	normal：正常的字体；italic：斜体；oblique：倾斜的字体

示例代码如下所示：

```
<html>
 <head>
      <title>CSS 属性演示</title>
      <style type = "text/CSS">
          /* 文字属性设置 */
p{line - height:40px;word - spacing:4px; text - indent:30px;
text - decoration:underline;margin:auto;text - align:center;
font - family:隶书;font - weight:bolder;color:red;}
            h2{text - align:center;font - size:24px;font - style:italic;
color:#8B008B;font - weight:bold}
      </style>
 </head>
 <body>
      <div>
           <h2>送苏友</h2>
           <p>人生何如不相识,君老江南我燕北。</p>
           <p>何如相逢不相合,更无别恨横胸臆。</p>
           <p>留君不住我心苦,横门骊歌泪如雨。</p>
           <p>君行四月草萋萋,柳花桃花半委泥。</p>
           <p>我今落拓何所止,一事无成已如此。</p>
           <p>平生纵有英雄血,无由一溅荆江水。</p>
           <p>荆江日落阵云低,横戈跃马今何时。</p>
           <p>忽忆去年风月夜,与君展卷论王霸。</p>
           <p>君今偃仰九龙间,吾欲从兹事耕稼。</p>
           <p>芙蓉湖上芙蓉花,秋风未落如朝霞。</p>
           <p>君如载酒须尽醉,醉来不复思天涯。</p>
      </div>
 </body>
</html>
```

在上述代码中，标题<h3>中文字的字体设置为：隶书，文字为粗体，文字的颜色设置为：red；段落(<P>)中文字的字号设置为：14px，颜色值设置为：#8B008B，并且为斜体、加粗。通过 IE 查看该 HTML，结果如图 4-15 所示。

3）背景属性

CSS 样式中的背景设置共有 6 项：背景颜色、背景图像、背景平铺、背景附加、水平位置和垂直位置。背景属性的功能和取值方式如表 4-3 所示。

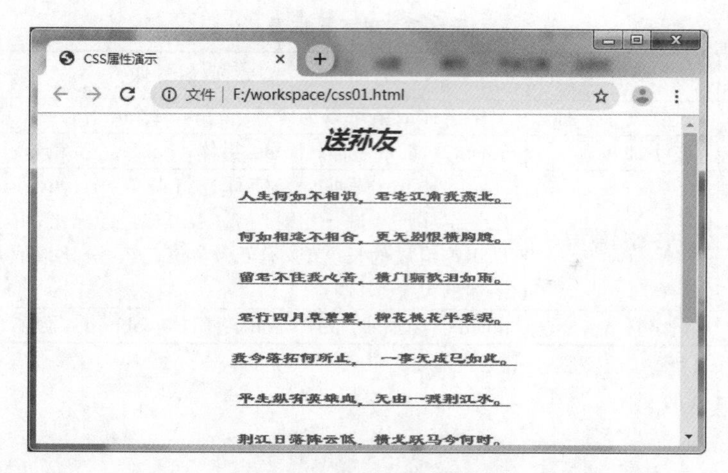

图 4-15 CSS 属性演示(2)

表 4-3 背景属性列表

属性	功　能	取值方式
background-color	设置对象的背景颜色	属性的值为有效的色彩数值
background-image	设置背景图片	可以通过为 url 指定值来设定绝对或相对路径指定网页的背景图像，例如，background-image：url(xxx.jpg)，如果没有图像，则其值为 none
background-repeat	背景平铺，设置指定背景图像的平铺方式	repeat：背景图像平铺（有横向和纵向两种取值：repeat-x 表示图像横向平铺；repeat-y 表示图像纵向平铺）；norepeat：背景图像不平铺
background-attachment	背景附加，设置指定的背景图像跟随内容滚动，还是固定不动	scroll：背景图像随内容滚动；fixed：背景图像固定，即内容滚动图像不动
background-position	背景位置，确定背景的水平和垂直位置	左对齐（left）、右对齐（right）、顶部（top）、底部（bottom）和值（自定义背景的起点位置，可对背景的位置做出精确的控制）
background	该属性是复合属性，即上面几个属性的随意组合，它用于设定对象的背景样式	该属性的取值实际上对应上面几个具体属性的取值，如 background：url(xxx.jpg)等价于 background-image：url（xxx.jpg）。该属性的默认值为 transparent none repeat scroll 0% 0%，等价于 background-color：transparent；background-image：none；background-repeat：repeat；background-attachment：scroll；background-position：0% 0%；

示例代码如下所示：

```
<html>
 <head>
     <title>CSS 属性演示</title>
     <style type="text/CSS">
```

```
            /＊背景属性设置＊/
            p{line - height:40px;word - spacing:4px;text - indent:30px;
    text - decoration:underline;margin:auto;
    text - align:center;font - family:隶书;font - weight:bolder;color:red;}
              h2{text - align:center;font - size:24px;font - style:italic;
    color:＃8B008B;font - weight:bold}
            body{background:url(送.jpg) no - repeat}
        </style>
    </head>
    <body>
        <div>
            <h2>送荪友</h2>
            <p>人生何如不相识,君老江南我燕北。</p>
            <p>何如相逢不相合,更无别恨横胸臆。</p>
            <p>留君不住我心苦,横门骊歌泪如雨。</p>
            <p>君行四月草萋萋,柳花桃花半委泥。</p>
            <p>我今落拓何所止,一事无成已如此。</p>
            <p>平生纵有英雄血,无由一溅荆江水。</p>
            <p>荆江日落阵云低,横戈跃马今何时。</p>
            <p>忽忆去年风月夜,与君展卷论王霸。</p>
            <p>君今偃仰九龙间,吾欲从兹事耕稼。</p>
            <p>芙蓉湖上芙蓉花,秋风未落如朝霞。</p>
            <p>君如载酒须尽醉,醉来不复思天涯。</p>
        </div>
    </body>
</html>
```

通过 Chrome 查看该 HTML,页面具体效果如图 4-16 所示。

图 4-16　CSS 属性演示(3)

4）定位属性

定位属性主要从定位方式、层叠顺序、与父标签的相对位置 3 个方面来设置。各属性的功能和取值方式如表 4-4 所示。

表 4-4　定位属性列表

属性	功　能	取值方式
position	设置定位方式	static：无特殊定位；relative：对象不可层叠，但将依据 left、right、top、bottom 等属性在正常文档流中进行偏移；absolute：将对象从文档流中拖出，使用 left、right、top、bottom 等属性进行绝对定位
z-index	设置对象的层叠顺序	auto：遵循其父对象的定位；自定义数值：无单位的整数值，可为负值
top、right、bottom、left	设置父对象的相对位置	auto：无特殊定位，自定义数值：由浮点数字和单位标识符组成的长度值，或者百分数。position 属性值为 absolute 或者 relative 时取值方可生效

注意：如果两个绝对定位对象的 z-index 具有同样的值，那么将依据它们在 HTML 文档中声明的顺序来决定其层叠顺序。

示例代码如下所示：

```
<html>
<head>
      <title>定位属性演示</title>
</head>
<body>
      <div id="div1"style="position:absolute;background-color:red;
          border:#000000; width:550px; height:300px">
          块 1
      </div>
      <div id="div2" style="position:relative;top:50px;left:50px;
          background-color:#CCCCCC;border:#FFFFCC; width:550px; height:300px">
          块 2
      </div>
</body>
</html>
```

上述代码中分别定义了 div1 和 div2 两个 DIV，其中 div1 的 position 属性设置为 absolute，此时“块 1”的位置为其默认的初始位置，而“块 2”的 position 属性设置为 relative，并设置其 top 和 left 属性，具体位置是在初始位置的基础上按照 top 和 left 设定的值进行了偏移。

通过 Chrome 查看该 HTML，结果如图 4-17 所示。

5）边框属性

边框属性用来设置对象边框的颜色、样式和宽度。在设置对象的边框属性时，必须首先设定对象的高度和宽度，或设定对象的 position 属性为 absolute。下面分别对边框颜色、边框样式和边框宽度进行解释。

（1）边框颜色。

用于设定边框的颜色（border-color）。颜色的设置有 4 个参数，根据赋值个数的不同，会有以下几种情况：

- 如果在设定颜色时提供了 4 个颜色参数，那么将按上、右、下、左的顺序作用于 4 个边框。

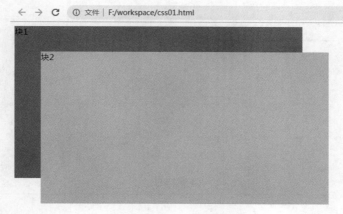

图 4-17 定位属性演示

- 如果只提供 1 个颜色参数,则应用于 4 个边框。
- 如果提供 2 个参数,则第一个用于上、下边框,第二个用于左、右边框。
- 如果提供 3 个参数,则第一个用于上边框,第二个用于左、右边框,第三个用于下边框。

下述代码分别说明了上述四种情况。

示例代码如下所示:

```
<html>
 <head>
     <title>边框颜色属性演示</title>
     <style type = "text/CSS">
          /* 边框属性设置 */
               .boder1{width:400px; height:50px; border-color:silver red blue yellow;
border-style: solid;}
               .boder2{border-color: silver; width: 400px; height: 50px; border-style:
solid;}
               .boder3{border-color:silver red;width:400px; height:50px;
border-style: solid;}
    </style>
</head>
<body>
    <div class = "boder1"></div></br>
    <div class = "boder2"></div></br>
    <div class = "boder3"></div>
</body>
</html>
```

通过 Chrome 查看该 HTML,结果如图 4-18 所示。

(2) 边框样式。

用于设定边框的样式(border-style)。边框样式同样有 4 个参数,赋值方式与边框颜色相同,此处不再赘述。CSS 中提供的边框样式具体如表 4-5 所示。

图 4-18 边框颜色属性

表 4-5 边框样式

边框样式	说 明
none	无边框
hidden	隐藏边框
dotted	点线边框
dashed	虚线边框
solid	实线边框
double	双线边框
groove	根据 border-color 的值画 3D 凹槽
ridge	根据 border-color 的值画菱形边框
inset	根据 border-color 的值画 3D 凹边
outset	根据 border-color 的值画 3D 凸边

示例代码如下所示：

```
<html>
<head>
<title>边框样式属性演示</title>
<style type="text/CSS">
/* 边框属性设置 */
.boder1{width:400px; height:20px; border - color:red; border - style:solid;
border - width:10px;}
.boder2{border - color:red;width:400px; height:20px;border - style:dotted;
border - width:10px;}
.boder3{border - color:red;width:400px; height:20px;border - style:dashed;
border - width:10px;}
.boder4{width:400px; height:20px; border - color:red; border - style:double;
border - width:10px;}
.boder5{border - color:red;width:400px; height:20px;border - style:groove;
border - width:10px;}
.boder6{border - color:red;width:400px; height:20px;border - style:ridge;
border - width:10px;}
.boder7{border - color:red;width:400px; height:20px;border - style:inset;
border - width:10px;}
.boder8{border - color:red;width:400px; height:20px;border - style:outset;
border - width:10px;}
</style>
</head>
```

```
<body>
<div class="boder1"></div></br>
<div class="boder2"></div></br>
<div class="boder3"></div></br>
<div class="boder4"></div></br>
<div class="boder5"></div></br>
<div class="boder6"></div></br>
<div class="boder7"></div></br>
<div class="boder8"></div>
</body>
</html>
```

通过 IE 查看该 HTML，结果如图 4-19 所示。

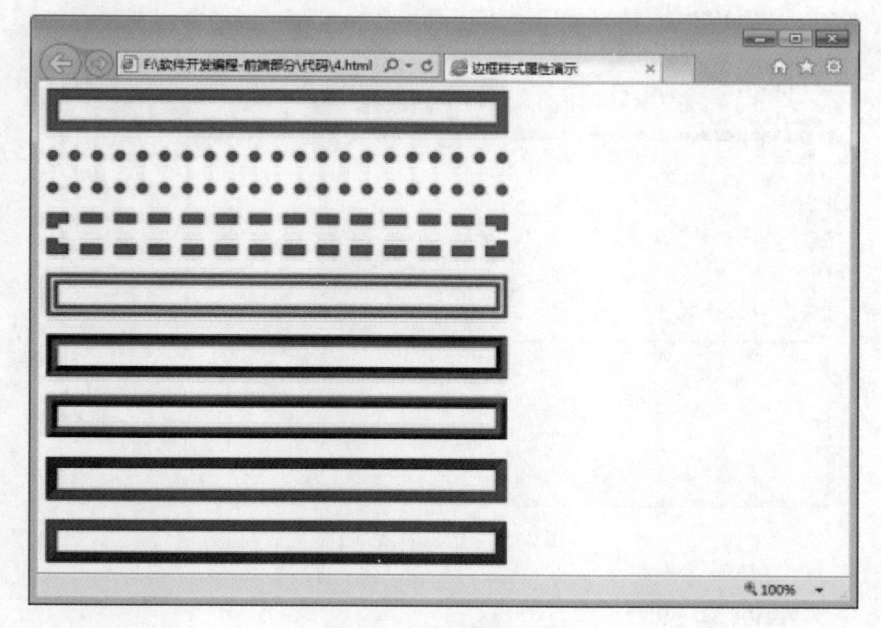

图 4-19 边框样式属性

(3) 边框宽度。

用于设定边框的宽度(border-width)，宽度的取值为关键字或自定义的数值。边框宽度同样有 4 个参数需要赋值，赋值方式与边框颜色相同，此处不再赘述。宽度取值的 3 个关键字如下：

- medium——默认宽度。
- thin——小于默认宽度。
- thick——大于默认宽度。

上述 3 种属性对单个边框使用，只需加上边框的位置即可，例如，要对 top 边框设置 width 属性，可以如下设置：

```
border-top-width:自定义数值
```

示例代码如下所示：

```
<html>
<head>
    <title>边框宽度属性演示</title>
    <style type="text/CSS">
        /* 边框宽度属性设置 */
.boder1{width:600px; height:200px; border-width:10px thin medium thick;
border-color:red; border-style: solid;}
    </style>
</head>
<body>
    <div class="boder1"></div></br>
</body>
</html>
```

通过 IE 查看该 HTML，结果如图 4-20 所示。

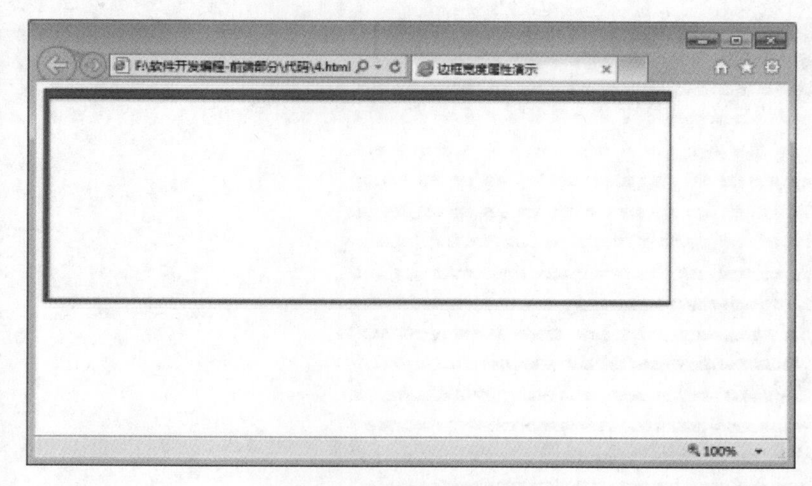
F:\软件开发编程-前端部分\代码\4.html
边框宽度属性演示
100%

图 4-20　边框宽度属性

CSS 初识

4.1.3　案例实现

1. 案例分析

对图 4-1 进行分析，得出如图 4-21 所示结果。

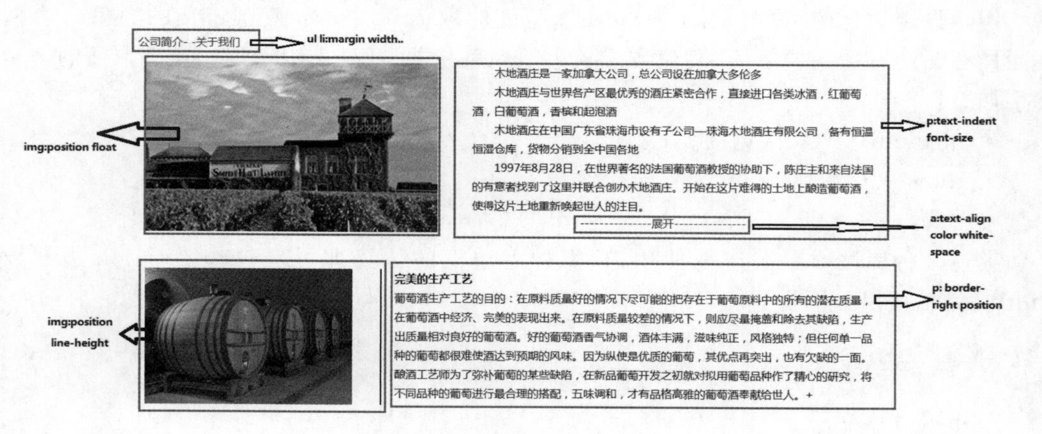
公司简介- -关于我们
ul li:margin width..
img:position float
木地酒庄是一家加拿大公司，总公司设在加拿大多伦多
木地酒庄与世界各产区最优秀的酒庄紧密合作，直接进口各类冰酒，红葡萄酒，白葡萄酒，香槟和起泡酒
木地酒庄在中国广东省珠海市设有子公司—珠海木地酒庄有限公司，备有恒温恒湿仓库，货物分销到全中国各地
1997年8月28日，在世界著名的法国葡萄酒教授的协助下，陈庄主和来自法国的有意者找到了这里并联合创办木地酒庄。开始在这片难得的土地上酿造葡萄酒，使得这片土地重新唤起世人的注目。
展开
p:text-indent font-size
a:text-align color white-space
img:position line-height
完美的生产工艺
葡萄酒生产工艺的目的：在原料质量好的情况下尽可能的把存在于葡萄原料中的所有的潜在质量，在葡萄酒中经济、完美的表现出来。在原料质量较差的情况下，则应尽量掩盖和除去其缺陷，生产出质量相对良好的葡萄酒。好的葡萄酒香气协调，酒体丰满，滋味纯正，风格独特；但任何单一品种的葡萄都很难使酒达到预期的风味。因为纵使是优质的葡萄，其优点再突出，也有欠缺的一面。酿酒工艺师为了弥补葡萄的某些缺陷，在新品葡萄开发之初就对拟用葡萄品种作了精心的研究，将不同品种的葡萄进行最合理的搭配，五味调和，才有品格高雅的葡萄酒奉献给世人。
p: border-right position

图 4-21　排版分析

2. 代码实现

1) HTML 页面

```
<div class = "mianbao">
<ul>
    <li>公司简介 - </li>
    <li> - 关于我们</li>
 </ul>
</div>
<div class = "jian1">
 <img src = "images/jianjie/pic1.jpg" >
 <p>木地酒庄是一家加拿大公司,总公司设在加拿大多伦多</p>
 <p>木地酒庄与世界各产区最优秀的酒庄紧密合作,直接进口各类冰酒,
红葡萄酒,白葡萄酒,香槟和起泡酒</p>
 <p>木地酒庄在中国广东省珠海市设有子公司—珠海木地酒庄有限公司,
备有恒温恒湿仓库,货物分销到全中国各地</p>
 <p>1997 年 8 月 28 日,在世界著名的法国葡萄酒教授的协助下,陈庄主
和来自法国的有意者找到了这里并联合创办木地酒庄。开始在
这片难得的土地上酿造葡萄酒,使得这片土地重新唤起世人的注目。</p>
 <a class = "zhankai">
----------------展开----------------<br>
<i class = "fa fa - angle - double - down"></i>
</a>
</div>
<div class = "list1">
 <img src = "images/jianjie/pic2.jpg" class = "img1">
 <div class = "font">
    <h4>完美的生产工艺</h4>
    <p>葡萄酒生产工艺的目的:在原料质量好的情况下尽可能地把存在
于葡萄原料中的所有的潜在质量,在葡萄酒中经济、完美地表现出来。
在原料质量较差的情况下,则应尽量掩盖和除去其缺陷,
生产出质量相对良好的葡萄酒。好的葡萄酒香气协调,
酒体丰满,滋味纯正,风格独特;但任何单一品种的葡萄都很难
使酒达到预期的风味。因为纵使是优质的葡萄,其优点再突出,
也有欠缺的一面。酿酒工艺师为了弥补葡萄的某些缺陷,
在新品葡萄开发之初就对拟用葡萄品种作了精心的研究,
将不同品种的葡萄进行最合理的搭配,五味调和,
才有品格高雅的葡萄酒奉献给世人。</p>
 </div>
</div>
```

2) CSS 页面

```
.jian1 {
width: 1200px;
height: auto;
margin: auto;
position: relative;
}
.jian1 > img{
float: left;
margin - left: 70px;
margin - right: 50px;
margin - bottom: 20px;
```

```
}
.jian1 > p{
width: 1120px;
line - height: 28px;
text - indent: 2em;
}
.list1{
idth: 1200px;
height: auto;
margin - top: 30px;
position: relative;
}
.list1 >.img1{
margin - left: 70px;
padding - right:40px;
border - right:2px solid #000000;
}
.list1 >.font{
width: 700px;
height: auto;
position: absolute;
right:70px;
top: 0px;
line - height: 28px;
}
.zhankai {
width: 550px;
height: 50px;
display:inline - block;
text - align: center;
line - height: 20px;
margin: auto;
color: #241EB0;
white - space: nowrap;
cursor: pointer;
}
```

3. 运行效果

运行效果如图 4-22 所示。

公司简介- -关于我们

木地酒庄是一家加拿大公司，总公司设在加拿大多伦多
木地酒庄与世界各产区最优秀的酒庄紧密合作，直接进口各类冰酒，红葡萄酒，白葡萄酒，香槟和起泡酒
木地酒庄在中国广东省珠海市设有子公司—珠海木地酒庄有限公司，备有恒温恒湿仓库，货物分销到全中国各地
1997年8月28日，在世界著名的法国葡萄酒教授的协助下，陈庄主和来自法国的有意者找到了这里并联合创办木地酒庄。开始在这片难得的土地上酿造葡萄酒，使得这片土地重新唤起世人的注目。

---------------展开---------------

完美的生产工艺
葡萄酒生产工艺的目的：在原料质量好的情况下尽可能的把存在于葡萄原料中的所有的潜在质量，在葡萄酒中经济、完美地表现出来。在原料质量较差的情况下，则应尽量掩盖和除去其缺陷，生产出质量相对良好的葡萄酒。好的葡萄酒香气协调，酒体丰满，滋味纯正，风格独特；但任何单一品种的葡萄都很难使酒达到预期的风味。因为纵使是优质的葡萄，其优点再突出，也有欠缺的一面。酿酒工艺师为了弥补葡萄的某些缺陷，在新品葡萄开发之初就对拟用葡萄品种作了精心的研究，将不同品种的葡萄进行最合理的搭配，五味调和，才有品格高雅的葡萄酒奉献给世人。+

图 4-22　运行效果

4.2 CSS3 新内容

4.2.1 案例描述

很多网页也会有很多文字改变或者图片裁剪的效果，如图 4-23 所示。本节将运用 CSS3 中新内容来完成这个图片。

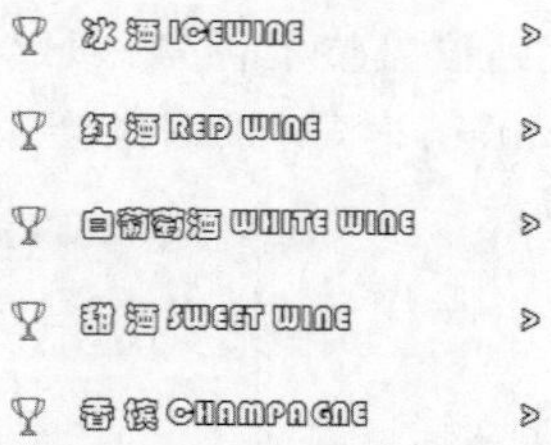

图 4-23 字体效果

4.2.2 知识引入

1. 背景

1）CSS3 背景大小

在 CSS3 中，可以使用 background-size 属性来设置背景图片的大小，这使得我们可以在不同的环境中重复使用背景图片。

语法如下所示：

```
background - size:取值;
```

background-size 取值共有两种：一种是使用长度值（如 px、百分比）；另一种是使用关键字。background-size 关键字取值如表 4-6 所示。

表 4-6 background-size 关键字取值

关键字	说 明
cover	即“覆盖”，将背景图片以等比缩放来填充整个容器元素
contain	即“容纳”，将背景图片等比缩放至某一边紧贴容器边缘为止

示例代码如下所示：

```
<html>
<head>
<title>CSS3 background - size 属性</title>
        <style type = "text/CSS">
            div{
                width:160px;
                height:100px;
                border:1px solid red;
                margin - bottom:10px;
                background - image:url("纳兰 1.jpg");
                background - repeat:no - repeat;
            }
            #div2{background - size:cover;}
            #div3{background - size:contain;}
        </style>
</head>
<body>
        <div id = "div1"></div>
        <div id = "div2"></div>
        <div id = "div3"></div>
```

```
</body>
</html>
```

通过 Chrome 查看该 HTML，结果如图 4-24 所示，从第 2 个 div 和第 3 个 div 可以看出背景图片都产生了缩放。当属性 background-size 的值为 cover 时，背景图像按比例缩放，直到覆盖整个背景区域为止，但可能会裁剪掉部分图像。当属性 background-size 的值为 contain 时，背景图像会完全显示出来，但可能不会完全覆盖背景区域。

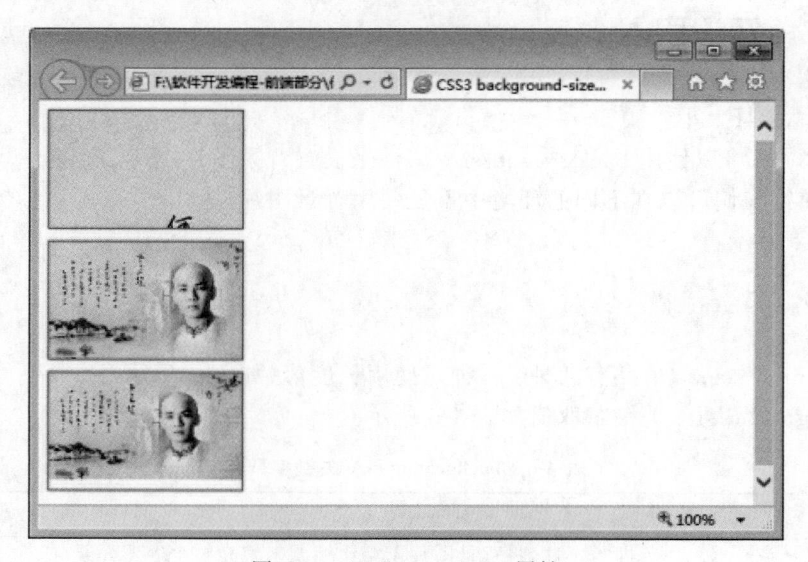

图 4-24　background-size 属性

2）CSS3 背景剪切

在 CSS3 中，可以使用 background-clip 属性对根据实际需要将背景图片进行剪切。background-clip 属性指定了背景在哪些区域可以显示，但与背景开始绘制的位置（即 background-origin 属性）无关。背景绘制的位置可以出现在不显示背景的区域。这就相当于背景图片被不显示背景的区域剪切了一部分一样。

语法如下所示：

```
background - clip:属性值;
```

background-clip 属性取值如表 4-7 所示。

表 4-7　background-clip 属性

属性	说　明
border-box	默认值，表示从边框 border 开始剪切
padding-box	表示从内边距 padding 开始剪切
content-box	表示从内容区域 content 开始剪切

示例代码如下所示：

```
<html>
<head>
        <title>CSS3 background - clip 属性</title>
        <style type="text/CSS">
            body{
                font - family:微软雅黑;
                font - size:14px;
            }
            #view{
                display:inline - block;
                width:400px;
                padding:15px;
                font - size:15px;
                border:15px dashed #F1F1F1;
                background - image:url("纳兰 3.jpg");
                background - origin:border - box;
                background - repeat:no - repeat;
                background - clip:border - box;
            }
        </style>
        <script src="../App_js/jquery - 1.11.3.min.js" type="text/javascript"></script>
        <script type="text/javascript">
            $(function () {
                $("#ckb1").click(function () {
                      $("#view").CSS("background - clip", "border - box");
                });
                $("#ckb2").click(function () {
                      $("#view").CSS("background - clip", "padding - box");
                });
                $("#ckb3").click(function () {
                      $("#view").CSS("background - clip", "content - box");
                });
            })
        </script>
</head>
<body>
      <div id="select">
          background - clip:
          <input id="ckb1" name="group" type="radio"
value="border - box" checked="checked"/>
<label for="ckb1">border - box</label>
            <input id="ckb2" name="group" type="radio"
value="padding - box"/>
<label for="ckb2">padding - box</label>
            <input id="ckb3" name="group" type="radio"
value="content - box"/>
<label for="ckb3">content - box</label>
      </div>
        <div id="view">
          近日,解放军陆军、空军、火箭军等军种司令员相继易人的
消息陆续见诸媒体报道,加之海军司令员也于年初调整,
十九大之前四大军种集中迎来新任司令员,成为网络上的热点话题。
        </div>
```

```
</body>
</html>
```

通过 IE 查看该 HTML，效果如图 4-25 所示。

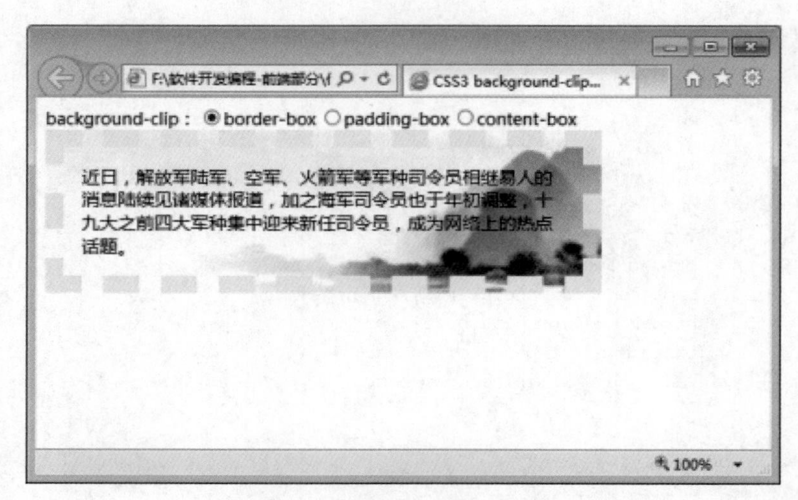

图 4-25 background-clip 属性效果

3）CSS3 背景位置

在 CSS3 中，可以使用 background-origin 属性来设置元素背景图片平铺的最开始位置。语法如下所示：

```
background - origin:属性值;
```

background-origin 属性取值如表 4-8 所示。

表 4-8 background-origin 属性取值

属性	说　明
border-box	表示背景图片是从边框开始平铺
padding-box	表示背景图片是从内边距开始平铺(默认值)
content-box	表示背景图片是从内容区域开始平铺

边框、内边距、内容区域这些是 CSS 盒模型的内容。在 CSS 盒模型中，任何元素都可以看作一个盒子。通过 background-origin 属性可以控制背景图片平铺的开始位置是否为边框、内边距或内容区域。

示例代码如下所示：

```
<html>
<head>
<style>
div{
border:1px solid black;
```

```
padding:35px;
background-image:url('纳兰 1.jpg');
background-repeat:no-repeat;
background-position:left;
}
#div1{
background-origin:border-box;
}
#div2{
background-origin:content-box;
}
</style>
</head>
<body>
<p>background-origin:border-box:</p>
<div id="div1">
近日,解放军陆军、空军、火箭军等军种司令员相继易人的
消息陆续见诸媒体报道,加之海军司令员也于年初调整,
十九大之前四大军种集中迎来新任司令员,成为网络上的热点话题。
</div>
<p>background-origin:content-box:</p>
<div id="div2">
近日,解放军陆军、空军、火箭军等军种司令员相继易人的
消息陆续见诸媒体报道,加之海军司令员也于年初调整,
十九大之前四大军种集中迎来新任司令员,成为网络上的热点话题。
</div>
</body>
</html>
```

通过 IE 查看该 HTML,效果如图 4-26 所示。

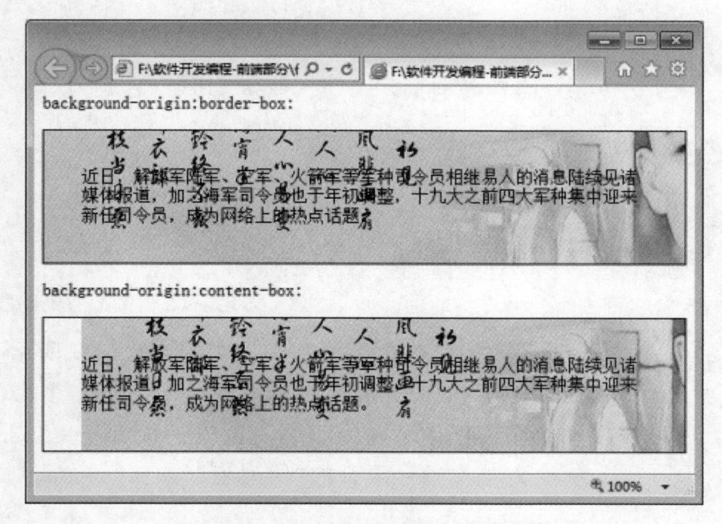

图 4-26　background-origin 属性效果

2. 文字

1) 文字阴影

在 CSS3 中,用 text-shadow 属性就能实现文字阴影效果。

语法如下所示：

```
text-shadow:x-offset y-offset blur color;
```

x-offset：（水平阴影）表示阴影的水平偏移距离，单位可以是 px、em 或者百分比等。如果值为正，则阴影向右偏移；如果值为负，则阴影向左偏移。

y-offset：（垂直阴影）表示阴影的垂直偏移距离，单位可以是 px、em 或者百分比等。如果值为正，则阴影向下偏移；如果值为负，则阴影向上偏移。

blur：（模糊距离）表示阴影的模糊程度，单位可以是 px、em 或者百分比等。blur 值不能为负。值越大，阴影越模糊；值越小，阴影越清晰。当然，如果不需要阴影模糊效果，可以将 blur 值设置为 0。

color：（阴影的颜色）表示阴影的颜色。

示例代码如下所示：

```
<html>
<head>
    <title>CSS3 text-shadow 属性</title>
    <style type="text/CSS">
        div{
            display:inline-block;
            padding:20px;
            font-size:40px;
            font-family:Verdana;
            font-weight:bold;
            background-color:#CCC;
                color:#ddd;
            text-shadow:-1px 0 #333,      /*向左阴影*/
                        0 -1px #333,      /*向上阴影*/
                        1px 0 #333,       /*向右阴影*/
                        0 1px #333 ;      /*向下阴影*/
        }
    </style>
</head>
<body>
    <div>hello</div>
</body>
</html>
```

图 4-27 text-shadow 属性效果

通过 IE 查看该 HTML，效果如图 4-27 所示。

text-shadow 属性来也可以给文字指定多个阴影，并且针对每个阴影使用不同的颜色。也就是说，text-shadow 属性可以为一个以英文逗号隔开的“值列表”，如：

```
text-shadow: 0 0 4px white, 0 -5px 4px #ff3, 2px -10px 6px
#fd3;
```

当 text-shadow 属性值为“值列表”时，阴影效果会按照给定的值顺序应用到该元素的文本上，因此有可能出现互相覆盖的现象。但是 text-shadow 属性永远不会覆盖文本本身，阴影效果也不会改变边框的尺寸。

示例代码如下所示：

```
<html>
<head>
    <title>CSS3 text-shadow 属性</title>
    <style type="text/CSS">
        p{
            text-align:center;
            color:#45B823;
            padding:20px 0 0 20px;
            background-color:#FFF;
            font-size:60px;
            font-weight:bold;
            text-shadow:0 0 4px white,0 -5px 4px #ff3,
2px -10px 6px #fd3,-2px -15px 11px #f80,
2px -25px 18px #f20;
        }
    </style>
</head>
<body>
    <p>Hello</p>
</body>
</html>
```

通过 IE 查看该 HTML，效果如图 4-28 所示。

图 4-28 text-shadow 属性效果

2）文字描边

在 CSS3 中，可以使用 text-stroke 属性为文字添加描边效果。

语法如下所示：

```
text-stroke:宽度值 颜色值;
```

text-stroke 是一个复合属性，由 text-stroke-width 和 text-stroke-color 两个子属性组成。

(1) text-stroke-width 属性：设置描边的宽度，可以为一般的长度值。

(2) text-stroke-color 属性：设置描边的颜色。可以使用“在线调色板”来取色。

示例代码如下所示：

```
<html>
<head>
    <title>CSS3 text-stroke 属性</title>
      <style type="text/CSS">
        div{
            font-size:30px;
            font-weight:bold;
        }
        #div2{
```

```
                    text - stroke:1px red;
                    - webkit - text - stroke:1px red;
                    - moz - text - stroke:1px red;
                    - o - text - stroke:1px red;
                }
        </style>
</head>
<body>
        <div id = "div1">文字没有被描边</div>
        <div id = "div2">文字被描了 1 像素的红边</div>
</body>
</html>
```

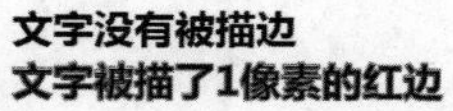

文字没有被描边
文字被描了1像素的红边

图 4-29　text-stroke 属性效果

通过 IE 查看该 HTML，效果如图 4-29 所示。

3）强制换行

在 CSS3 中，可以使用 word-wrap 属性来设置“长单词”或“URL 地址”是否换行到下一行。

语法如下所示：

```
word - wrap:取值;
```

word-wrap 属性只有两个取值：normal 和 break-word。normal 为默认值，用于文本自动换行；break-word 为“长单词”或“URL 地址”强制换行。

示例代码如下所示：

```
<html>
<head>
        <title>CSS3 word - wrap 属性</title>
        <style type = "text/CSS">
              #lvye{
                    width:200px;
                    height:120px;
                    border:1px solid gray;
                    word - wrap:break - word;
              }
        </style>
</head>
<body>
        <div id = "lvye">Welcome, everyone!Please remenber our home
page website is http://www.lvyestudy.com/index.aspx</div>
</body>
</html>
```

通过 Chrome 查看该 HTML，效果如图 4-30 所示。

Welcome,everyone!Please
remenber our home page
website is
http://www.lvyestudy.co
m/index.aspx

图 4-30　word-wrap 属性效果

4）嵌入字体

所谓的嵌入字体，就是加载服务器端的字体文件，让浏览器端可以显示用户计算机中没有安装的字体。

在 CSS3 之前，Web 设计师必须使用已在用户向计算机中已安装的字体,所以在设计中会有诸多限制。通过 CSS3,Web 设计师可以使用他们喜欢的任意字体。当你找到希望使用的字体时,可以将该字体文件存放到 Web 服务器上,它会在需要时被自动下载到用户的计算机上。

在 CSS3 中,可以使用@font-face 方法来使所有客户端加载服务器端的字体文件,从而使得所有用户的浏览器都能正常显示该字体。

语法如下所示:

```
@font-face{
    font-family : 字体名称;
    src :url("字体文件路径");
}
```

src 可以是相对地址,也可以是绝对地址。如果引用第三方网站的字体文件,则用绝对路径;如果使用的是网站目录下的字体,则使用相对路径。这与引用图片是类似的。

示例代码如下所示:

```
<html>
<head>
        <title>嵌入字体@font-face</title>
        <style type="text/CSS">
       /*定义字体*/
            @font-face{
                font-family: myfont; /*定义字体名称为 myfont*/
                src: url("../font/Horst-Blackletter.ttf");
            }
            div{
/*使用自定义的 myfont 字体作为 p 元素的字体类型*/
                font-family:myfont;
                font-size:60px;
                background-color:#ECE2D6;
                color:#626C3D;
                padding:20px;
            }
        </style>
</head>
<body>
        <div>lvyestudy</div>
</body>
</html>
```

通过 IE 查看该 HTML,效果如图 4-31 所示。这里使用@font-face 方法,定义了名为

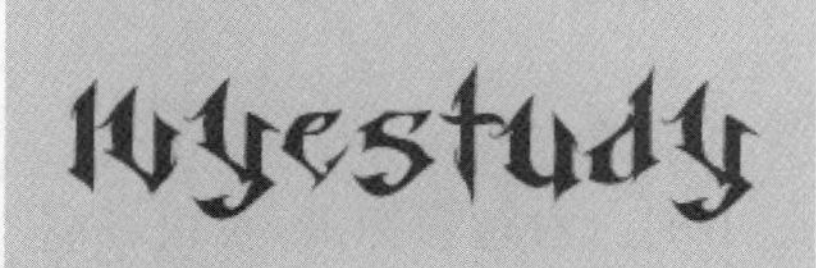

图 4-31 嵌入字体@font-face 属性效果

myfont 的字体（名字可以随便取），然后在 div 元素中使用 font-family 属性来使用这个字体。从上面的介绍可以知道，如果想要定义字体，需要以下两步：

（1）使用@font-face 方法定义字体名称。

（2）使用 font-family 属性引用该字体。

通过@font-face 这种方式可以很好地使得所有用户都能展示相同的字体效果。

3. 颜色

1）透明度

在 CSS3 中，可以使用 opacity 属性来控制元素的透明度。

语法如下所示：

```
opacity:数值;
```

opacity 属性取值范围为 0.0～1.0，0.0 表示完全透明，1.0 表示完全不透明（默认值）。opacity 属性取值不可以为负数。

示例代码如下所示：

```
<html>
<head>
      <title>CSS3 opacity 属性</title>
      <style type="text/CSS">
          a{
              display:inline-block;
              padding:5px 10px;
              font-family:微软雅黑;
              color:white;
              background-color:#45B823;
              border-radius:4px;
              cursor:pointer;
          }
          a:hover{
              opacity:0.5;
          }
      </style>
</head>
<body>
      <a>天信通</a>
      <a>天信通</a>
</body>
</html>
```

通过 IE 查看该 HTML，效果如图 4-32 右边按钮所示。如果将鼠标指针移动到按钮上，那么按钮透明度会减弱。

css属性 css属性

图 4-32 opacity 属性效果（一）

2）RGB 颜色

RGB 是一种色彩标准，是由红（R）、绿（G）、蓝（B）的变化以及相互叠加得到各种颜色。RGBA 就是在 RGB 的基础上加了一个透明度通道 Alpha。

语法如下所示：

```
rgba(R,G,B,A)
```

R：红色值(Red)。
G：绿色值(Green)。
B：蓝色值(Blue)。
A：透明度(Alpha)。

R、G、B三个参数可以为正整数，也可以为百分比。正整数值的取值范围为0～255，百分数值的取值范围为0.0%～100.0%。超出范围的数值将被截至其最接近的取值极限。并非所有浏览器都支持使用百分数值。

参数A为透明度，类似于opacity属性，取值范围为0.0～1.0，不可为负值。下面是RGBA颜色的用法：

```
rgba(255,255,0,0.5)
rgba(50%,80%,50%,0.5)
```

示例代码如下所示：

```
<html>
<head>
    <title>CSS3 RGBA 颜色</title>
    <style type="text/CSS">
        *{padding:0;margin:0;}
        ul{
            display:inline-block;
            list-style-type:none;
            width:200px;
}
        li{
            height:30px;
            line-height:30px;
            font-size:20px;
            font-weight:bold;
            text-align:center;
        }
        /*第1个li*/
        li:first-child{
            background-color:#FF00FF;
        }
        /*第2个li*/
        li:nth-child(2){
            background-color:rgba(255,0,255,0.5);
        }
        /*第3个li*/
        li:last-child{
            background-color:#FF00FF;
            opacity:0.5;
```

```
        }
    </style>
</head>
<body>
    <ul>
        <li>天信通</li>
        <li>天信通</li>
        <li>天信通</li>
    </ul>
</body>
</html>
```

图 4-33　opacity 属性(效果二)

通过 IE 查看该 HTML，效果如图 4-33 所示，十六进制颜色值＃FF00FF 等价于 rgb(255,0,255)。第 1 个 li 元素没有使用 RGBA 颜色值，也没有使用透明度 opacity 属性；第 2 个 li 元素使用 RGBA 颜色值；第 3 个 li 元素使用透明度 opacity 属性。

可以清晰地看出，假如对某个元素使用透明度 opacity 属性，则该元素的内容以及子元素都会受到影响。对于设置元素的透明度，RGBA 比 opacity 属性使用更方便，因为 RGBA 不会影响元素中的内容以及子元素的不透明度。

3）渐变

在网页中，我们经常可以看到各种渐变效果，包括渐变背景、渐变导航、渐变按钮等。在网页中添加渐变效果，使得网页更加美观大方，用户体验更好。CSS3 渐变共有两种：

- 线性渐变(linear-gradient)。
- 径向渐变(radial-gradient)。

(1) 线性渐变。

在 CSS3 中，线性渐变是指在一条直线上进行的渐变。在网页中，大多数渐变效果都是线性渐变。

语法如下所示：

```
background:linear - gradient(方向,开始颜色,结束颜色);
```

线性渐变的方向取值有两种：一种是使用角度(deg)，另一种是使用关键字。

如表 4-9 所示为线性渐变的方向取值。

表 4-9　线性渐变的方向取值

属性	对应角度	说　明
to top	0deg	从下到上
to right	90deg	从左到右
to bottom	180deg	从上到下(默认值)
to left	270deg	从右到左
to top left		右下角到左上角(斜对角)
to top right		左下角到右上角(斜对角)

示例代码如下所示：

```
< html >
< head >
        < title > CSS3 线性渐变</title >
        < style type = "text/CSS">
            div{
                width:200px;
                height:150px;
                background:linear - gradient(to right, red, orange,yellow,
green,blue,indigo,violet);
            }
        </style >
</head >
< body >
        < div ></div >
</body >
</html >
```

通过 IE 查看该 HTML，效果如图 4-34 所示，线性渐变可以有多个颜色值。

图 4-34 线性渐变效果

（2）径向渐变。

CSS3 径向渐变是一种从起点到终点颜色从内到外进行圆形渐变（从中间向外拉，像圆一样）。CSS3 径向渐变是圆形或椭圆形渐变，颜色不再沿着一条直线渐变，而是从一个起点向所有方向渐变。

语法如下所示：

```
background:radial - gradient(position ,shape size,start - color,stop - color)
```

其中，

- position：定义圆心位置。
- shape size：shape 定义形状（圆形或椭圆），size 定义大小。
- start-color：定义开始颜色值。
- stop-color：定义结束颜色值。
- position、shape size 都是可选参数，如果省略，则表示该项参数采用默认值。
- start-color 和 stop-color 为必选参数，并且径向渐变可以有多个颜色值。

① 定义圆心位置 position。

position 用于定义径向渐变的圆心位置，属性值跟 background-position 属性值相似，也有两种情况：

- 长度值，如 px、em 或百分比等；
- 关键字。

表 4-10 所示为圆心位置 position 关键字取值。

表 4-10　圆心位置 position 关键字取值

属性	说　明
center	中部(默认值)
top	顶部
right	右部
bottom	底部
left	左部
top left	左上
top center	靠上居中
top right	右上
left center	靠左居中
center center	正中
right center	靠右居中
bottom left	左下
bottom center	靠下居中
bottom right	右下

示例代码如下所示：

```
<html>
<head>
        <title>CSS3 径向渐变</title>
        <style type="text/CSS">
            /*设置 div 公共样式*/
            div{
                width:200px;
                height:150px;
                line-height:150px;
                text-align:center;
                color:white;
            }
            #div1{
                margin-bottom:10px;
                background:-webkit-radial-gradient(white,black);
            }
            #div2{
                background:-webkit-radial-gradient(top,white,black);
            }
        </style>
</head>
```

```
<body>
        <div id="div1">默认值(center)</div>
        <div id="div2">top</div>
</body>
</html>
```

通过 Chrome 查看该 HTML,效果如图 4-35 所示。

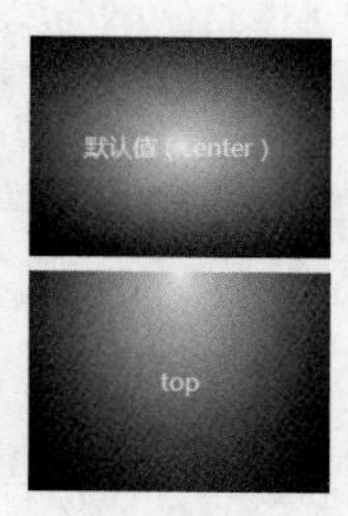

图 4-35 径向渐变效果(一)

② 定义形状 shape。

如表 4-11 所示为 shape 关键字取值。

表 4-11 shape 关键字取值

属性	说明
circle	定义径向渐变为"圆形"
ellipse	定义径向渐变为"椭圆形"

示例代码如下所示：

```
<html>
<head>
    <title>CSS3 径向渐变</title>
    <style type="text/CSS">
        /* 设置 div 公共样式 */
        div{
            width:200px;
            height:150px;
            line-height:50px;
            text-align:center;
            color:white;
        }
        #div1{
            margin-bottom:10px;
            background:-webkit-radial-gradient(white,black);
        }
        #div2{
            background:-webkit-radial-gradient(circle,white,black);
        }
    </style>
```

```
</head>
<body>
    <div id = "div1">默认值(ellipse)</div>
    <div id = "div2"> circle </div>
</body>
</html>
```

通过 Chrome 查看该 HTML，效果如图 4-36 所示。

图 4-36　径向渐变效果(二)

③ 定义大小 size。

size 主要用于定义径向渐变的结果形状大小。size 属性及说明如表 4-12 所示。

表 4-12　size 属性及说明

属性	说　明
closet-side	指定径向渐变的半径长度为从圆心到离圆心最近的边
closest-corner	指定径向渐变的半径长度为从圆心到离圆心最近的角
farthest-side	指定径向渐变的半径长度为从圆心到离圆心最远的边
farthest-corner	指定径向渐变的半径长度为从圆心到离圆心最远的角

示例代码如下所示：

```
<html>
<head>
    <title> CSS3 径向渐变</title>
    <style type = "text/CSS">
        /* 设置 div 公共样式 */
        div{
            width:120px;
            height:80px;
            line - height:80px;
            text - align:center;
            color:white;
        }
        div + div{
            margin - top:10px;
        }
        #div1{
```

```
background: - webkit - radial - gradient(circle closest - side,orange,blue);
}
            #div2{
background: - webkit - radial - gradient(circle closest - corner,orange,blue);
}
            #div3{
background: - webkit - radial - gradient(circle farthest - side,orange,blue);
}
            #div4{
background: - webkit - radial - gradient(circle farthest - corner,orange,blue);
}
        </style>
</head>
<body>
        <div id = "div1"> closest - side </div>
        <div id = "div2"> closest - corner </div>
        <div id = "div3"> farthest - side </div>
        <div id = "div4"> farthest - corner </div>
</body>
</html>
```

通过 Chrome 查看该 HTML,效果如图 4-37 所示。

④ 定义开始颜色 start-color 和结束颜色 stop-color。

参数 start-color 用于定义开始颜色,参数 stop-color 用于定义结束颜色。颜色可以为关键词、十六进制颜色值、RGBA 颜色值等。

径向渐变也接受一个颜色值列表,用于同时定义多种颜色的径向渐变。

示例代码如下所示:

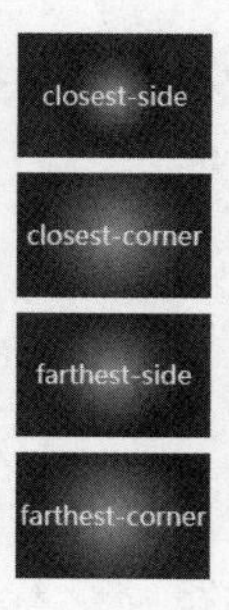

图 4-37　径向渐变效果(三)

```
<html>
<head>
        <title> CSS3 径向渐变</title>
        <style type = "text/CSS">
            div{
                width:200px;
                height:150px;
background: - webkit - radial - gradient(red,orange,yellow,green,blue); //red 是开始颜色,blue
                                                                      //是结束颜色
            }
        </style>
</head>
<body>
        <div></div>
</body>
</html>
```

通过 Chrome 查看该 HTML,效果如图 4-38 所示。

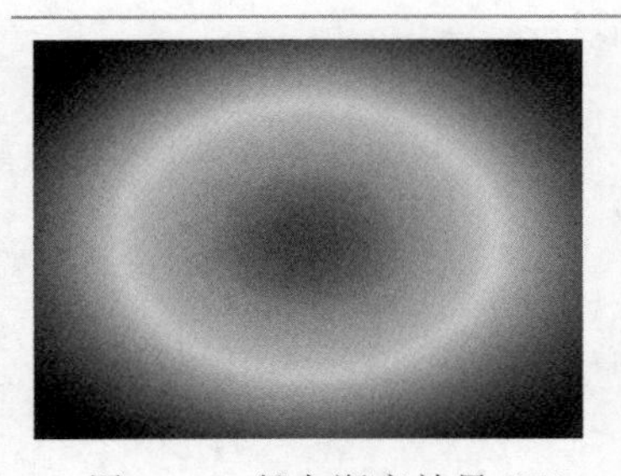

图 4-38 径向渐变效果(四)

4. 边框

1）圆角

在 CSS3 中,可以使用 border-radius 属性为元素添加圆角效果。

语法如下所示：

```
border - radius:长度值;
```

长度值可以以 px、百分比、em 等为单位。

示例代码如下所示：

```
<html>
<head>
    <title>CSS3 border - radius 属性</title>
    <style type = "text/CSS">
        #div1{
            width:100px;
            height:50px;
            border:1px solid gray;
            border - radius:10px;
        }
    </style>
</head>
<body>
    <div id = "div1"></div>
</body>
</html>
```

通过 Chrome 查看该 HTML,效果如图 4-39 所示。“border-radius: 10px;”是指元素 4 个角的圆角半径都是 10px。

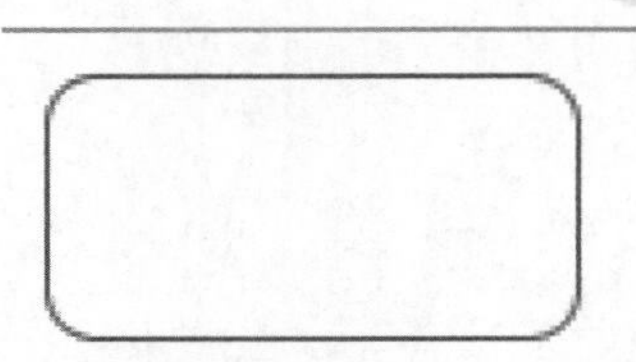

图 4-39 border-radius 属性效果

border-radius 属性可以分开为 4 个角设置相应的圆角值。

(1) border-top-right-radius：右上角。

(2) border-bottom-right-radius：右下角。

(3) border-bottom-left-radius：左下角。

(4) border-top-left-radius：左上角。

2）多色边框

在 CSS3 中,可以使用 border-colors 属性实现多色边框。

语法如下所示：

```
-moz-border-top-colors:颜色值;
-moz-border-right-colors:颜色值;
-moz-border-bottom-colors:颜色值;
-moz-border-left-colors:颜色值;
```

对于 CSS3 中的 border-colors 属性，需要注意 3 点：

(1) border-colors 属性并没有得到各大主流浏览器支持，目前仅有 Mozilla Gecko 引擎(Firefox 浏览器)支持，因此需要加上浏览器前缀"-moz-"。

(2) 不能使用-moz-border-bolors 属性为 4 条边同时设定颜色，必须像上面的语法那样分别为 4 条边设定颜色。

(3) 如果边框宽度(border-width)为 n 像素，则该边框可以使用 n 种颜色，每种颜色显示 1 像素的宽度。

示例代码如下所示：

```
<html>
<head>
    <title>CSS3 border-colors 属性</title>
    <style type="text/CSS">
        #div1{
            width:200px;
                height:100px;
            border-width:7px;
            border-style:solid;
            -moz-border-top-colors:red orange yellow green cyan blue purple;
            -moz-border-right-colors: red orange yellow green cyan blue purple;
            -moz-border-bottom-colors: red orange yellow green cyan blue purple;
            -moz-border-left-colors: red orange yellow green cyan blue purple;
        }
    </style>
</head>
<body>
    <div id="div1"></div>
</body>
</html>
```

通过 Firefox 查看该 HTML，效果如图 4-40 所示。

3) 边框背景

在 CSS3 中，可以使用 border-image 属性为边框添加背景图片。

语法如下所示：

```
border-image: source slice width outset repeat|initial|inherit;
```

其中，

source：指定要用于绘制边框的图像的位置。

slice：图像边界向内偏移。

width：图像边界的宽度。

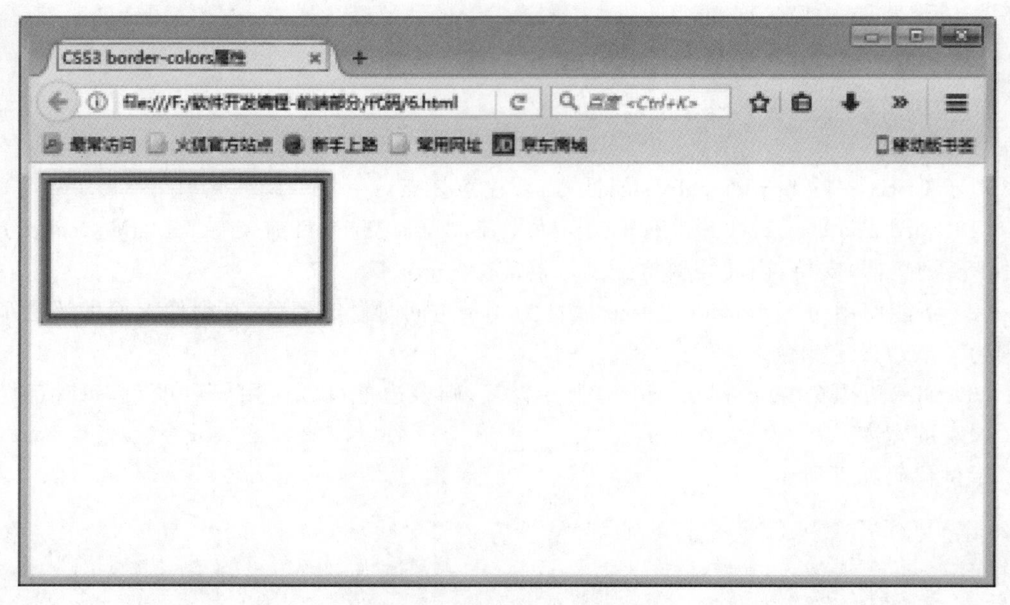

图 4-40　border-colors 效果

outset：指定在边框外部绘制 border-image-area 的量。

repeat：设置图像边界是否应重复(repeat)、拉伸(stretch)或铺满(round)。

示例代码如下所示：

```
<html>
<head>
<title></title>
<style>
#borderimg1 {
        border: 10px solid transparent;
        padding: 15px;
        -webkit-border-image: url(button1.png) 30 round; /* Safari 3.1-5 */
        -o-border-image: url(button1.png) 30 round; /* Opera 11-12.1 */
        border-image: url(button1.png) 30 round;
}
#borderimg2 {
        border: 10px solid transparent;
        padding: 15px;
        -webkit-border-image: url(button1.png) 30 stretch; /* Safari 3.1-5 */
        -o-border-image: url(button1.png) 30 stretch; /* Opera 11-12.1 */
        border-image: url(button1.png) 30 stretch;
}
</style>
</head>
<body>
<p>border-image 属性用于指定一个元素的边框图像.</p>
<p id="borderimg1">在这里,图像平铺(重复),以填补该区域.</p>
<p id="borderimg2">在这里,图像被拉伸以填补该区域</p>
<p>这是原始图片:</p><img src="button1.png">
<p>
```

```
<b>注意:</b>
Internet Explorer 10 及更早的版本不支持 border - image 属性.
</p>
</body>
</html>
```

通过 Chrome 查看该 HTML，效果如图 4-41 所示。

border-image 属性用于指定一个元素的边框图像。

在这里，图像平铺（重复），以填补该区域。

在这里，图像被拉伸以填补该区域。

这是原始图片:

注意: Internet Explorer 10 及更早的版本不支持 border-image 属性。

图 4-41 border-colors 属性效果

4）边框阴影

在 CSS3 中，可以使用 box-shadow 属性为元素添加阴影效果。

语法如下所示：

```
box - shadow:x - shadow y - shadow blur spread color inset;
```

其中，

- x-shadow：设置水平阴影的位置(X 轴)，可以使用负值。
- y-shadow：设置垂直阴影的位置(Y 轴)，可以使用负值。
- blur：设置阴影模糊半径。
- spread：扩展半径，设置阴影的尺寸。
- color：设置阴影的颜色。
- inset：这个参数默认不设置。默认情况下为外阴影，inset 表示内阴影。

示例代码如下所示：

```
<html>
<head>
    <title>CSS3 box - shadow 属性</title>
    <style type = "text/CSS">
        #div1{
            width:200px;
            height:100px;
            border:1px solid silver;
            box - shadow:10px 10px 10px 10px red inset;
        }
```

```
    </style>
</head>
<body>
    <div id = "div1"></div>
</body>
</html>
```

图 4-42　box-shadow 属性效果

通过 Chrome 查看该 HTML，效果如图 4-42 所示。

5. CSS3 多列布局

1）列数 column-count

在 CSS3 的多列布局中，可以使用 column-count 属性指定多列布局的列数，而不需要通过列宽度等来调整列数。

语法如下所示：

```
column - count: auto/正整数 n;
```

column-count 有两个属性值：一个是 auto，表示列数由其他属性决定，比如 column-width；另一个是正整数 n(如 1、2、3)，表示元素内容被自动划分为 n 列。

示例代码如下所示：

```
<html>
<head>
    <title>CSS3 column - count 属性</title>
    <style type = "text/CSS">
        body{
            width:400px;
            padding:10px;
            border:1px solid silver;
            column - count:3;
            - webkit - column - count:3;
            - moz - column - count:3;
            - o - column - count:3;
        }
        h1{
            height:60px;
            line - height:60px;
            text - align:center;
            background - color:silver;
        }
        p{
            font - family:微软雅黑;
            font - size:14px;
            text - indent:28px;
        }
    </style>
</head>
<body>
```

```
        <h1>匆匆</h1>
        <p>燕子去了,有再来的时候;杨柳枯了,有再青的时候;
桃花谢了,有再开的时候.但是,聪明的,你告诉我,
我们的日子为什么一去不复返呢?——是有人偷了他们吧:
那是谁?又藏在何处呢?是他们自己逃走了罢——
如今又到了哪里呢?
</p>
        <p>……</p>
        <p>在逃去如飞的日子里,在千门万户的世界里的我能做些什么呢?
只有徘徊罢了,只有匆匆罢了;在八千多日的匆匆里,
除徘徊外,又剩些什么呢?过去的日子如轻烟,被微风吹散了,
如薄雾,被初阳蒸融了;我留着些什么痕迹呢?
我何曾留着像游丝样的痕迹呢?我赤裸裸来到这世界,
转眼间也将赤裸裸地回去罢?但不能平的,
为什么偏要白白走这一遭啊?
</p>
        <p>你聪明的,告诉我,我们的日子为什么一去不复返呢?</p>
</body>
</html>
```

通过 Chrome 查看该 HTML,效果如图 4-43 所示。这里使用"column-count: 3;"使得 body 会自动以最恰当的方式分为 3 列。

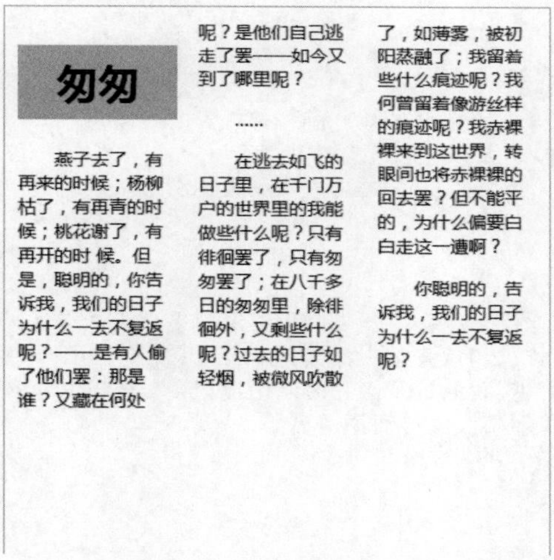

图 4-43　column-count 属性效果

2）列宽 column-width

在 CSS3 的多列布局中,可以使用 column-width 属性定义多列布局中每一列的宽度。

语法如下所示：

```
column-width:auto/长度值;
```

column-width 有两个属性值：一个是 auto,是默认值,根据 column-count 属性值自动分配宽度；另一个是长度值,可以为 px、em 或者百分比等。

示例代码如下所示：

```
<html>
<head>
    <title>定义列宽 column-width 属性</title>
    <style type="text/CSS">
        body{
            width:400px;
            padding:10px;
            border:1px solid yellow;
            -webkit-column-width:150px;
        }
        h1{
            height:60px;
            line-height:60px;
            text-align:center;
            background-color:red;
        }
        p{
            font-family:微软雅黑;
            font-size:14px;
            text-indent:28px;
        }
    </style>
</head>
<body>
    <h1>匆匆</h1>
    <p>燕子去了,有再来的时候;杨柳枯了,有再青的时候;
桃花谢了,有再开的时 候.但是,聪明的,你告诉我,
我们的日子为什么一去不复返呢?——是有人偷了他们罢:
那是谁?又藏在何处呢?是他们自己逃走了罢——
如今又到了哪里呢?
</p>
    <p>我不知道他们给了我多少日子,但我的手确乎是渐渐空虚了.
在默默里算着,八千多日子已经从我手中溜去,
像针尖上一滴水滴在大海里,我的日子滴在时间的流里,
没有声音,也没有影子.我不禁头涔涔而泪潸潸了.
</p>
    <p>……</p>
</body>
</html>
```

通过 Chrome 查看该 HTML，效果如图 4-44 所示。这里使用“width：400px”限定了 body 宽度为 400px，然后使用“column-width：150px;”定义列宽为 150px，这样 body 就会自动根据容器宽度、列宽以及内容多少来计算列数。

3）列间距 column-gap

在 CSS3 多列布局中，可以使用 column-gap 属性定义列与列之间的间距（列间距）。

语法如下所示：

```
column-gap:取值;
```

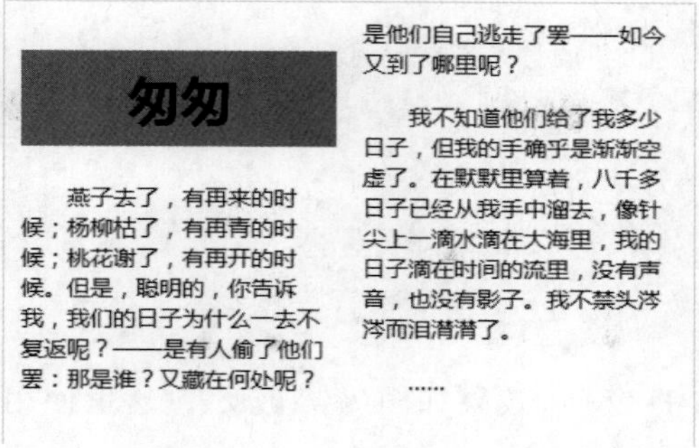

匆匆

燕子去了，有再来的时候；杨柳枯了，有再青的时候；桃花谢了，有再开的时候。但是，聪明的，你告诉我，我们的日子为什么一去不复返呢？——是有人偷了他们罢：那是谁？又藏在何处呢？是他们自己逃走了罢——如今又到了哪里呢？

我不知道他们给了我多少日子，但我的手确乎是渐渐空虚了。在默默里算着，八千多日子已经从我手中溜去，像针尖上一滴水滴在大海里，我的日子滴在时间的流里，没有声音，也没有影子。我不禁头涔涔而泪潸潸了。

……

图 4-44　column-width 属性效果

column-gap 有两个属性值：一个是 normal 为浏览器默认的长度值；另一个是长度值，单位可以为 px、em 或者百分比等。

示例代码如下所示：

```
<html>
<head>
        <title>列间距 column - gap 属性</title>
        <style type = "text/CSS">
            body{
                width:400px;
                padding:10px;
                border:1px solid red;
                - webkit - column - count:2;
                - webkit - column - gap:20px; /* 定义列间距为 20px */
            }
            h1{
                height:60px;
                line - height:60px;
                text - align:center;
                background - color:yellow;
            }
            p{
                font - family:微软雅黑;
                font - size:14px;
                text - indent:28px;
                background - color:#F1F1F1;
            }
        </style>
</head>
<body>
        <h1>匆匆</h1>
        <p>燕子去了,有再来的时候;杨柳枯了,有再青的时候;
桃花谢了,有再开的时 候。但是,聪明的,你告诉我,
我们的日子为什么一去不复返呢?——是有人偷了他们罢:
那是谁?又藏在何处呢?是他们自己逃走了罢——
如今又到了哪里呢?
</p>
        <p>我不知道他们给了我多少日子,但我的手确乎是渐渐空虚了。
```

```
在默默里算着,八千多日子已经从我手中溜去,
像针尖上一滴水滴在大海里,我的日子滴在时间的流里,
没有声音,也没有影子.我不禁头涔涔而泪潸潸了。
</p>
      <p>… …</p>
      <p>你聪明的,告诉我,我们的日子为什么一去不复返呢?</p>
</body>
</html>
```

通过 Chrome 查看该 HTML，效果如图 4-45 所示。这里使用 column-gap 属性定义多列布局中“列间距”为 20px。

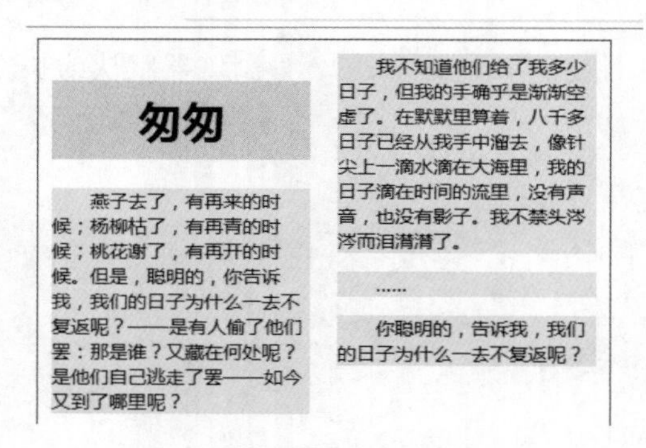

图 4-45　column-gap 属性效果

4）列边框 column-rule

在 CSS3 的多列布局中，可以使用 column-rule 属性来定义列与列之间的边框样式，其中边框样式包括宽度、颜色和样式。

语法如下所示：

```
column-rule:边框宽度 边框样式 边框颜色;
```

column-rule 属性类是一个复合属性，由 3 个子属性组成：

（1）column-rule-width——设置边框的宽度。

（2）column-rule-style——设置边框的样式。

（3）column-rule-color——设置边框的颜色。

示例代码如下所示：

```
<html>
<head>
      <title>列边框 column-rule 属性</title>
      <style type = "text/CSS">
          body{
              width:400px;
              padding:10px;
              border:1px solid yellow;
              -webkit-column-count:2;
              -webkit-column-gap:20px;
```

```
            -webkit-column-rule:1px dashed red;
        }
        h1{
            height:60px;
            line-height:60px;
            text-align:center;
            background-color:red;
        }
        p{
            font-family:微软雅黑;
            font-size:14px;
            text-indent:28px;
            background-color:#F1F1F1;
        }
    </style>
</head>
<body>
    <h1>匆匆</h1>
    <p>燕子去了,有再来的时候;杨柳枯了,有再青的时候;
桃花谢了,有再开的时候。但是,聪明的,你告诉我,
我们的日子为什么一去不复返呢?——是有人偷了他们罢:
那是谁?又藏在何处呢?是他们自己逃走了罢——
如今又到了哪里呢?
</p>
    <p>我不知道他们给了我多少日子,但我的手确乎是渐渐空虚了。
在默默里算着,八千多日子已经从我手中溜去,
像针尖上一滴水滴在大海里,我的日子滴在时间的流里,
没有声音,也没有影子。我不禁头涔涔而泪潸潸了。
</p>
    <p>……</p>
     <p>你聪明的,告诉我,我们的日子为什么一去不复返呢?</p>
</body>
</html>
```

通过 Chrome 查看该 HTML,效果如图 4-46 所示,使用 column-rule 属性定义了列间边框为"1px 的红色虚线"。

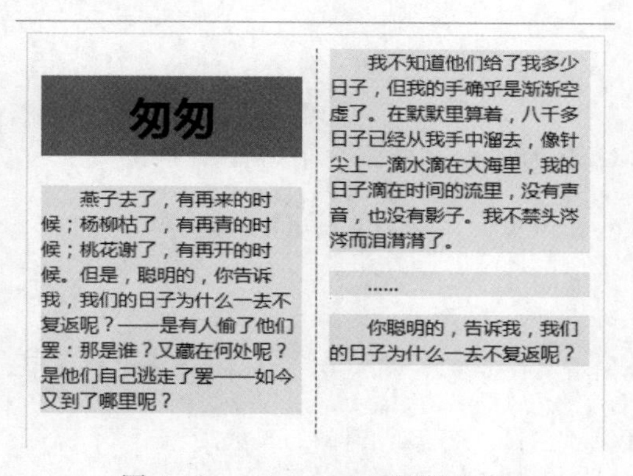

图 4-46 column-rule 属性效果

5）跨列 column-span

在 CSS3 多列布局时，要实现跨列效果，要用到 column-span 属性。

语法如下所示：

```
column - span:取值;
```

column-span 属性的取值如下：

（1）none 表示元素不跨越任何列（默认值）。

（2）all 表示元素跨越所有列，与 none 值相反。

示例代码如下所示：

```
< html >
< head >
        < title >跨列 column - span 属性</title >
        < style type = "text/CSS">
            body{
                width:400px;
                padding:10px;
                border:1px solid yellow;
                - webkit - column - count:2;
                - webkit - column - gap:20px;
                - webkit - column - rule:1px dashed red;
            }
            h1{
                height:60px;
                line - height:60px;
                text - align:center;
                background - color:red;
                - webkit - column - span:all;
            }
            p{
                font - family:微软雅黑;
                font - size:14px;
                text - indent:28px;
                background - color: # F1F1F1;
            }
        </style >
</head >
< body >
        < h1 >匆匆</h1 >
        < p >燕子去了,有再来的时候;杨柳枯了,有再青的时候;
桃花谢了,有再开的时候。但是,聪明的,你告诉我,
我们的日子为什么一去不复返呢?——是有人偷了他们罢:
那是谁?又藏在何处呢?是他们自己逃走了罢——
如今又到了哪里呢?
</p >
        < p >我不知道他们给了我多少日子,但我的手确乎是渐渐空虚了。
在默默里算着,八千多日子已经从我手中溜去,
像针尖上一滴水滴在大海里,我的日子滴在时间的流里,
没有声音,也没有影子。我不禁头涔涔而泪潸潸了。
```

```
</p>
        <p>……</p>
<p>你聪明的,告诉我,我们的日子为什么一去不复返呢?</p>
</body>
</html>
```

通过 Chrome 查看该 HTML,效果如图 4-47 所示。这里使用"column-span: all;"使得 h1 标题跨越所有的列。

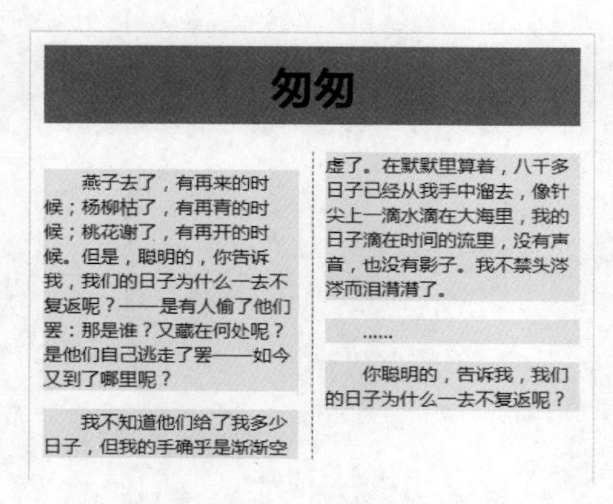

图 4-47 column-span 属性效果

4.2.3 案例实现

1. 案例分析

对图 4-23 进行案例分析,得到如图 4-48 所示结果。

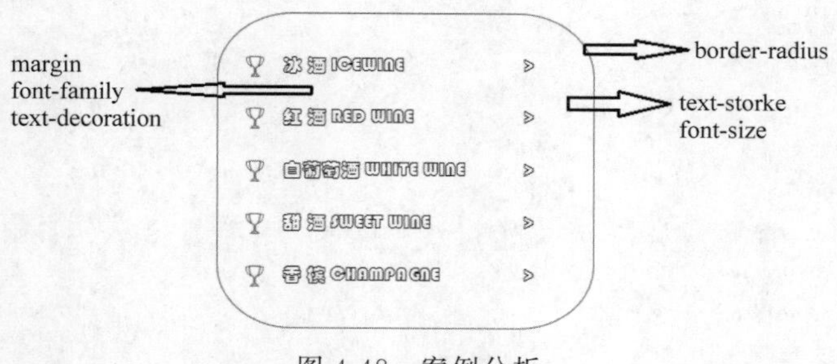

图 4-48 案例分析

2. 代码实现

1) HTML 页面

```
<div class = "connent">
<div class = "con">
<div class = "con1">
        <ul>
                <li><a href = "chanping.html">冰 酒 ICEWINE <span> > </span></a>
</li>
                <li><a href = "chanping.html">红 酒 RED WINE <span> > </span></a>
</li>
```

```
            <li><a href = "chanping.html">白葡萄酒 WHITE WINE <span> > </span>
</a>
</li>
            <li><a href = "chanping.html">甜 酒 SWEET WINE <span> > </span></a>
</li>
            <li><a href = "chanping.html">香 槟 CHAMPAGNE <span> > </span>
</a>
</li>
            </ul>
</div>
</div>
</div>
```

2）CSS 页面

```
.con1 {
    float: left;
    width: 350px;
    height: 300px;
    border: 1px solid #767676;
          border-radius: 50%;
    margin-left: 36px;
    margin-bottom: 40px;
    position: relative;
}
.con1 > ul{
width: 300px;
height: 250px;
margin-left: 25px;
margin-top: 25px;
}
.con1 > ul > li{
width: 100%;
height: 50px;
line-height: 50px;
    background-image: url(../images/con-listimg.png);
background-repeat: no-repeat;
background-position: left;
text-indent: 2em;
}
.con1 > ul > li > a{
position: relative;
display: block;
font-family: "华文彩云";
font-size: 18px;
color: #000000;
}
.con1 > ul > li > a > span{
position: absolute;
right: 30px;
font-family: "华文彩云";
font-size: 18px;
```

```
}

.con1 > ul > li > a:hover{
text - decoration: underline;
}
```

3. 运行效果

运行结果如图 4-49 所示。

图 4-49 运行效果

本章小结

本章的主要知识点如下：

- CSS 语法包括选择器、属性和值 3 个部分。
- 选择器可以是类选择器、ID 选择器、标签选择器、后代选择器、子代选择器、伪类选择器、通用选择器、群组选择器、同胞选择器、属性选择器。
- 常用的 CSS 样式属性有文本属性、文字属性、背景属性、定位属性、边框属性等。
- 常用的设置文字样式的属性有 font-size、font-family、font-style、text-align 等。
- 常用的设置文本样式的属性有 text-decoration、line-height，text-indent 等。
- 常用的设置背景及颜色的属性有 background、background-image、background-color 等。
- 常用的定位属性有 position、z-index、top、right、bottom、left 等。
- 常用的设置边框及颜色的属性有 border-color、border-style、border-width 等。
- 在 CSS3 中，可以使用 background-size 属性来设置背景图片的大小。
- background-size 取值共有两种：cover 和 contain。
- 在 CSS3 中，使用 background-clip 属性来将背景图片根据实际需要进行剪切。
- 在 CSS3 中，可以使用 background-origin 属性来设置元素背景图片平铺的最开始位置。
- 在 CSS3 中，用 text-shadow 属性就能实现文字阴影效果。
- 在 CSS3 中，可以使用 text-stroke 属性为文字添加描边效果。
- 在 CSS3 中，可以使用 word-wrap 属性来设置“长单词”或“URL 地址”是否换行到下一行。
- 在 CSS3 中，可以使用@font-face 方法来使所有客户端加载服务器端的字体文件。

- 在 CSS3 中，可以使用 opacity 属性来控制元素的透明度。
- 由红(R)、绿(G)、蓝(B)3 个数值的变化以及相互叠加来得到各种颜色。
- CSS3 渐变包括线性渐变(linear-gradient)和径向渐变(radial-gradient)两种。
- 在 CSS3 中，可以使用 border-radius 属性为元素添加圆角效果。
- 在 CSS3 中，可以使用 border-colors 属性来实现多色边框。
- 在 CSS3 中，可以使用 border-image 属性为边框添加背景图片。
- 在 CSS3 中，可以使用 box-shadow 属性轻松地为元素添加阴影效果。
- 在 CSS3 的多列布局中，可以使用 column-count 属性指定多列布局的列数，而不需要通过列宽度等来调整列数。
- 在 CSS3 的多列布局中，可以使用 column-width 属性定义多列布局中每一列的宽度。
- 在 CSS3 的多列布局中，可以使用 column-gap 属性定义列与列之间的间距。
- 在 CSS3 的多列布局中，可以使用 column-rule 属性来定义列与列之间的边框样式。
- 在 CSS3 的多列布局中，要实现跨列效果，需要用到 column-span 属性。

第 5 章 CSS 高级应用

CHAPTER 5

5.1 CSS 布局

5.1.1 案例描述

浏览淘宝、京东等购物网站或者新浪、腾讯等新闻网页时，网页中板块分明，内容分割明确，参见图 5-1。本节将利用布局等方式来实现如图 5-1 所示的效果。

上帝的恩赐 中国清酒的米水传奇

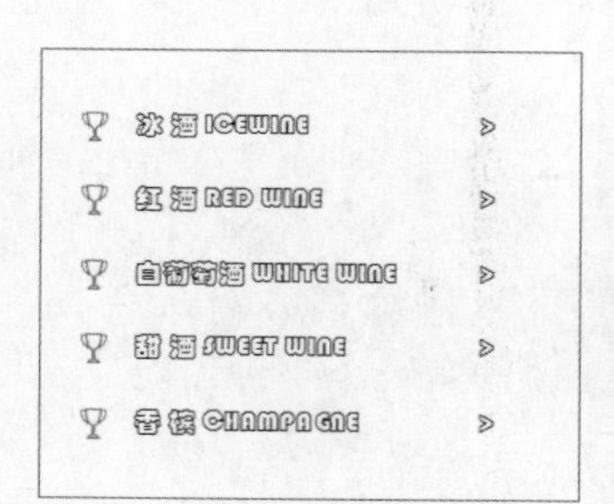

图 5-1 案例描述

5.1.2 知识引入

1. CSS 盒模型

1）CSS 盒模型概述

盒模型是 CSS 定位布局的核心内容，它指定元素如何显示以及如何相互交互。页面上的每个元素都被看作为一个矩形框，这个框由元素的内容、内边距、边框和外边距组成。HTML 中大部分的元素（特别是块状元素）都可以看作一个盒子，网页元素的定位实际就是

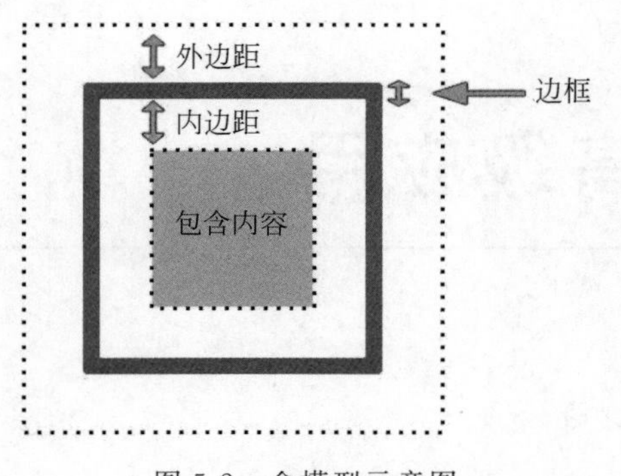

图 5-2　盒模型示意图

这些大大小小的盒子在页面中的定位。这些盒子在页面中是“流动”的，当某个块状元素被 CSS 设置了浮动属性，那么这个盒子就会“流”到上一行。网页布局即关注这些盒子在页面中如何摆放、如何嵌套的问题。这么多盒子摆在一起，最需要关注的是盒子尺寸计算、是否流动等要素，如图 5-2 所示。

2）CSS 内边距

内边距(padding)出现在内容区域的周围。如果在元素上添加背景，那么背景应用于元素的内容和内边距组成的区域。因此可以用内边距在内容周围创建一个隔离带，使内容不与背景混合在一起。当元素的内边距被清除时，所“释放”的区域将会被元素背景颜色填充，取值方式如表 5-1 所示。

表 5-1　内边距属性取值

值	说　明
length	定义一个固定的填充(px、pt、em 等)
%	使用百分比值定义一个填充

在 CSS 中，它可以指定在不同的侧面不同的填充效果：

```
padding - top:25px;
padding - bottom:25px;
padding - right:50px;
padding - left:50px;
```

为了缩短代码，可以在一个属性中指定所有的填充属性。

这就是所谓的缩写属性。所有的内边距属性的缩写属性是"padding"，可以有 1～4 个值。

(1) padding：25px 50px 75px 100px。

- 上填充为 25px。
- 右填充为 50px。
- 下填充为 75px。
- 左填充为 100px。

(2) padding：25px 50px 75px。

- 上填充为 25px。
- 左右填充为 50px。
- 下填充为 75px。

(3) padding：25px 50px。

- 上下填充为 25px。
- 左右填充为 50px。

（4）padding：25px。

所有的填充都是 25px。

示例代码如下所示：

```
<html>
<head>
<title>内边距</title>
<style>
p
{
background-color:yellow;
}
p.padding
{
padding-top:50px;
padding-bottom:50px;
padding-right:50px;
padding-left:50px;
}
p.paddings
{
padding:25px;
}
</style>
</head>
<body>
<p>这是一个没有指定填充边距的段落。</p>
<p class="padding">这是一个指定填充边距的段落。</p>
<p class="paddings">这是一个指定填充边距的段落。</p>
</body>
</html>
```

通过 IE 查看该 HTML，内边距效果如图 5-3 所示。

图 5-3 内边距效果

3）CSS 边框

CSS 边框属性允许指定一个元素边框的样式和颜色。

（1）边框样式（borde-style）。

边框样式属性指定要显示什么样的边界，边框样式属性用来定义边框的样式。

边框样式属性演示如图 5-4 所示。

（2）边框宽度（border-width）。

可以通过边框宽度属性为边框指定宽度。

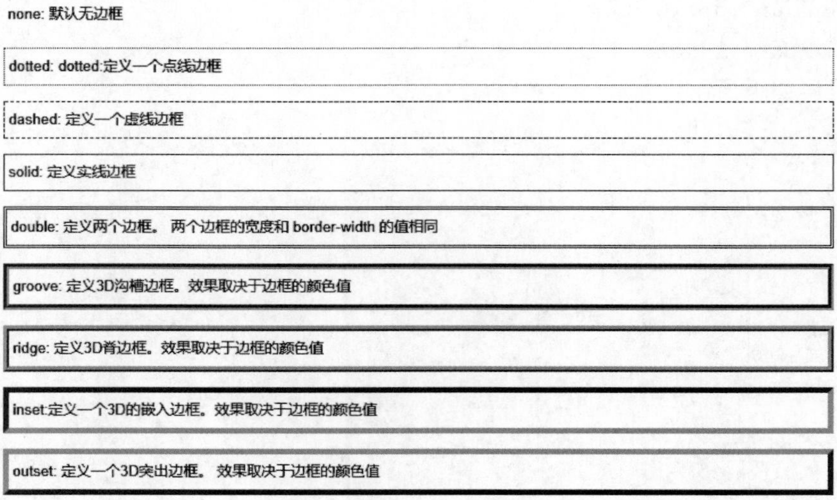

none: 默认无边框

dotted: dotted:定义一个点线边框

dashed: 定义一个虚线边框

solid: 定义实线边框

double: 定义两个边框。 两个边框的宽度和 border-width 的值相同

groove: 定义3D沟槽边框。效果取决于边框的颜色值

ridge: 定义3D脊边框。效果取决于边框的颜色值

inset:定义一个3D的嵌入边框。效果取决于边框的颜色值

outset: 定义一个3D突出边框。 效果取决于边框的颜色值

图 5-4　边框样式属性演示

为边框指定宽度有两种方法：可以指定长度值，比如 2px 或 0.1em(单位为 px、pt、cm、em 等)；或者使用 3 个关键字之一，分别是 thick、medium(默认值)和 thin。

注意：CSS 没有定义 3 个关键字的具体宽度，所以一个用户可能把 thick、medium 和 thin 分别设置为等于 5px、3px 和 2px，而另一个用户则分别设置为 3px、2px 和 1px。

(3) 边框颜色(border-color)。

边框颜色属性用于设置边框的颜色。设置颜色的方式有以下 4 种：

name——指定颜色的名称，如"red"。

RGB——指定 RGB 值，如"rgb(255,0,0)"。

Hex——指定十六进制颜色值，如"#ff0000"。

还可以设置边框的颜色为"transparent"。

注意：border-color 单独使用是不起作用的，必须先使用 border-style 来设置边框样式。

(4) 边框属性。

可以在一个属性中设置边框。

如在"border"属性中设置：

- border-width。
- border-style(required)。
- border-color。

示例代码如下所示：

```
<html>
<head>
<title>CSS 边框</title>
<style>
p
{
border:5px solid red;
text-align:center;
```

```
font-weight: bold;
}
</style>
</head>
<body>
<p>边框演示</p>
</body>
</html>
```

通过 IE 查看该 HTML，结果如图 5-5 所示。

图 5-5 边框属性演示

4) CSS 外边距

外边距(margin)属性定义元素周围的空间。外边距清除周围的元素外边区域。外边距没有背景颜色，是完全透明的外边距可以单独改变元素的上、下、左、右边距，也可以一次改变所有的属性。外边距属性取值方式如表 5-2 所示。

表 5-2 margin 取值

属性	说明
length	定义一个固定的 margin(使用 px、pt、em 等)
%	定义一个使用百分比的边距
auto	设置浏览器边距。其结果依赖于浏览器

外边距可以使用负值进行页面内容的重叠，在 CSS 中，可以指定不同的侧面不同的边距。

```
margin-top:100px;
margin-bottom:100px;
margin-right:50px;
margin-left:50px;
```

为了缩短代码，可以使用“margin”表示所有外边距属性。这就是所谓的缩写属性。

所有外边距属性的缩写属性是"margin"：margin 属性可以有 1～4 个值。

(1) margin——25px 50px 75px 100px。

- 上边距为 25px。
- 右边距为 50px。
- 下边距为 75px。
- 左边距为 100px。

(2) margin——25px 50px 75px。

- 上边距为 25px。
- 左、右边距为 50px。

• 下边距为 75px。

（3）margin——25px 50px。

• 上下边距为 25px。
• 左右边距为 50px。

（4）margin——25px。

所有的 4 个边距都是 25px。

示例代码如下所示：

```
<html>
<head>
<title>CSS 外边距</title>
<style>
p{
background-color:yellow;
}
p.margin{
margin-top:50px;
margin-bottom:50px;
margin-right:30px;
margin-left:30px;
}
p.margin1{
margin:50px 30px;
}
p.margin2{
margin:auto 0px;
}
</style>
</head>
<body>
<p>没有指定边距大小的段落。</p>
<p class="margin">指定边距大小的段落。</p>
<p class="margin1">指定边距大小的段落。</p>
<p class="margin2">指定边距大小的段落。</p>
</body>
</html>
```

通过 IE 查看该 HTML，结果如图 5-6 所示。

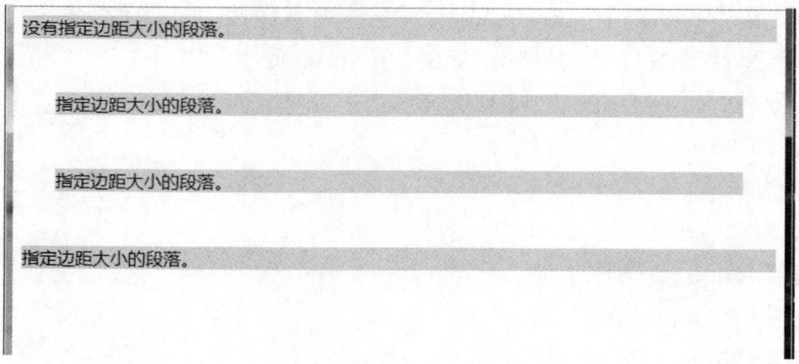

没有指定边距大小的段落。

指定边距大小的段落。

指定边距大小的段落。

指定边距大小的段落。

图 5-6　外边距属性示例

5）CSS 轮廓

轮廓(outline)是绘制于元素周围的一条线,可指定元素轮廓的样式、颜色和宽度。轮廓是指边框边缘,可起到突出元素的作用。表 5-3 定义了所有轮廓属性。

表 5-3　轮廓属性

属性	说　明	值
outline	在一个声明中设置所有的轮廓属性	outline-color outline-style outline- width inherit
outline-color	设置轮廓的颜色	color-name hex-number rgb-number invert inherit
outline-style	设置轮廓的样式	none dotted dashed solid double groove ridge inset outset inherit
outline-width	设置轮廓的宽度	thin medium thick length inherit

示例代码如下所示：

```
< html >
< head >
< title > CSS 轮廓</title >
< style >
p
{
border:1px solid red;
outline - style:dotted;
outline - color: # 00ff00;
outline - width:3px;
margin - top:50px;
}
```

```
</style>
</head>
<body>
<p><b>注意:</b> 如果只有一个 !DOCTYPE 指定 IE 8 支持 outline 属性。</p>
</body>
</html>
```

通过 IE 查看该 HTML,CSS 轮廓效果如图 5-7 所示。

图 5-7 CSS 轮廓属性示例

2. 盒模型布局

1) 盒模型显示类型

CSS 中盒模型(box model)分为两种:一种是 W3C 的标准模型,另一种是 IE 的传统模型,它们的相同之处是都是对元素计算尺寸的模型,具体来说,就是对元素的 width、height、padding、border 以及元素实际尺寸的计算;它们的不同之处是两者的计算方法不一致。

(1) W3C 的标准盒模型。

```
/* 外盒尺寸计算(元素空间尺寸) */
Element 空间高度 = content height + padding + border + margin
Element 空间宽度 = content width + padding + border + margin
/* 内盒尺寸计算(元素大小) */
Element Height = content height + padding + border (height 为内容高度)
Element Width = content width + padding + border (width 为内容宽度)
```

(2) IE 的传统盒模型。

```
/* 外盒尺寸计算(元素空间尺寸) */
Element 空间高度 = content height + margin (height 包含了元素内容宽度、边框宽度、内距宽度)
Element 空间宽度 = content width + margin (width 包含了元素内容宽度、边框宽度、内距宽度)
/* 内盒尺寸计算(元素大小) */
Element Height = content height(height 包含了元素内容宽度、边框宽度、内距宽度)
Element Width = content width(width 包含了元素内容宽度、边框宽度、内距宽度)
```

为了帮助大家理解,下面看一个实际的例子。比如现在有一个叫 boxtest 的 Div,它具有下面的属性:

```
.boxtest
{
width: 200px;
  height: 200px;
  border: 20px solid black;
```

```
    padding: 50px;
    margin: 50px;
    }
```

W3C 标准下的盒模型，盒子的总宽度/高度＝width/height＋padding＋border＋margin。

IE 传统模式下的盒模型，盒子的总宽度和高度是包含内边距(padding)和边框(border)宽度在内的，盒子的总宽度/高度＝width/height＋margin＝内容区宽度/高度＋padding＋border＋margin。

也就是说，盒子宽高＝内容区域的宽高＋padding＋border。

可以看出，IE6 以下版本浏览器的宽度包含了元素的 padding 和 border 值，换句话说，在 IE6 以下版本中，内容真正的宽度是 width－padding－boder)。用内外盒来说，W3C 标准浏览器的内盒宽度等于 IE6 以下版本浏览器的外盒宽度。

2) CSS3 伸缩盒布局

CSS3 引入的布局模式伸缩盒布局(Flexbox)，主要思想是让容器有能力改变其子项目的宽度和高度，以最佳方式填充可用空间。伸缩盒布局使用 Flex 项目可以自动放大与收缩，用来填补可用的空闲空间。更重要的是，伸缩盒布局方向不可预知，不像常规的布局(块级从上到下、内联从左到右)，而那些常规的页面布局，对于大型或者复杂的应用程序就缺乏灵活性。

如果常规布局是基于块和内联文本流方向，那么伸缩盒布局就是基于 Flex-flow 方向。先来了解一下伸缩盒布局的一些专用术语。伸缩盒布局模型如图 5-8 所示。

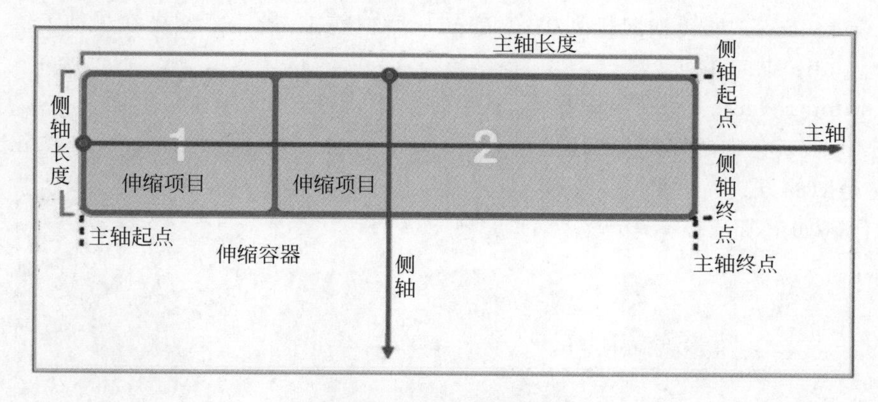

图 5-8 伸缩盒布局模型

主轴：flex 容器的主轴主要用来配置 Flex 项目。它不一定是水平的，这主要取决于 flex-direction 属性。

主轴起点、主轴终点：Flex 项目的配置从容器的主轴起点开始，往主轴终点结束。

主轴长度：Flex 项目在主轴方向的宽度或高度就是项目的主轴长度，Flex 项目的主轴长度属性是 width 或 height 属性，具体由对着主轴方向的那一个决定。

侧轴：与主轴垂直的轴称作侧轴，是侧轴方向的延伸。

侧轴起点、侧轴终点：伸缩行的配置从容器的侧轴起点开始，往侧轴终点结束。

侧轴长度：Flex 项目在侧轴方向的宽度或高度就是项目的侧轴长度，Flex 项目的侧轴长度属性是 widht 或 height 属性，具体由对着主轴方向的那一个决定。

(1) flex 容器属性。

```
display: flex | inline - flex;
```

定义一个 flex 容器、内联或者根据指定的值，来作用于下面的子类容器：

- box：将对象作为弹性伸缩盒显示。
- inline-box：将对象作为内联块级弹性伸缩盒显示。
- flexbox：将对象作为弹性伸缩盒显示。
- inline-flexbox：将对象作为内联块级弹性伸缩盒显示。
- flex：将对象作为弹性伸缩盒显示。
- inline-flex：将对象作为内联块级弹性伸缩盒显示。

请注意：

① CSS 列(CSS columns)在弹性盒中不起作用。

② float、clear 和 vertical-align 在 Flex 项目中不起作用。

flex-direction(适用于父类容器的元素上)。

定义：设置或检索伸缩盒对象的子元素在父类容器中的位置。

```
flex - direction: row | row - reverse | column | column - reverse
```

- row：横向从左到右排列(左对齐)，默认的排列方式。
- row-reverse：反转横向排列(右对齐)，从后往前排，最后一项排在最前面。
- column：纵向排列。
- column-reverse：反转纵向排列，从后往前排，最后一项排在最上面。
- 若使 flex 生效，则需定义其父元素 display 为 flex 或 inline-flex(box 或 inline-box，这是旧的方式)。

示例代码如下所示：

```
<html>
<head>
<title>flex - direction 属性</title>
<style>
.box{
display: - webkit - flex;
display:flex;
    margin:0;padding:10px;list - style:none;background - color: # eee;}
.box li{width:100px;height:100px;border:1px solid # aaa;text - align:center;}
# box{
 - webkit - flex - direction:row;
 flex - direction:row;
}
# box2{
 - webkit - flex - direction:row - reverse;
 flex - direction:row - reverse;
}
```

```
#box3{
 height:500px;
 -webkit-flex-direction:column;
 flex-direction:column;
}
#box4{
 height:500px;
 -webkit-flex-direction:column-reverse;
 flex-direction:column-reverse;
}
</style>
</head>
<body>
<h3>flex-direction:row</h3>
<ul id="box" class="box">
 <li>a</li>
 <li>b</li>
 <li>c</li>
</ul>
<h3>flex-direction:row-reverse</h3>
<ul id="box2" class="box">
 <li>a</li>
 <li>b</li>
 <li>c</li>
</ul>
<h3>flex-direction:column</h3>
<ul id="box3" class="box">
 <li>a</li>
 <li>b</li>
 <li>c</li>
</ul>
<h3>flex-direction:column-reverse</h3>
<ul id="box4" class="box">
 <li>a</li>
 <li>b</li>
 <li>c</li>
</ul>
</body>
</html>
```

flex-direction 各部分效果如图 5-9～图 5-12 所示。

flex-direction:row

图 5-9　flex-direction：row 部分

（2）flex-wrap(适用于父类容器)。

设置或检索伸缩盒对象的子元素超出父类容器时是否换行。

flex-wrap：nowrap | wrap | wrap-reverse

- nowrap：当子元素溢出父类容器时不换行。

图 5-10　flex-direction：column 部分

图 5-11　flex-direction：row-reverse 部分

图 5-12　flex-direction：column-reverse 部分

- wrap：当子元素溢出父类容器时自动换行。
- wrap-reverse：当子元素溢出父类容器时自动换行并倒序排列。

示例代码如下所示：

```
<html>
<head>
<title>flex-wrap 使用示例</title>
<style>
.box{
display:-webkit-flex;
display:flex;
    width:220px;margin:0;padding:10px;list-style:none;background-color:red;}
.box li{width:80px;height:80px;border:1px solid #aaa;text-align:center;}
```

```
#box{
-webkit-flex-wrap:nowrap;
flex-wrap:nowrap;
}
#box2{
 -webkit-flex-wrap:wrap;
 flex-wrap:wrap;
}
#box3{
 -webkit-flex-wrap:wrap-reverse;
 flex-wrap:wrap-reverse;
}
</style>
</head>
<body>
<h3>flex-wrap:nowrap</h3>
<ul id="box" class="box">
 <li>a</li>
 <li>b</li>
 <li>c</li>
</ul>
<h3>flex-wrap:wrap</h3>
<ul id="box2" class="box">
 <li>a</li>
 <li>b</li>
 <li>c</li>
</ul>
<h3>flex-wrap:wrap-reverse</h3>
<ul id="box3" class="box">
 <li>a</li>
 <li>b</li>
 <li>c</li>
</ul>
</body>
</html>
```

通过 Chrome 查看该 HTML，flex-wrap 使用效果如图 5-13 所示。

(3) flex-flow(适用于父类容器)。

flex-flow 是复合属性，设置或检索伸缩盒对象的子元素排列方式。

```
flex-flow: <'flex-direction> || <'flex-wrap'>
```

- flex-direction：定义弹性盒子元素的排列方向。
- flex-wrap：定义弹性盒子元素溢出父类容器时是否换行。

示例代码如下所示：

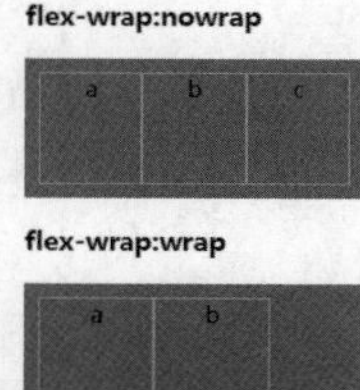

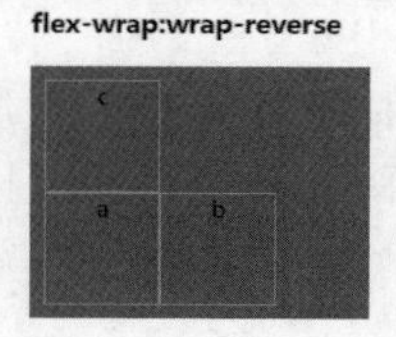

图 5-13　flex-wrap 的显示效果

```
<html>
<head>
<title>flex-flow 示例</title>
<style>
.box{
display:-webkit-flex;
display:flex;
    width:220px;margin:0;padding:10px;list-style:none;background-color:yellow;}
.box li{width:80px;height:80px;border:1px solid #aaa;text-align:center;}
#box{
 -webkit-flex-flow:row nowrap;
 flex-flow:row nowrap;
}
#box2{
 -webkit-flex-flow:row wrap-reverse;
 flex-flow:row wrap-reverse;
}
#box3{
 height:220px;
 -webkit-flex-flow:column wrap-reverse;
    flex-flow:column wrap-reverse;}
</style>
</head>
<body>
<ul id="box" class="box">
 <li>a</li>
 <li>b</li>
 <li>c</li>
</ul>
<h3>flex-flow:row wrap-reverse</h3>
<ul id="box2" class="box">
 <li>a</li>
 <li>b</li>
 <li>c</li>
</ul>
<h3>flex-flow:column wrap-reverse;</h3>
<ul id="box3" class="box">
 <li>a</li>
 <li>b</li>
 <li>c</li>
</ul>
</body>
</html>
```

通过 IE 查看该 HTML，flex-flow 效果如图 5-14 所示。

(4) justify-content (适用于父类容器)。

设置或检索弹性盒子元素在主轴(横轴)方向上的对齐方式。

当弹性盒子里一行上的所有子元素都不能伸缩或已经达到其最大值时，这一属性可协助对多余的空间进行分配。当元素溢出某行时，这一属性同样会在对齐格式上进行控制。

```
justify-content: flex-start | flex-end | center | space-between | space-around
```

flex-start：弹性盒子元素将向行起始位置对齐。该行的第一个子元素的主起始位置的边界将与该行的主起始位置的边界对齐，同时所有后续的伸缩盒项目与其前一个项目对齐。

flex-end：弹性盒子元素将向行结束位置对齐。该行的第一个子元素的主结束位置的边界将与该行的主结束位置的边界对齐，同时所有后续的伸缩盒项目与其前一个项目对齐。

center：弹性盒子元素将向行中间位置对齐。该行的子元素将相互对齐并在行中居中对齐，同时第一个元素与行的主起始位置的边距等同于最后一个元素与行的主结束位置的边距（如果剩余空间是负数，则保持两端相等长度的溢出）。

space-between：弹性盒子元素会平均地分布在各行中。如果最左边的剩余空间是负数，或该行只有一个子元素，则该值等效于'flex-start'。在其他情况下，第一个元素的边界与行的主起始位置的边界对齐，同时最后一个元素的边界与行的主结束位置的边距对齐，剩余的伸缩盒项目则平均分布，并确保两两之间的空白空间相等。

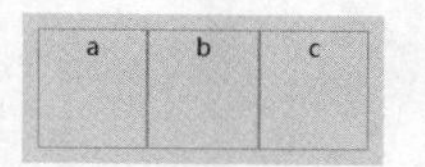

flex-flow:row wrap-reverse

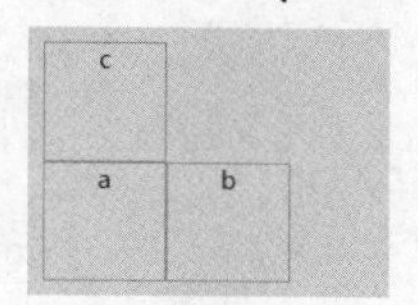

flex-flow:column wrap-rev

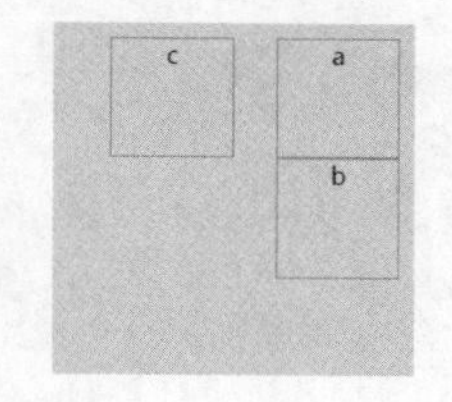

图 5-14 flex-flow 效果

space-around：弹性盒子元素会平均地分布在行中，两端保留子元素与子元素之间间距的一半。如果最左边的剩余空间是负数，或该行只有一个伸缩盒项目，则该值等效于'center'。在其他情况下，伸缩盒项目则平均分布，并确保两两之间的空白空间相等，同时第一个元素前的空间以及最后一个元素后的空间为其他空白空间的一半。

示例代码如下所示：

```
<html>
<head>
<title>justify-content 演示示例</title>
<style>
.box{
display:-webkit-flex;
display:flex;
    width:400px;height:100px;margin:0;padding:0;border-radius:5px;list-style:none;
background-color:yellow;}
.box li{margin:5px;padding:10px;border-radius:5px;background:red;text-align:center;}
#box{
 -webkit-justify-content:flex-start;
    justify-content:flex-start;}
#box2{
 -webkit-justify-content:flex-end;
 justify-content:flex-end;}
    #box3{
 -webkit-justify-content:center;
    justify-content:center;}
#box4{
 -webkit-justify-content:space-between;
    justify-content:space-between;}
#box5{
 -webkit-justify-content:space-around;
    justify-content:space-around;}
```

```
</style>
</head>
<body>
<ul id="box" class="box">
 <li>a</li>
 <li>b</li>
 <li>c</li>
</ul>
<h3>justify-content:flex-end</h3>
<ul id="box2" class="box">
 <li>a</li>
 <li>b</li>
 <li>c</li>
</ul>
<h3>justify-content:center</h3>
<ul id="box3" class="box">
 <li>a</li>
 <li>b</li>
 <li>c</li>
</ul>
<h3>justify-content:space-between</h3>
<ul id="box4" class="box">
 <li>a</li>
 <li>b</li>
 <li>c</li>
</ul>
<h3>justify-content:space-around</h3>
<ul id="box5" class="box">
 <li>a</li>
 <li>b</li>
 <li>c</li>
</ul>
</body>
</html>
```

justify-content:flex-end

justify-content:center

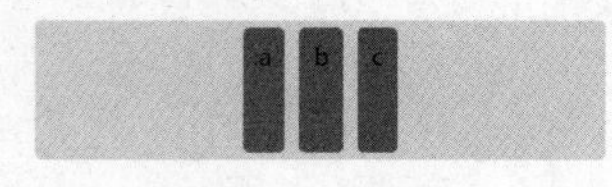

justify-content:space-between

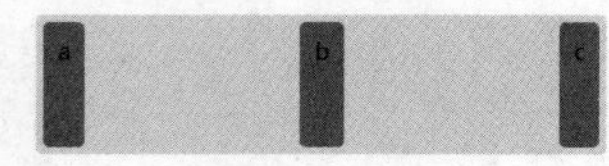

justify-content:space-around

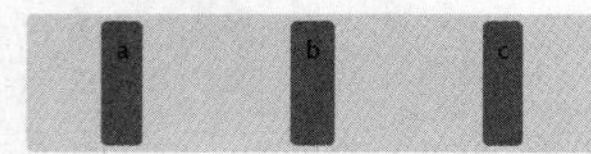

图 5-15　justify-content 效果

通过 IE 查看该 HTML，效果如图 5-15 所示。

(5) align-items（适用于父类容器上）。

设置或检索弹性盒子元素在侧轴（纵轴）方向上的对齐方式。

```
align-items: flex-start | flex-end | center | baseline | stretch
```

- flex-start：弹性盒子元素的侧轴（纵轴）起始位置的边界紧靠该行的侧轴（纵轴）起始边界。
- flex-end：弹性盒子元素的侧轴（纵轴）结束位置的边界紧靠该行的侧轴（纵轴）结束边界。
- center：弹性盒子元素在该行的侧轴（纵轴）上居中放置。（如果该行的尺寸小于弹性盒子元素的尺寸，则会向两个方向溢出相同的长度）。

- baseline：如弹性盒子元素的行内轴与侧轴为同一条，则该值与'flex-start'等效。其他情况下，该值将参与基线对齐。
- stretch：如果指定侧轴大小的属性值为'auto'，则其值会使项目的边距盒的尺寸尽可能接近所在行的尺寸，但同时会遵照'min/max-width/height'属性的限制。

示例代码如下所示：

```
<html>
<head>
<title>align-items</title>
<style>
.box{
display:-webkit-flex;
display:flex;
    width:200px;height:100px;margin:0;padding:0;border-radius:5px;list-style:none;
background-color:yellow;}
   .box li{margin:5px;border-radius:5px;background:red;text-align:center;}
   .box li:nth-child(1){padding:10px;}
   .box li:nth-child(2){padding:15px 10px;}
   .box li:nth-child(3){padding:20px 10px;}
#box{
 -webkit-align-items:flex-start;
 align-items:flex-start;
}
#box2{
 -webkit-align-items:flex-end;
 align-items:flex-end;
}
#box3{
 -webkit-align-items:center;
 align-items:center;
}
#box4{
 -webkit-align-items:baseline;
 align-items:baseline;
}
#box5{
 -webkit-align-items:strecth;
 align-items:strecth;
}
</style>
</head>
<body>
<h3>align-items:flex-start</h3>
<ul id="box" class="box">
 <li>a</li>
 <li>b</li>
 <li>c</li>
</ul>
<h3>align-items:flex-end</h3>
<ul id="box2" class="box">
 <li>a</li>
```

```
<li>b</li>
<li>c</li>
</ul>
<h3>align-items:center</h3>
<ul id="box3" class="box">
 <li>a</li>
 <li>b</li>
 <li>c</li>
</ul>
<h3>align-items:baseline</h3>
<ul id="box4" class="box">
 <li>a</li>
 <li>b</li>
 <li>c</li>
</ul>
<h3>align-items:strecth</h3>
<ul id="box5" class="box">
 <li>a</li>
 <li>b</li>
 <li>c</li>
</ul>
</body>
</html>
```

通过 Chrome 查看该 HTML，align-item 各个效果如图 5-16 所示。

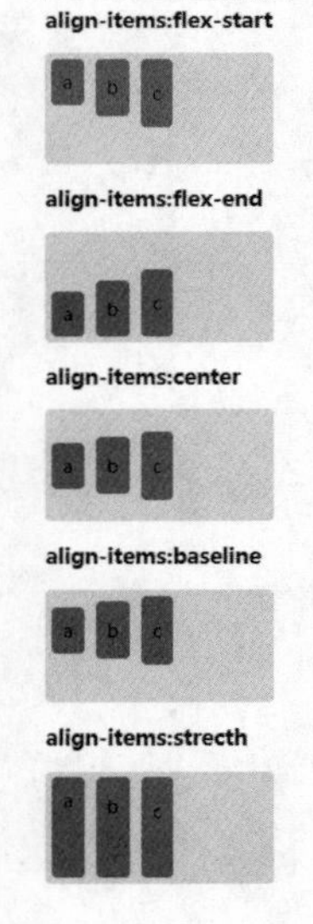

图 5-16 align-items 各个效果

（6）align-content（适用于父类容器）。

设置或检索弹性盒子堆叠伸缩行的对齐方式。

```
align-content: flex-start | flex-end | center | space-between |
space-around | stretch
```

- flex-start：各行向弹性盒子容器的起始位置堆叠。弹性盒子容器中第一行的侧轴起始边界紧靠该弹性盒子容器的侧轴起始边界，之后的每一行都紧靠前面一行。
- flex-end：各行向弹性盒子容器的结束位置堆叠。弹性盒子容器中最后一行的侧轴起结束边界紧靠该弹性盒子容器的侧轴结束边界，之后的每一行都紧靠前面一行。
- center：各行向弹性盒子容器的中间位置堆叠。各行两两紧靠，同时在弹性盒子容器中居中对齐，保持弹性盒子容器的侧轴起始内容边界和第一行之间的距离与该容器的侧轴结束内容边界与最后一行之间的距离相等（如果剩下的空间是负数，则各行会向两个方向溢出相等的距离）。
- space-between：各行在弹性盒子容器中平均分布。如果剩余的空间是负数或弹性盒子容器中只有一行，则该值等效于'flex-start'。在其他情况下，第一行的侧轴起始边界紧靠弹性盒子容器的侧轴起始内容边界，最后一行的侧轴结束边界紧靠弹性盒子容器的侧轴结束内容边界，剩余的行则按一定方式在弹性盒子窗口中排列，以保持两两之间的空间相等。

- space-around：各行在弹性盒子容器中平均分布，两端保留子元素与子元素之间间距大小的一半。如果剩余的空间是负数或弹性盒子容器中只有一行，则该值等效于'center'。在其他情况下，各行会按一定方式在弹性盒子容器中排列，以保持两两之间的空间相等，同时第一行前面及最后一行后面的空间是其他空间的一半。
- stretch：各行将会伸展以占用剩余的空间。如果剩余的空间是负数，则该值等效于'flex-start'。在其他情况下，剩余空间被所有行平分，以扩大它们的侧轴尺寸。

示例代码如下所示：

```
<html>
<head>
<title>CSS 轮廓</title>
<style>
.box{
 display:-webkit-flex;
 display:flex;
 -webkit-flex-wrap:wrap;
 flex-direction:wrap;
 width:200px;height:200px;margin:0;padding:0;border-radius:5px;
list-style:none;background-color:#eee;}
.box li{margin:5px;padding:10px;border-radius:5px;background:#aaa;
text-align:center;}
#box{
 -webkit-align-content:flex-start;
 align-content:flex-start;
}
#box2{
 -webkit-align-content:flex-end;
 align-content:flex-end;
}
#box3{
 -webkit-align-content:center;
 align-content:center;
}
#box4{
 -webkit-align-content:space-between;
 align-content:space-between;
}
#box5{
 -webkit-align-content:space-around;
 align-content:space-around;
}
#box6{
 -webkit-align-content:strecth;
 align-content:strecth;
}
</style>
</head>
<body>
<h3>align-content:flex-start</h3>
<ul id="box" class="box">
 <li>a</li>
```

```
  <li>b</li>
  <li>c</li>
  <li>d</li>
  <li>e</li>
  <li>f</li>
</ul>
<h3>align-content:flex-end</h3>
<ul id="box2" class="box">
  <li>a</li>
  <li>b</li>
  <li>c</li>
  <li>d</li>
  <li>e</li>
  <li>f</li>
</ul>
<h3>align-content:center</h3>
<ul id="box3" class="box">
  <li>a</li>
  <li>b</li>
  <li>c</li>
  <li>d</li>
  <li>e</li>
  <li>f</li>
</ul>
<h3>align-content:space-between</h3>
<ul id="box4" class="box">
  <li>a</li>
  <li>b</li>
  <li>c</li>
  <li>d</li>
  <li>e</li>
  <li>f</li>
</ul>
<h3>align-content:space-around</h3>
<ul id="box5" class="box">
  <li>a</li>
  <li>b</li>
  <li>c</li>
  <li>d</li>
  <li>e</li>
  <li>f</li>
</ul>
<h3>align-content:strecth</h3>
<ul id="box6" class="box">
  <li>a</li>
  <li>b</li>
  <li>c</li>
  <li>d</li>
  <li>e</li>
  <li>f</li>
</ul>
</body>
</html>
```

通过 Chrome 查看该 HTML,CSS 轮廓样式效果如图 5-17 和图 5-18 所示。

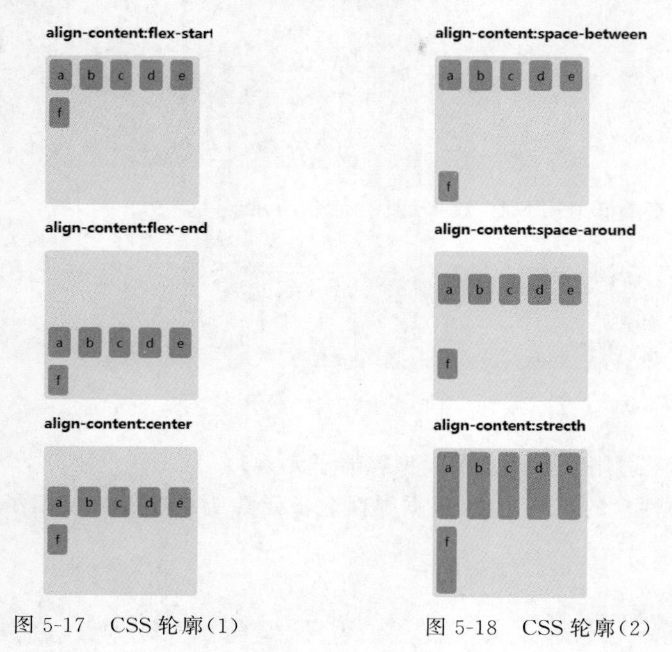

图 5-17　CSS 轮廓(1)　　图 5-18　CSS 轮廓(2)

(7) order (适用于弹性盒子模型容器子元素)。

设置或检索弹性盒子模型对象的子元素出现的顺序。

```
order: < integer >
```

<integer>：用整数值来定义排列顺序,数值小的排在前面。可以为负值。

示例代码如下所示：

```
< html >
< head >
< title > order </title >
< style >
.box{
 display: - webkit - flex;
 display:flex;
     margin:0;padding:10px;list - style:none;background - color:yellow;}
.box li{width:100px;height:100px;border:1px solid red;text - align:center;}
#box li:nth - child(3){
 - webkit - order: - 1;
 order: - 1;
}
</style >
</head >
< body >
< ul id = "box" class = "box">
 < li > a </li >
 < li > b </li >
```

```
 <li>c</li>
 <li>d</li>
 <li>e</li>
</ul>
</body>
</html>
```

通过 Chrome 查看该 HTML，效果如图 5-19 所示。

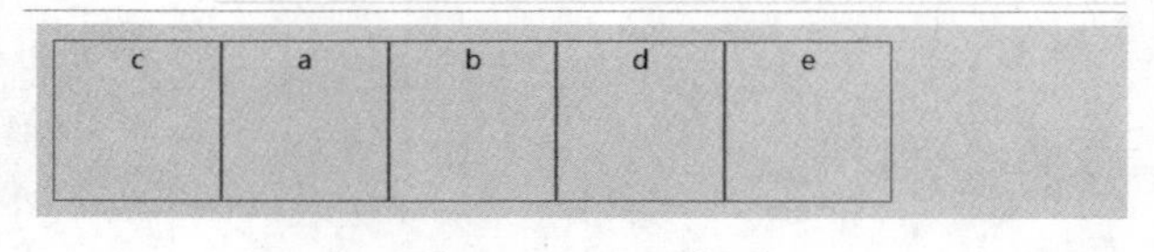

图 5-19 order 效果

(8) flex-grow（适用于弹性盒子模型容器子元素）。

设置或检索弹性盒的扩展比率(根据弹性盒子元素所设置的扩展因子作为比率来分配剩余空间)。

```
flex-grow: <number> (default 0)
```

- <number>：用数值来定义扩展比率。不允许为负值。
- flex-grow 的默认值为 0，如果没有显式定义该属性，则不会拥有分配剩余空间权利。在下面的代码中，b、c 两项都显式地定义了 flex-grow，可以看到，总共将剩余空间分成了 3 份，其中 b 占 1 份，c 占 2 份，即 1∶2。

示例代码如下所示：

```
<html>
<head>
<title>flex-grow</title>
<style>
.box{
 display:-webkit-flex;
 display:flex;
     width:600px;margin:0;padding:10px;list-style:none;background-color:yellow;}
.box li{width:100px;height:100px;border:1px solid red;text-align:center;}
#box li:nth-child(2){
 -webkit-flex-grow:1;
 flex-grow:1;
}
#box li:nth-child(3){
 -webkit-flex-grow:2;
 flex-grow:2;
}
</style>
</head>
<body>
<ul id="box" class="box">
```

```
 <li>a</li>
 <li>b</li>
 <li>c</li>
 <li>d</li>
 <li>e</li>
</ul>
</body>
</html>
```

通过 Chrome 查看该 HTML，结果如图 5-20 所示。

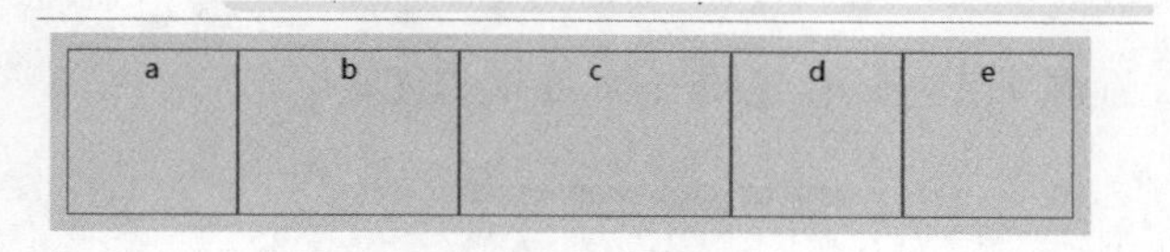

图 5-20 flex-grow 使用示例

(9) flex-shrink（适用于弹性盒子模型容器子元素）。

设置或检索弹性盒子的收缩比率(根据弹性盒子元素所设置的收缩因子作为比率来收缩空间)。

```
flex-shrink: <number> (default 1)
```

- flex-shrink 的默认值为 1，如果没有显式定义该属性，则会自动按照默认值 1 在所有因子相加之后计算比率来进行空间收缩。
- 在下面的例子中显式地定义了 flex-shrink，a、b 没有显式定义，但将根据默认值 1 来计算，可以看到，总共将剩余空间分成了 5 份，其中 a 占 1 份，b 占 1 份，c 占 3 份，即 1∶1∶3。
- 可以看到，父类容器定义为 400px，子项被定义为 200px，相加之后即为 600px，超出父类容器 200px。那么超出的 200px 需要被 a、b、c 分配。
- 按照以上定义 a、b、c 将按照 1∶1∶3 来分配 200px，计算后即可得 40px、40px、120px，换句话说，a、b、c 各需要使用 40px、40px、120px，那么就需要用原来定义的宽度减去这个值，最后得出 a 为 160px，b 为 160px，c 为 80px。

示例代码如下所示：

```
<html>
<head>
<title>flex-shrink</title>
<style>
#flex{display:-webkit-flex;display:flex;width:400px;margin:0;padding:0;
list-style:none;}
#flex li{width:200px;}
#flex li:nth-child(1){background:#888;}
#flex li:nth-child(2){background:red;}
#flex li:nth-child(3){-webkit-flex-shrink:3;flex-shrink:3;
background:yellow;
}
```

```
}
</style>
</head>
<body>
<ul id = "flex">
 <li>a</li>
 <li>b</li>
 <li>c</li>
</ul>
</body>
</html>
```

通过 Chrome 查看该 HTML，flex-shrink 效果如图 5-21 所示。

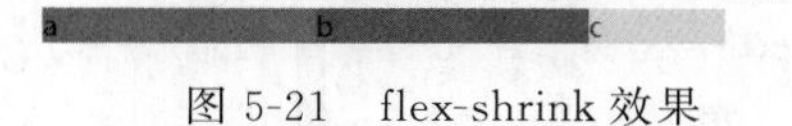

图 5-21　flex-shrink 效果

(10) flex-basis(适用于弹性盒子模型容器子元素)。

设置或检索弹性盒子伸缩基准值。

```
flex - basis: <length> /<percentage>| auto (default auto)
```

- flex-basis：<length> | auto (default auto)。
- auto：无特定宽度值，取决于其他属性值。
- <length>：用长度值来定义宽度。不允许负值。
- <percentage>：用百分比来定义宽度。不允许负值。

示例代码如下所示：

```
<html>
<head>
<title>flex - basis</title>
<style>
.box{
 display: - webkit - flex;
 display:flex;
 width:600px;margin:0;padding:10px;list - style:none;background - color:red;
}
.box li{width:100px;height:100px;border:1px solid yellow;text - align:center;}
#box li:nth - child(3){
 - webkit - flex - basis:600px;
 flex - basis:600px;
}
</style>
</head>
<body>
<ul id = "box" class = "box">
 <li>a</li>
 <li>b</li>
 <li>c</li>
 <li>d</li>
```

```
<li>e</li>
</ul>
</body>
</html>
```

通过 Chrome 查看该 HTML，结果如图 5-22 所示。

图 5-22　flex-basis 属性

(11) flex(适用于弹性盒子模型子元素)。

flex 为复合属性，用于设置或检索伸缩盒对象的子元素如何分配空间。

如果缩写 flex：1，则相当于 flex:110。

```
flex:none | [ flex - grow ] || [ flex - shrink ] || [ flex - basis ]
```

- none：none 关键字的写法是 flex：o o auto。
- [flex-grow]：定义弹性盒子元素的扩展比率。
- [flex-shrink]：定义弹性盒子元素的收缩比率。
- [flex-basis]：定义弹性盒子元素的默认基准值。

示例代码如下所示：

```
<html>
<head>
<title>flex</title>
<style>
.box{
 display:-webkit-flex;
 display:flex;
 max-width:400px;height:100px;margin:10px 0 0;padding:0;
border-radius:5px;
list-style:none;background-color:#eee;}
.box li{background:#aaa;text-align:center;}
.box li:nth-child(1){background:red;}
.box li:nth-child(2){background:yellow;}
.box li:nth-child(3){background:#ccc;}
#box li:nth-child(1){-webkit-flex:1;flex:1;}
#box li:nth-child(2){-webkit-flex:1;flex:1;}
#box li:nth-child(3){-webkit-flex:1;flex:1;}
#box2 li:nth-child(1){-webkit-flex:1 0 100px;flex:1 0 100px;}
#box2 li:nth-child(2){-webkit-flex:2 0 100px;flex:2 0 100px;}
#box2 li:nth-child(3){-webkit-flex:3 0 100px;flex:3 0 100px;}
#box3{max-width: 800px;}
#box3 li:nth-child(1){-webkit-flex:1 1 300px;flex:1 1 300px;background:red;}
#box3 li:nth-child(2){-webkit-flex:1 2 500px;flex:1 2 500px;
background:yellow;}
```

```
#box3 li:nth-child(3){-webkit-flex:1 3 600px;flex:1 3 600px;background:#ccc;}
</style>
</head>
<body>
<ul id="box" class="box">
 <li>flex:1;</li>
 <li>flex:1;</li>
 <li>flex:1;</li>
</ul>
<ul id="box2" class="box">
 <li>flex:1 0 100px;</li>
 <li>flex:2 0 100px;</li>
 <li>flex:3 0 100px;</li>
</ul>
<ul id="box3" class="box">
 <li>flex:1 1 400px;</li>
 <li>flex:1 2 400px;</li>
 <li>flex:1 2 400px;</li>
</ul>
</body>
</html>
```

通过 Chrome 查看该 HTML，效果如图 5-23 所示。

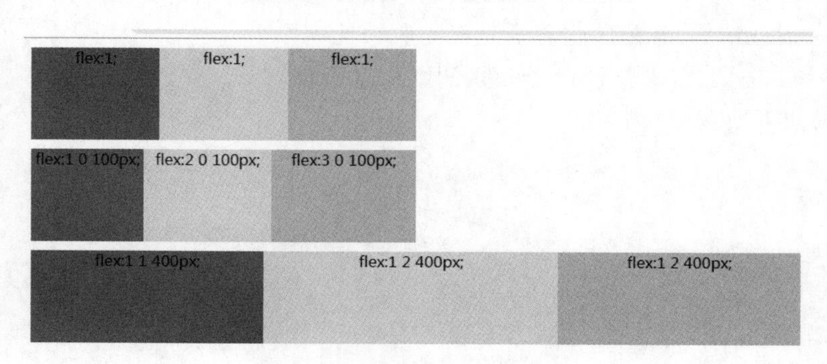

图 5-23　flex 效果

说明：

- 在上面的例子中，定义了父容器宽（即主轴宽）为 800px，由于子元素设置了伸缩基准值 flex-basis，相加为 300＋500＋600＝1400，那么子元素将会溢出 1400－800＝600（px）。
- 由于同时设置了收缩因子，所以加权综合可得 300×1＋500×2＋600×3＝3100（px）。于是可以计算 a、b、c 将被移除的溢出量是多少。

a 被移除溢出量：300×1/3100×600＝3/31，即约等于 58px。

b 被移除溢出量：500×2/3100×600＝10/31，即约等于 194px。

c 被移除溢出量：600×3/3100×600＝18/31，即约等于 348px。

最后 a、b、c 的实际宽度分别为：300－58＝242（px），500－194＝306（px），600－348＝252（px）。

（12）align-self（适用于弹性盒子模型子元素）。

设置或检索弹性盒子元素自身在侧轴（纵轴）方向上的对齐方式。

```
align-self: auto | flex-start | flex-end | center | baseline | stretch
```

- auto：如果'align-self'的值为'auto'，则其计算值为元素的父元素的'align-items'值，如果其没有父元素，则计算值为'stretch'。
- flex-start：弹性盒子元素的侧轴(纵轴)起始位置的边界紧靠该行的侧轴起始边界。
- flex-end：弹性盒子元素的侧轴(纵轴)起始位置的边界紧靠该行的侧轴结束边界。
- center：弹性盒子元素在该行的侧轴(纵轴)上居中放置(如果该行的尺寸小于弹性盒子元素的尺寸，则会向两个方向溢出相同的长度)。
- baseline：如弹性盒子元素的行内轴与侧轴为同一条，则该值与'flex-start'等效。在其他情况下，该值将参与基线对齐。
- stretch：如果指定侧轴大小的属性值为'auto'，则其值会使项目的边距盒的尺寸尽可能接近所在行的尺寸，但同时会遵照'min/max-width/height'属性的限制。

示例代码如下所示：

```
<html>
<head>
<title>align-self</title>
<style>
.box{
 display:-webkit-flex;
 display:flex;
 -webkit-align-items: flex-end;
 height:100px;margin:0;padding:10px;border-radius:5px;list-style:none;
background-color:yellow;}
.box li{margin:5px;padding:10px;border-radius:5px;background:red;
text-align:center;}
.box li:nth-child(1){
 -webkit-align-self: flex-end;
 align-self: flex-end;
}
.box li:nth-child(2){
 -webkit-align-self: center;
 align-self: center;
}
.box li:nth-child(3){
 -webkit-align-self: flex-start;
 align-self: flex-start;
}
.box li:nth-child(4){
 -webkit-align-self: baseline;
 align-self: baseline;
 padding:20px 10px;
}
.box li:nth-child(5){
 -webkit-align-self: baseline;
 align-self: baseline;
}
.box li:nth-child(6){
 -webkit-align-self: stretch;
```

```
align - self: stretch;
}
.box li:nth - child(7){
 - webkit - align - self: auto;
 align - self: auto;
}
</style>
</head>
<body>
<ul id = "box" class = "box">
 <li>a</li>
 <li>b</li>
 <li>c</li>
 <li>d</li>
 <li>e</li>
 <li>f</li>
 <li>g</li>
 <li>h</li>
 <li>i</li>
</ul>
</body>
</html>
```

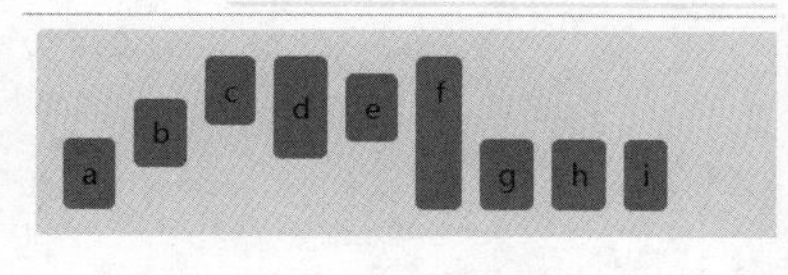

图 5-24 align-self 效果

通过 Chrome 查看该 HTML,效果如图 5-24 所示。

3) CSS 浮动

float 是 CSS 样式中的定位属性,用于设置标签对象(如<div>标签、<span>标签、<a>标签、<em>标签等)的浮动布局。浮动也就是通常所说的标签对象浮动居左(float: left)和浮动居右(float:right)。浮动的框可以向左或向右移动,直到它的外边缘碰到包含框或另一个浮动框的边框为止。由于浮动框不在文档的“普通流”中,所以文档的“普通流”中的块框表现得就像浮动框不存在一样。

首先要知道,div 是块级元素,在页面中独占一行,自上而下排列,也就是通常所说的“流”。CSS 浮动效果示例如图 5-25 所示。

可以看出,即使 div1 的宽度很小,页面中一行可以容下 div1 和 div2,div2 也不会排在 div1 后边,因为 div 元素是独占一行的。注意,以上这些理论,是指标准流中的 div。显然标准流已经无法满足需求,这就要用到浮动。浮动可以理解为让某个 div 元素脱离标准流,漂浮在标准流之上,和标准流不是一个层次。

例如,假设图 5-25 中的 div2 浮动,那么它将脱离标准流,但 div1、div3、div4 仍然在标准流中,所以 div3 会自动向上移动,占据 div2 的位置,重新组成一个流。具体效果如图 5-26 所示。

从图 5-26 中可以看出,由于将 div2 设置为浮动,因此它不再属于标准流,div3 自动上移顶替 div2 的位置,div1、div3、div4 依次排列,成为一个新的流。又因为浮动是漂浮在标准流之上的,因此 div2 挡住了一部分 div3,div3 看起来变“矮”了。

这里 div2 用的是左浮动,可以理解为漂浮起来后靠左排列,右浮动当然就是靠右排列。这里的靠左、靠右是说靠页面的左、右边缘。如果对 div2 使用右浮动,那么具体效果如

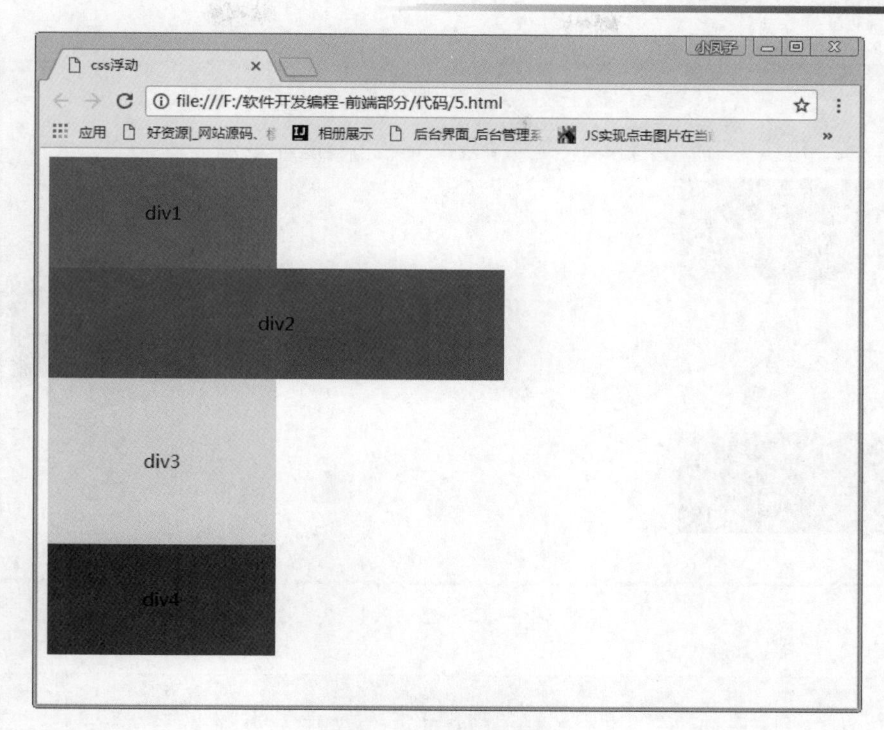

图 5-25　CSS 浮动效果(1)

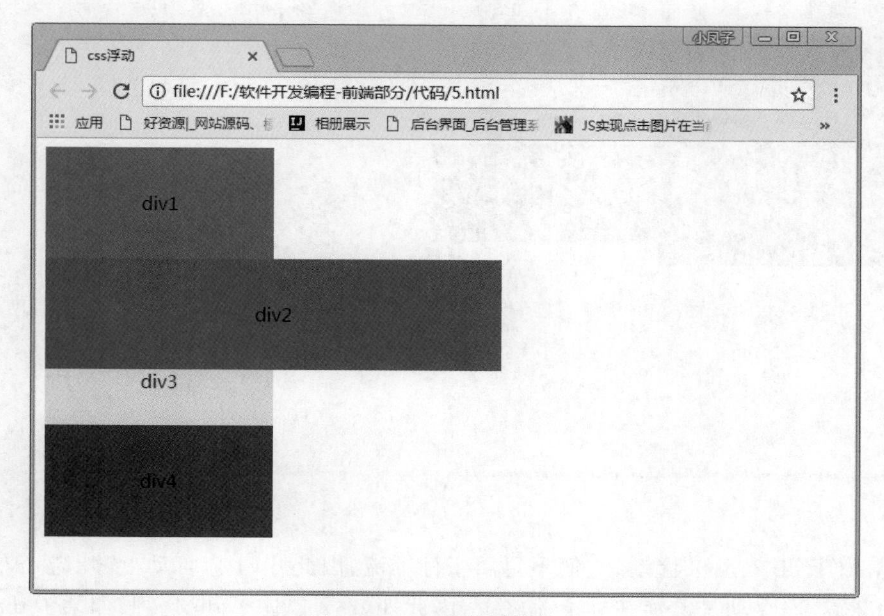

图 5-26　CSS 浮动效果(2)

图 5-27 所示。

此时 div2 靠页面右边缘排列，不再遮挡 div3，读者可以清晰地看到上面所讲的 div1、div3、div4 组成的流。

到目前为止，我们只浮动了一个 div 元素。如果浮动多个 div 元素呢？下面将 div2 和 div3 都加上左浮动，效果如图 5-28 所示。

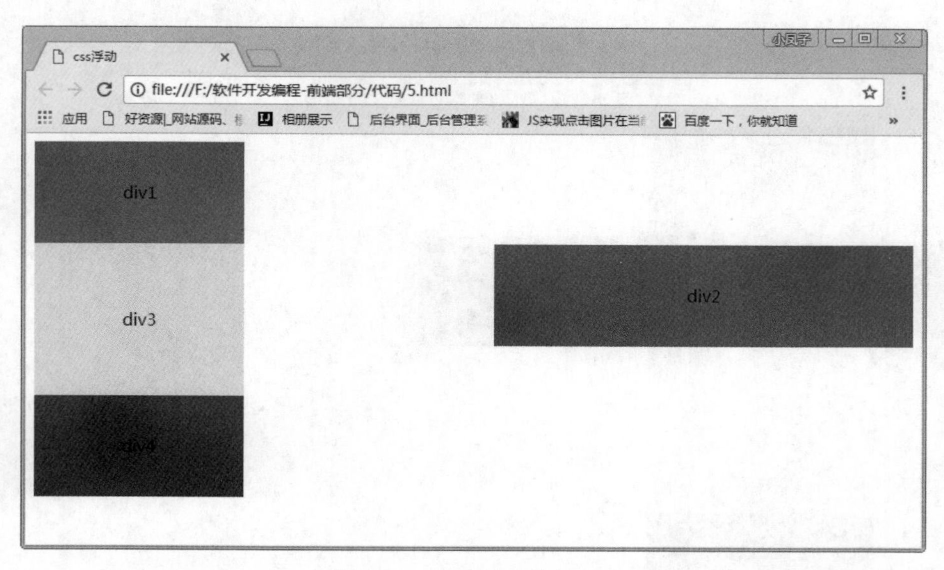

图 5-27　CSS 浮动效果(3)

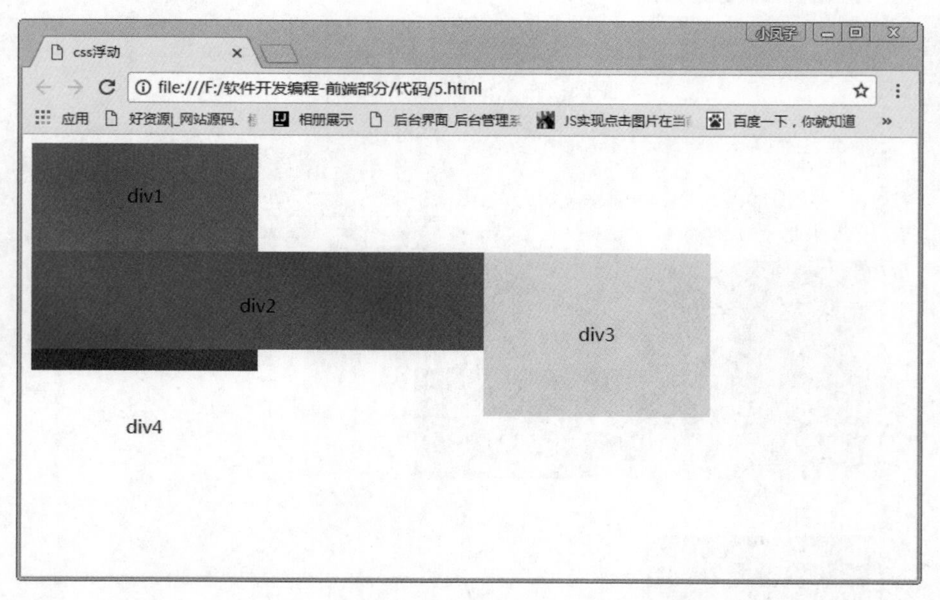

图 5-28　CSS 浮动效果(4)

同理，由于 div2、div3 浮动，它们不再属于标准流，因此 div4 会自动上移，与 div1 组成一个“新”标准流，而浮动是漂浮在标准流之上，因此 div2 又挡住了 div4。假如某个 div 元素 A 是浮动的，如果 A 元素的上一个元素也是浮动的，那么 A 元素会跟随在上一个元素的后边（如果一行放不下这两个元素，那么 A 元素会被挤到下一行）；如果 A 元素的上一个元素是标准流中的元素，那么 A 的相对垂直位置不会改变，也就是说，A 的顶部总是和上一个元素的底部对齐。div 的顺序是 HTML 代码中< div >标签的顺序决定的。靠近页面边缘的一端是前，远离页面边缘的一端是后。

元素浮动之后，周围的元素会重新排列，为了避免这种情况，可使用 clear 属性。clear

属性指定元素两侧不能出现浮动元素。

清除浮动的关键字是 clear,定义如下:

```
clear : none | left | right | both
```

其中,

none——默认值。允许两边都可以有浮动对象。

left——不允许左边有浮动对象。

right——不允许右边有浮动对象。

both——不允许有浮动对象。

通过 Chrome 查看该 HTML,结果如图 5-29 所示。

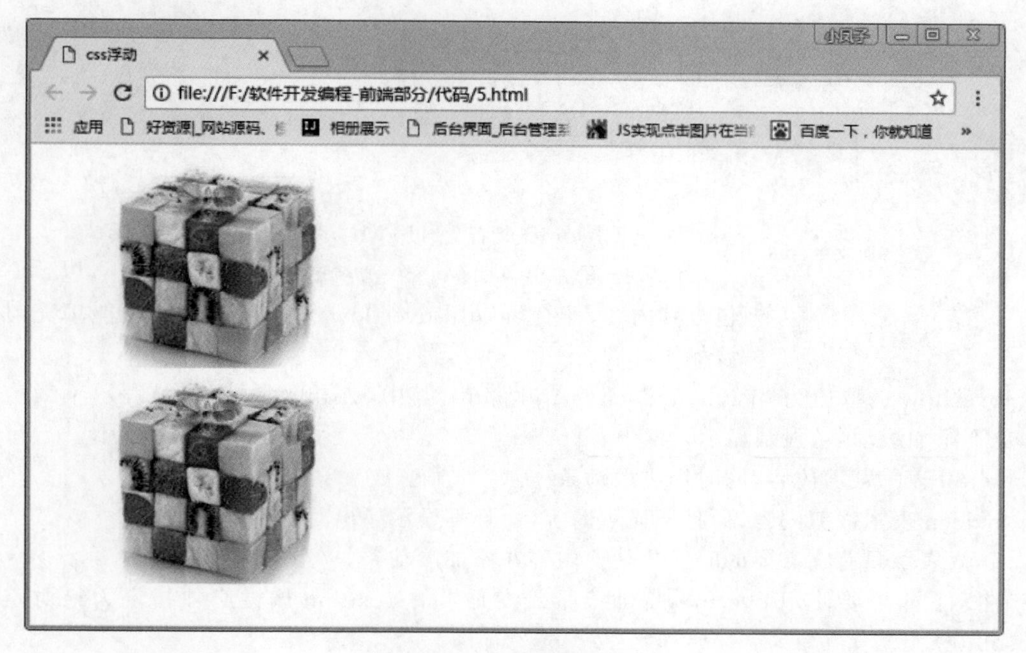

图 5-29　CSS 清除浮动示例

4）可见与溢出

(1) 设置元素的可见性。在 CSS 中,有两个属性可以控制元素的显示和隐藏,就是 display 和 visibility 属性。display 属性确定一个元素是否应该显示在页面上,以及如何显示。取值有 none、block、inline。

当设置元素的 display 为 none 时,元素在页面隐藏起来,不仅看不见元素,而且元素会退出当前的页面布局,不占用任何空间。

当设置元素的 display 为 block(块级)时,可以强制将 XHTML 中的内嵌元素设置成为块级元素,从而引起后续对象换行。

当设置元素的 display 为 inline(内嵌级)时,CSS 会强制将 XHTML 中的块级元素变成内嵌元素。

visibility 属性控制定位元素是否可见。取值包括 visible(可见)、hidden(隐藏)和

inherit（继承），默认值为 inherit（即继承父级元素的显示属性）。

visibility 属性与 display 属性的不同之处在于：当隐藏元素时，visibility 属性定义的元素仍然为保留原有的显示空间。

示例代码如下所示：

```
<html>
<head>
    <title>设置元素可见性</title>
    <style type="text/CSS">
    .img1{
        display:none;
    }
    </style>
</head>
<body style="background:#fff;">
<img class="img1" src="水果.jpg" alt="clip示例图片">
<a href="www.baidu.com" title="本机">Welcome</a>
</body>
</html>
```

图 5-30　元素可见性示例

通过 Chrome 查看该 HTML，效果如图 5-30 所示。

（2）处理溢出：如果一个元素的大小设置得太小，以致不能包含其内容，那么可以用 overflow 来指定其内容不能填充时候该如何处理。

overflow 的取值为 visible、hidden、scroll、auto，其中，visible 是默认值，表示不裁剪内容，也不添加滚动条，强制显示元素内容。

scroll 表示裁剪内容，同时提供滚动条。

hidden 表示裁剪内容，而且不显示内容，而且不显示超出对象尺寸的内容。

auto 表示只有在必要的时候才裁剪内容并添加滚动条。

注意：如果要使用 overflow 属性，那么该元素的 position 属性必须指定为绝对定位（absolute）。

示例代码如下所示：

```
<html>
<head>
    <title>处理溢出效果</title>
    <style type="text/CSS">
    div{
        width:200px;
        height:50px;
        border:solid;
        border-width: 1px;
        border-color: black;
        /* 使用 overflow 属性的时候，必须将元素的 position 指定为 absolute. */
        position: absolute;
        /* 可以试试 overflow:visible/hidden/scroll/auto; */
        overflow: auto;
```

```
    }
    </style>
</head>
<body>
<div>shenjsafeiofjwalkrjeaoisejhiowjklgjewoijglksjfsalfjewiofjlskadfjsjfe
ilsakfjeigjkhfuwfkjhguwejkfhusejkfhuegkjiekjsfiekjiekjig</div>
</body>
</html>
```

通过 Chrome 查看该 HTML，效果如图 5-31 所示。

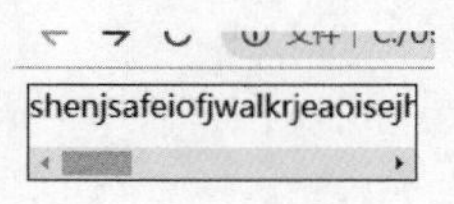

图 5-31　处理溢出效果

(3) 指定裁剪区域。clip 属性可以确定定位对象的裁剪区域，其取值为 rect(top right bottom left)/auto，其中 top、right、bottom 和 left 用于指定上、右、下、左 4 个方向上的裁剪长度，取值为长度值或 auto。如果任意一边使用 auto，则相当于该边没有进行裁剪。

示例代码如下所示：

```
<html>
<head>
<style type="text/CSS">
img
{
position:absolute;
clip:rect(0px 50px 100px 0px)
}
</style>
</head>
<body>
<p>clip 属性剪切了一幅图像:</p>
<p><img border="0" src="水果.jpg" width="120" height="151"></p>
</body>
</html>
```

通过 Chrome 查看该 HTML，效果如图 5-32 所示。

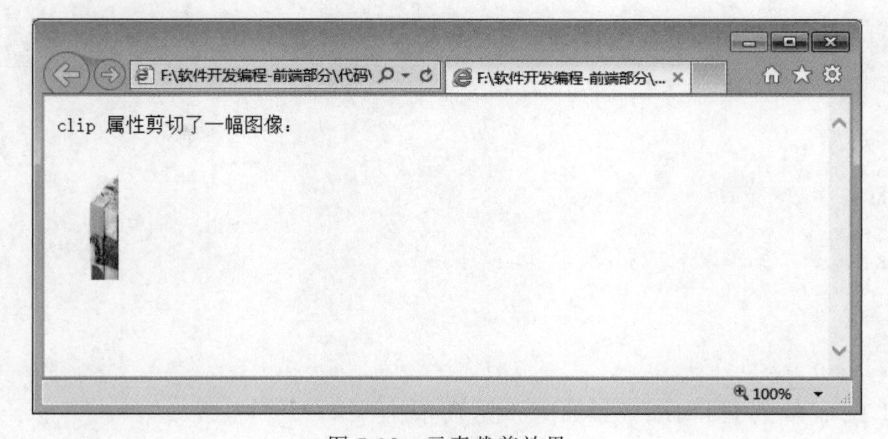

图 5-32　元素裁剪效果

（4）处理元素重叠。使用 top 和 left 属性可能会造成元素相互重叠在一起，此时可以使用 z-index 属性。z-index 属性用来控制重叠元素的显示顺序，值较大的元素将覆盖值较小的元素。如果值为－1，则表示元素将置于页面默认文本的后边，这对于设置背景图案是很有用的。

注意：z-index 属性在设置了 position 并取值为 absolute 或者 relative 时有用。

示例代码如下所示：

```
<html>
<head>
    <title>元素重叠</title>
    <style type="text/CSS">
    div{
        /* 这里 position 要设置为 absolute 或者 relative */
        position: absolute;
        border:1px solid black;
        height:50px;
        width: 60px;
    }
    div:nth-child(2n){
        background-color: blue;
    }
    #top{
        left:80px;
        top:80px;
        z-index: 3;
        background-color: gray;
    }
    #middle{
        left:60px;
        top:60px;
        z-index: 2;
        background-color: orange;
    }
    #bottom{
        left:40px;
        top:40px;
        z-index: 1;
        background-color: red;
    }
    </style>
</head>
<body>
    <div id="top">1</div>
    <div id="middle">2</div>
    <div id="bottom">3</div>
</body>
</html>
```

通过 IE 查看该 HTML，效果如图 5-33 所示。

3. CSS 定位

CSS 有 3 种基本的定位机制：普通流、浮动和绝对定位。

除非专门指定，否则所有框都在普通流中定位。也就是说，普通流中的元素的位置由元素在 HTML 中的位置决定。

块级框从上到下一个接一个地排列，框之间的垂直距离是由框的垂直外边距计算出来的。

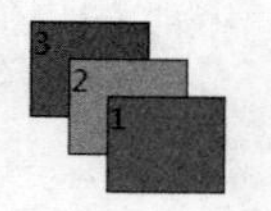

图 5-33　元素重叠效果

行内框在一行中水平布置。可以使用水平内边距、边框和外边距调整它们的间距。但是，垂直内边距、边框和外边距不影响行内框的高度。由一行形成的水平框称为行框(line box)，行框的高度总是足以容纳它包含的所有行内框。不过，设置行高可以增加这个框的高度。

1) position 属性

position 属性规定元素的定位类型。这个属性定义建立元素布局所用的定位机制。任何元素都可以定位，不过绝对或固定元素会生成一个块级框，而不论该元素本身是什么类型。相对定位元素会相对于它在“正常流”中的默认位置偏移。目前几乎所有主流的浏览器都支持 position 属性("inherit"除外)，如表 5-4 所示为 position 属性。

表 5-4　position 属性

值	描　述
absolute	生成绝对定位的元素，相对于 static 定位以外的第一个父元素进行定位。元素的位置通过"left"、"top"、"right"以及"bottom"属性进行规定
fixed	生成绝对定位的元素，相对于浏览器窗口进行定位。元素的位置通过"left"、"top"、"right"以及"bottom"属性进行规定
relative	生成相对定位的元素，相对于其正常位置进行定位。因此，"left：20"会向元素的左边位置添加 20 像素
static	默认值。没有定位，元素出现在正常的流中(忽略 top、bottom、left、right 或者 z-index 声明)
inherit	规定应该从父元素继承 position 属性的值

(1) absolute(绝对定位)。

absolute 是生成绝对定位的元素，脱离了文本流(即在文档中已经不占据位置)，参照浏览器的左上角通过 top、right、bottom、left(TRBL) 定位。可以选取具有定位的父级对象(下面将介绍 relative 与 absolute 的结合使用)或者 body 坐标原点进行定位，也可以通过 z-index 进行层次分级。absolute 在没有设定 TRBL 值时是以父级对象的坐标作为原点的，设定 TRBL 值后则以浏览器的左上角作为原点。

示例代码如下所示：

```
<html>
<head>
<title>position:absolute 定位</title>
<style type = "text/CSS">
    html,body,div{
                margin:0;
                padding:0;
                list - style:none;
    }
```

```
    .center{
            margin:30px;
            border:#999999 solid 10px;
            width:400px;
            height:300px;
    }
    .div1{
          width:200px;
          height:200px;
          background:yellow;
          /* 设定 TRBL */
          position:absolute;
          left:0px;
          top:0px;
    }
    .div2{
          width:400px;
          height:300px;
          font-size:30px;
          font-weight:bold;
          color:#fff;
          background:red;
    }
</style>
</head>
<body>
    <div class="center">
        <div class="div1"></div>
        <div class="div2">position:absolute 定位测试</div>
    </div>
</body>
</html>
```

图 5-34　绝对定位效果

通过 IE 查看该 HTML，效果如图 5-34 所示。

(2) relative(相对定位)。

relative 是相对的意思，顾名思义，就是相对于元素本身在文档中应该出现的位置来移动这个元素，可以通过 TRBL 来移动元素的位置，实际上该元素依然占据文档中原有的位置，只是视觉上相对原来的位置有移动。

示例代码如下所示：

```
<head>
<title>position:relative 定位</title>
<style type="text/CSS">
    html,body,div{
```

```
                margin:0;
                padding:0;
                list-style:none;
    }
    .center{
            margin:30px;
            border:#999999 solid 10px;
            width:400px;
            height:300px;
            background:#FFFF00;
    }
    .div1{
          width:200px;
          height:150px;
          background:#0099FF;
          position:relative;
          top:-20px;
          left:0px;
    }
    .div2{
          width:400px;
          height:150px;
          font-size:24px;
          font-weight:bold;
          color:#fff;
          background:#FF0000;
    }
</style>
</head>
<body>
    <div class="center">
        <div class="div1"></div>
        <div class="div2">position:relative 定位测试</div>
    </div>
</body>
</html>
```

通过 IE 查看该 HTML，效果如图 5-35 所示。

(3) relative 与 absolute 的结合使用。

在网页设计时经常会用到浮动来对页面进行布局，但是浮动所带来的不确定因素很多(例如，IE 浏览器的兼容问题)。相对来说，在有些布局中定位使用会更加简单、快捷、兼容性更好(relative 与 absolute 相结合来使用)。

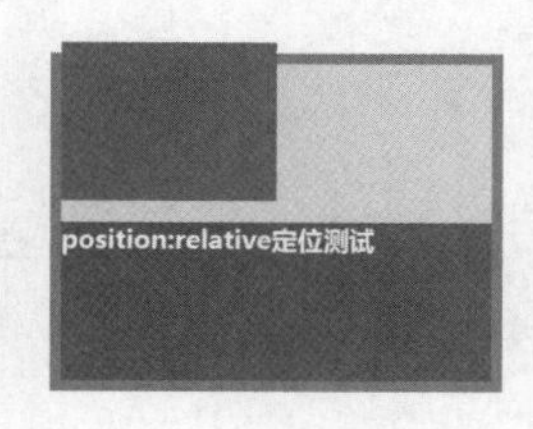

图 5-35 相对定位

示例代码如下所示：

```
<html>
<head>
<style type="text/CSS">
html,body,div,ul,li,a{
                margin:0;
```

```
                padding:0;
                list-style:none;
}
a, a:hover{
 color:#000;
 border:0;
 text-decoration:none;
}
   #warp, #head, #main, #foot
{
    width: 962px;
}
/*设置居中*/
#warp{
    margin: 0 auto;
}
#head{
          height:132px;
          position:relative;
}
.logo{
      position:absolute;
      top:17px;
}
.sc a{
          padding-left:20px;
          color:#666;
}
.nav{
       width:1160px;
       height:42px;
       line-height:42px;
       position:absolute;
       bottom:0px;
       background:url(banner1.jpg) no-repeat center;
}
.nav ul{
          float:left;
          padding:0 10px;
}
.nav li{
          float:left;
          padding-right:40px;
          padding-left:20px;
          text-align:center;
          display:inline;
}
.nav li a{
              font-size:14px;
              font-family:Microsoft YaHei !important;
              white-space:nowrap;
}
.nav li a:hover{
```

```
                color:#FBECB7;
}
</style>
<title></title>
</head>
<body>
    <div id="warp">
        <div id="head">
            <div class="logo"><img src="图片 1.png" /></div>
            <div class="nav">
                <ul>
                    <li><a href="">首页</a></li>
                    <li><a href="">关于我们</a></li>
                    <li><a href="">团队文化</a></li>
                    <li><a href="">公司动态</a></li>
                    <li><a href="">资讯参考</a></li>
                    <li><a href="">联系我们</a></li>
                </ul>
            </div>
        </div>
        <div id="main"></div>
        <div id="foot"></div>
    </div>
</body>
</html>
```

通过IE查看该HTML，结果如图5-36所示。

首页　关于我们　团队文化　公司动态　资讯参考　联系我们

图5-36　position定位综合应用

(4) fixed(固定定位)。

其位置永远相对浏览器的位置来计算。即使浏览器内容向下滚动，元素位置也能相对浏览器保持不变。

示例代码如下所示：

```
<html>
    <head>
        <title>position:fixed定位</title>
        <style type="text/CSS">
            .div1{
                background:#ccc;
                position:fixed;
                bottom:10px;
                right:100px;
            }
        </style>
    </head>
    <body>
        <div class="div1"><a href="#">回到顶部></a></div>
        <p>测试 1 </p>
```

```
        <p>测试 2 </p>
        <p>测试 3 </p>
        <p>测试 4 </p>
        <p>测试 5 </p>
        <p>测试 6 </p>
        <p>测试 7 </p>
        <p>测试 8 </p>
        <p>测试 9 </p>
        <p>测试 0 </p>
    </body>
</html>
```

通过 IE 查看该 HTML，效果如图 5-37 所示。

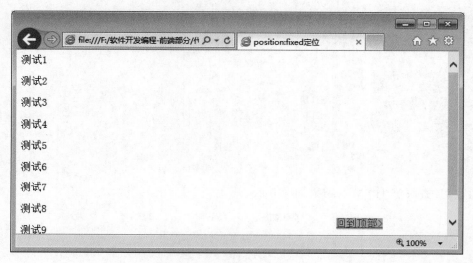

图 5-37　fixed 定位

(5) static(静态定位)。

就是不定位，出现在哪里就显示在哪里，这是默认取值，只有在你想覆盖以前的定义时才需要显示指定。

2) z-index 属性

z-index 属性指定一个元素的堆叠顺序。拥有更高堆叠顺序的元素总是会处于堆叠顺序较低的元素的前面。元素可拥有负的 z-index 属性值。CSS 样式表中 z-index 属性的使用方法代码如下所示：

```
.box{position:absolute; left:0px; top:0px;z - index: - 1}
```

需要注意的是：

- z-index 仅对定位元素有效(如 position：relative\absolute\float)。
- z-index 只可比较同级元素。
- z-index 的作用域：假设 A 和 B 两个元素都设置了定位(相对定位，绝对定位或一个相对定位、另一个绝对定位都可以)，且是同级元素，样式为：boxA{z-index：4}、

boxB{z-index:5}。元素 B 的层级要高于元素 A,在此需要指出的是,A 元素下面的子元素的层级也同样都低于 B 元素下面的子元素,即使将 A 元素下面的子元素设为 z-index:9999;同理,元素 B 下面的子元素,即使是设为 z-index:1,它照样比元素 A 的层级要高。

- z-index 属性不会作用于窗口控件,如 select 对象。
- 在父元素的子元素中设置 z-index 的值,可以改变子元素之间的层叠关系。
- 子元素的 z-index 值不管是高于父元素还是低于父元素,只要它们的 z-index 值是大于或等于 0 的数,它们就会显示在父元素之上,即压在父元素上。只要它们的值是小于 0 的数,就显示在父元素之下。

表 5-5 为 z-index 的属性值表。

表 5-5　z-index 的属性值

值	描　述
Auto	默认。堆叠顺序与父元素相等
Number	设置元素的堆叠顺序
Inherit	规定应该从父元素继承 z-index 属性的值

示例代码如下所示:

```
<html>
<head>
<title>z-index属性</title>
<style>
img
{
 position:absolute;
 left:0px;
 top:0px;
 z-index:-1;
}
</style>
</head>
<body>
<h1>This is a heading</h1>
<img src="button3.png" />
<p>因为图像元素设置了 z-index 属性值为 -1, 所以它会显示在文字之后.</p>
</body>
</html>
```

通过 IE 查看该 HTML,效果如图 5-38 所示。

4. 页面布局

所谓页面布局,就是将网页中的各个版块有效组织并放置在合适的位置。页面布局一般分为以下几种:

- 表格布局。
- 框架布局。
- DIV+CSS 布局模式。

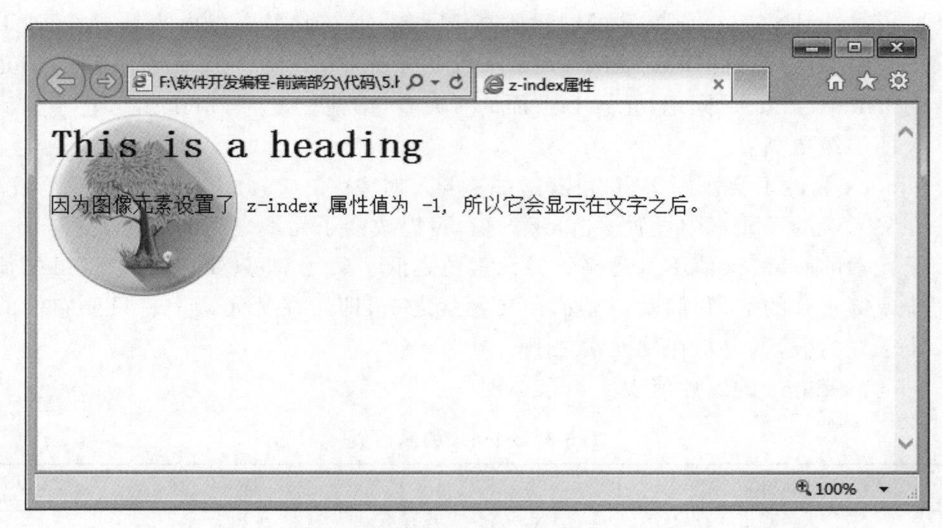

图 5-38　z-index 属性示例

其中表格布局和DIV＋CSS布局是目前最常用的。

1）表格布局

在网页设计中，用表格显示数据只是表格功能的一部分，现在表格在网页中更多是用于网页的布局，其优势在于可以有效地定位网页中不同的元素，结构清晰。为了方便设计者使用表格进行页面布局，Dreamweaver8提供了"布局"模式。在"布局"模式中，可以使用表格作为基础布局结构来设计网页。

使用表格布局一般要遵循以下原则：

(1) 不要把整个网页当成一个大表格，尽可能使用多个表格进行分块。

因为一个大表格的内容要全部加载后才会显示。这样会降低页面的响应速度和效率。此外，单元格在调整时不够方便，在调整局部的单元格时，往往会对其他的单元格产生联动的效果，违背了调整的初衷。最常见的是将网页分为上、中、下3部分，上部分用于处理网页的LOGO、BANNER、MENU等内容；中部分处理页面的主要内容即展现的信息；下部分用于放置有关的声明、版权信息等。对于这3部分的内容可以使用3个或3个以上的表格进行处理。

(2) 使用嵌套表格。

嵌套表格就是在一个单元格内插入另一个表格。放置嵌套表格的单元格，通常设置其垂直对齐方式为"顶端对齐"。嵌套表格作为相对独立的表格，控制十分方便，这也是使用表格布局的常用方法，但是一般不宜超过3层，表格嵌套过多会影响浏览器的响应速度，并且不便于后期维护。

(3) 表格的边框。

当用表格布局时，表格的边框宽度一般设置为0。最外层表格宽度一般使用固定的像素值，嵌套的表格的宽度则使用百分比来设定，如果使用像素值，则需要计算结果绝对精确，因此不提倡使用像素值。

示例代码如下所示：

```
<html>
<head>
<title>表格布局</title>
</head>
<body bgcolor="white" leftmargin="0" topmargin="0">
    <!-- 外层表格开始 -->
    <table width="100%" border="0" cellpadding="0" cellspacing="0">
        <tbody>
            <tr>
                <td align="center">
                <!-- 中层表格开始 -->
                <table width="800" border="0" bgcolor="#FFFFFF" cellpadding="0"
cellspacing="0">
                <tbody>
                    <tr align="center">
                    <!-- 内层表格开始 -->
                    <table width="600" border="0" cellpadding="0" cellspacing="0">
                    <tbody>
                        <tr>
                            <td colspan="5"><img src="纳兰1.jpg" width="600" height
="200"/></td>
                        </tr>
                        <tr height="50">
                            <td colspan="3">用户名:______ 密码:______</td>
                            <td colspan="2" align="right"><a href="http://www.baidu.
com">帮助</a></td>
                        </tr>
                        <tr height="2">
                            <td colspan="5" background="黑线.png"</td>
                        </tr>
                        <tr valign="top">
                            <td width="140">
                                <h3 align="center">浣溪沙</h3>
                                <ul>
                                    <li>谁念西风独自凉?</li>
                                    <li>萧萧黄叶闭疏窗,</li>
                                    <li>沉思往事立残阳。</li>
                                    <li>被酒莫惊春睡重,</li>
                                    <li>赌书消得泼茶香,</li>
                                    <li>当时只道是寻常。</li>
                                </ul>
                            </td>
                            <td width="1" background="黑线.png"></td>
                            <td width="300">
                                <h3 align="center">我爱的纳兰容若</h3>
                                <img src="纳兰2.jpg" width="300" height="300"/>
                            </td>
                            <td width="1" background="黑线.png"></td>
                            <td width="140">
                                <h3 align="center">采桑子</h3>
                                <ul>
                                    <li>明月多情应笑我,</li>
                                    <li>笑我如今。</li>
```

```
                                        <li>辜负春心,</li>
                                        <li>独自闲行独自吟。</li>
                                        <li>近来怕说当时事,</li>
                                        <li>结遍兰襟。</li>
                                        <li>月浅灯深,</li>
                                        <li>梦里云归何处寻?</li>
                                    </ul>
                                </td>
                            </tr>
                            <tr>
                                <td colspan = "5"><img src = "纳兰 3.jpg" width = "600" height =
"100" /></td>
                            </tr>
                            <tr height = "40">
                                <td colspan = "5" align = "left">版权所有,翻录必究 &copy;1999 -
2014 </td>
                            </tr>
                        </tbody>
                    </table>
                    <!-- 内层表格结束 -->
                    </td>
                  </tr>
              </tbody>
              </table>
              <!-- 中层表格结束 -->
            </td>
            </tr>
          </tbody>
      </table>
      <!-- 外层表格结束 -->
      </body>
</html>
```

通过 Chrome 查看该 HTML，效果如图 5-39 所示。

2）框架布局

框架是另一种常用的网页布局排版工具。框架布局就是把浏览器窗口划分为多个区域，每个区域都可以分别显示不同的网页。使用框架最常见的用途就是导航，在使用了框架以后，用户的浏览器不需要为每个页面重新加载与导航相关的图形。而且每个框架可以独立设计，具有独立的功能和作用，可以实现一个浏览器窗口显示多个网页的目的。但是有的浏览器不支持框架，因此，在使用框设计网页要设计 noframes 部分，为那些不能查看框架的用户提供支持。

示例代码如下所示：

```
<html>
  <head>
    <title>框架布局</title>
  </head>
  <frameset rows = "23 % , * " frameborder = "no">
        <frame src = "top.html"/>
```

图 5-39　表格布局

```
        <frameset cols = "15 % , * ">
                <frame src = "left.html" noresize = "noresize" />
<frame src = "right.html" noresize = "noresize" name = "right"/>
        </frameset>
  </frameset>
</html>
```

top.html

```
<html>
  <head>
    <title>top.html</title>
  </head>
  <body>
    <img alt = "一只猫" src = "button2.png" align = "center">
    <font size = "7" >欢迎来到动感点播台</font>
  </body>
</html>
```

left.html

```
<html>
  <head>
    <title>left.html</title>
  </head>
  <body bgcolor="silver">
   <a href="right.html" target="right">青花瓷</a>
<br/><br/>
   <a href="right.html" target="right">千里之外</a>
<br/><br/>
   <a href="right.html" target="right">迷迭香</a>
<br/><br/>
   <a href="right.html" target="right">爱我别走</a>
<br/><br/>
   <a href="right.html" target="right">可爱女人</a>
<br/><br/>
   <a href="right.html" target="right">迷迭香</a>
<br/><br/>
   <a href="right.html" target="right">爱我别走</a>
<br/><br/>
   <a href="right.html" target="right">可爱女人</a>
<br/><br/>
   <a href="right.html" target="right">迷迭香</a>
<br/><br/>
   <a href="right.html" target="right">爱我别走</a>
<br/><br/>
   <a href="right.html" target="right">可爱女人</a>
<br/><br/>
   <a href="right.html" target="right">迷迭香</a>
<br/><br/>
   <a href="right.html" target="right">爱我别走</a>
<br/><br/>
   <a href="right.html" target="right">可爱女人</a>
<br/><br/>
  </body>
</html>
```

right.html

```
<html>
  <head>
    <title>right.html</title>
  </head>
  <body bgcolor="pink">
   <p>素胚勾勒出青花,笔锋浓转淡</p>
   <p>冉冉檀香透过窗,情似我了然</p>
  </body>
</html>
```

通过 Chrome 查看该 HTML,框架布局效果如图 5-40 所示。

使用框架布局的优点是:支持滚动条,方便导航,节省页面下载时间等;缺点是:兼容

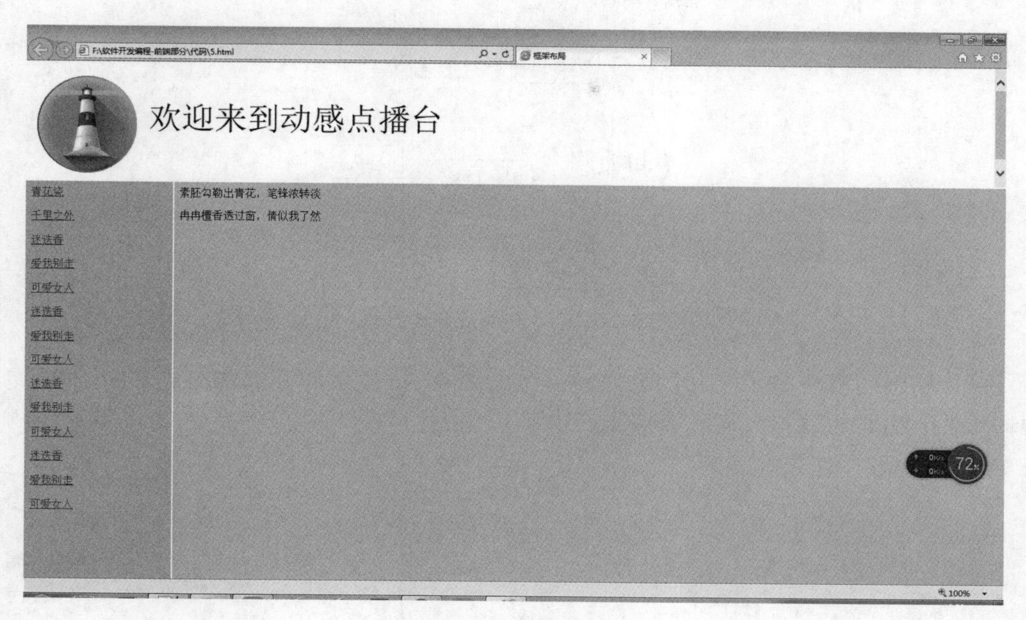

图 5-40 框架布局

性不好，保存时不方便，应用范围有限等。框架布局比较适合应用于小型商业网站、论坛、后台管理系统等方面。

3）DIV＋CSS 布局

一个标准的 Web 网页由结构、外观和行为 3 部分组成，各部分的含义如下所示：

- 结构——用来对网页中的信息进行整理与分类，常用的技术有 HTML、XHTML 和 XML。
- 外观——用于对已经被结构化的信息进行外观上的修饰，包括颜色、字体等，常用技术为 CSS。
- 行为——是指对整个文档内部的一个模型进行定义及交互行为的编写，常用技术为 JavaScript。

网页设计的核心目的：实现网页的结构和外观的分离。

通常网页设计人员在设计网页之前，总是先考虑怎么设计，考虑页面中的图片、字体、颜色甚至是布局方案。然后通过其他的工具（如 PhotoShop）画出来，最后用 HTML 将所有的设计表现在页面上。如果使用 DIV＋CSS 对页面进行布局，那么可先不考虑外观，首要的是将页面内容的语义或结构确定下来。使用 DIV＋CSS 布局，外观不是最重要的，一个结构良好的 HTML 页面可以通过 CSS 以任意外观表现出来。因此引入 CSS 布局的目的就是为了实现真正意义上的结构和外观的分离，这也是 DIV＋CSS 布局最大的特色。

一个完整的网页通常包含以下几个部分：标志和站点名称、主页面内容、站点导航、子菜单、搜索区域、功能区、页脚（版权和法律声明）。有了这些结构就可以根据其在页面中的地位形成一个整体的布局思路：首先将这些结构放置在一个大框内，这个大框作为页面的父框，在其内分成头部、主体、底部 3 个部分，然后将上述的几个部分按作用和地位分配给头、体、脚。CSS 布局的整体思路如图 5-41 所示。

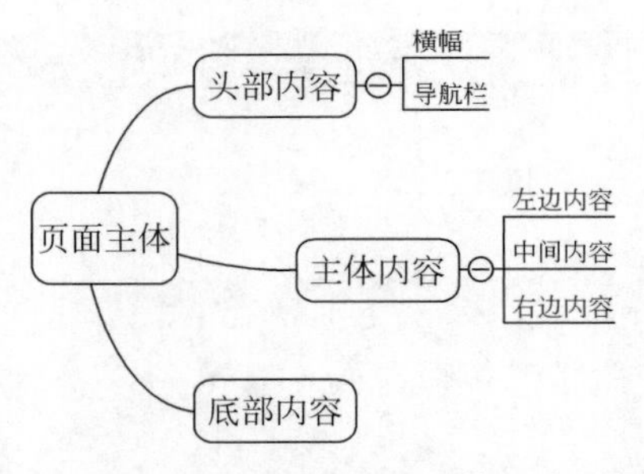

图 5-41 CSS 布局的整体思路

图 5-41 中的模块显示了各部分之间的包含关系,将各个部分都定义成 DIV,很容易就能确定各个 DIV 的嵌套关系。

示例代码如下所示:

```
<html>
<body onkeypress = "">
<center>
<div id = "container">
<div class = "Header">
<div class = "Header_left">来天涯,与 12596246 位天涯人共同演绎你的网络人生</div>
<div class = "Header_right">目前在线:156348
</div>
</div>
<div class = "Main login_gray" id = "pws_yes" style = "display:block;">
    <form method = "post" id = "login" name = "login">
        <ul>
            <li>用户名</li><input id = "text1" name = "vwriter" type = "text" class =
"inp90" size = "18" maxlength = "16" onMouseOut = "this.style.backgroundColor = '#ffffff'"
onmouseover = "this.style.backgroundColor = '#E5F0FF'" onfocus = "this.style.
backgroundColor = '#E5F0FF'"/>
            <li>密码</li>
            <li><input id = "password1" name = "vpassword"
                type = "password" class = "inp90"
                 maxlength = "18" onMouseOut = "this.style.backgroundColor = '#ffffff'"
onmouseover = "this.style.backgroundColor = '#E5F0FF'" onfocus = "this.style.
backgroundColor = '#E5F0FF'"/></li>
            <li style = "cursor:hand;position: relative;">
                <label onMouseOver = "#" onMouseOut = "#"><input type = "checkbox" name =
"rmflag" id = "rmflag" value = "1" onclick = ""/>自动登录</label>
                <div id = "clueto" style = "display:none;">
                    <div class = "clueto_top">
                        <img align = "absbottom" src = "" />
                    </div>
                    <div class = "clueto_main">
                        <p>为了确保你的信息安全,请不要在网吧或者公共机房选择此项!<br />
如果今后要取消此选项,只需单击网站顶部的"退出"链接即可.</p>
                    </div>
                </div>
            </li>
            <li>
```

```
            <input id="button1" name="button1" value="登录" type="button"
    name="tianya-submit4" class="tianya_btn50" onclick=""/>
            <input value="免费注册" type="button" name="tianya-submit4"
                class="tianya_btn" onclick=""/></li>
        <li class="login_line" style="height:58px">
            <a href="#" onclick="">浏览进入</a></li>
    </ul>
  </form>
</div>
<div class="logining" id="pws_auto" style="display:none;">
  <form method="post" id="logining" name="login2">
    <ul>
        <li>用户名</li>
        <li>密码</li>
        <li>
            <input id="password1" name="vpassword" type="password"class="inp" size
="16" maxlength="18" onMouseOut="this.style.backgroundColor='#ffffff'" onmouseover=
"this.style.backgroundColor = '#E5F0FF'" onfocus="this.style.backgroundColor = '#E5F0FF'"
value=" ************ " style="color:#666;"/></li>
        <li class=login_auto>
            <img src="" align="absmiddle" />正在自动登录...</li>
        <li><input value="取消登录" type="button" name="tianya-submit4"
  class="tianya_btn" onclick=""/></li>
    </ul>
</form>
</div>
<div class="clear"></div>
<!-- AD 开始中央广告位 -->
<SPAN id="adsp_center_banner">
    <img src="./images/1284862521173.jpg" border=0></SPAN>
<!-- 结束中央广告位 -->
<!-- 开始页面下面部分 -->
<div id="Footer">
<script type="text/javascript" charset="gbk" src="./JS/tianya_footer.js"></script>
</div>
<!-- 结束页面下面部分 -->
</div>
</body>
</html>
```

通过 IE 查看该 HTML，效果如图 5-42 所示。

通过对天涯网页的 DIV 布局分析可知，DIV 布局的优点是网页代码精简、提高页面下载速度、表现和内容相分离等；缺点是过于灵活，比较难控制。因此 DIV 布局比较适合应用于复杂的不规则页面以及业务种类较多的大型商业网站。

5.1.3 案例实现

1. 案例分析

根据图 5-1 分析得出如图 5-43 所示结果。

图 5-42 CSS+DIV 布局

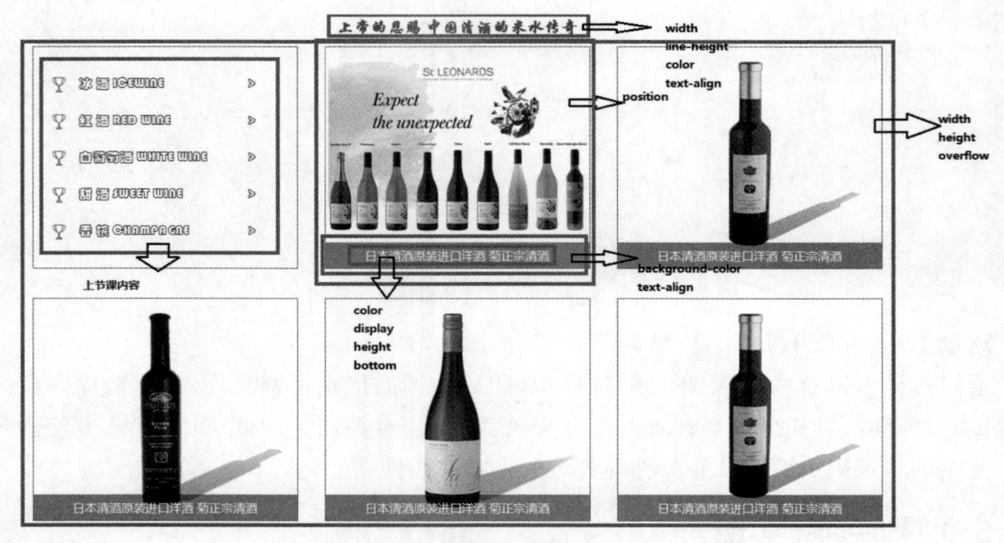

图 5-43 案例分析

2. 代码实现

1）HTML 内容

```
<!-- 产品 -->
<div class = "connent">
    <!-- 选项卡 1 内容 -->
<div class = "con">
    <h3 class = "con-title">上帝的恩赐 中国清酒的米水传奇</h3>
    <div class = "con1">
<ul>
    <li><a href = "chanping.html">冰 酒 ICEWINE <span>></span></a></li>
    <li><a href = "chanping.html">红 酒 RED WINE <span>></span></a></li>
    <li><a href = "chanping.html">白葡萄酒 WHITE WINE <span>></span></a></li>
    <li><a href = "chanping.html">甜 酒 SWEET WINE <span>></span></a></li>
    <li><a href = "chanping.html">香 槟 CHAMPAGNE <span>></span></a></li>
</ul>
    </div>
    <div class = "con1">
        <a href = "spxq.html" >
        <img src = "images/con-cp2.png" class = "con-img" style = "right: 0px;">
        <span class = "con-ht">日本清酒原装进口洋酒 菊正宗清酒</span>
        </a>
    </div>
    <div class = "con1">
        <a href = "spxq.html">
        <img src = "images/con-cp1.png" class = "con-img">
        <span class = "con-ht">日本清酒原装进口洋酒 菊正宗清酒</span>
        </a>
    </div>
    <div class = "con1">
        <a href = "spxq.html">
        <img src = "images/con-cp4.png" class = "con-img" style = " right: 20px;">
        <span class = "con-ht">日本清酒原装进口洋酒 菊正宗清酒</span>
        </a>
    </div>
    <div class = "con1">
        <a href = "spxq.html">
        <img src = "images/con-cp3.png" class = "con-img" style = " right: 20px;">
        <span class = "con-ht">日本清酒原装进口洋酒 菊正宗清酒</span>
        </a>
    </div>
    <div class = "con1">
        <a href = "spxq.html">
        <img src = "images/con-cp1.png" class = "con-img" >
        <span class = "con-ht">日本清酒原装进口洋酒 菊正宗清酒</span>
        </a>
    </div>
</div>
```

2）CSS 页面

```
.con1 {
 float: left;
```

```
 width: 350px;
 height: 300px;
 border: 1px solid #767676;
 margin-left: 36px;
 margin-bottom: 40px;
 position: relative;
}
.con1 > ul{
 width: 300px;
 height: 250px;
 margin-left: 25px;
 margin-top: 25px;
}
.con1 > ul > li{
 width: 100%;
 height: 50px;
 line-height: 50px;
 background-image: url(../images/con-listimg.png);
 background-repeat: no-repeat;
 background-position: left;
 text-indent: 2em;
}
.con1 > ul > li > a{
 position: relative;
 display: block;
 font-family: "华文彩云";
 font-size: 18px;
 color: #000000;
}
.con1 > ul > li > a > span{
 position: absolute;
 right: 30px;
 font-family: "华文彩云";
 font-size: 18px;
}
.con1 > ul > li > a:hover{
 text-decoration: underline;
}
.con-img {
 position: absolute;
 top: 20px;
 right: 30px;
}
.con-ht {
 position: absolute;
 bottom: 0px;
 width: 100%;
 height: 35px;
 background-color:rgba(0,0,0,0.4);
 display: block;
 text-align: center;
 line-height: 35px;
 color: white;
}
```

3. 运行效果

运行结果如图 5-44 所示。

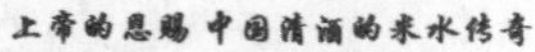

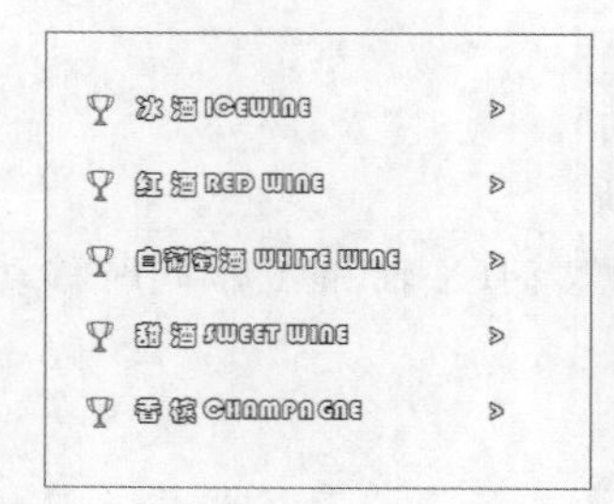

图 5-44 运行效果

5.2 CSS3 动画

5.2.1 案例描述

很多网页也会有一些动画效果，例如淡入淡出、轮播图片进入进出的方式。下面将学习如何定理如下动画效果：该方块向右移动后如此变成黄色，接着下移动变成蓝色，然后向左移动变成绿色，最后向上移动变成红色，如此循环。界面静态效果如图 5-45 所示。

图 5-45 动画案例

5.2.2 知识引入

1. 变形

在 CSS3 中，可以使用 transform 属性来实现文字或图像的各种变形效果，如位移、缩放、旋转、倾斜等，表 5-6 为 transform 属性表。

表 5-6 transform 属性及方法

方法或属性	说明
translate()	位移
scale()	缩放
rotate()	旋转
skew()	倾斜
transform-origin	中心原点

1）位移 translate()

在 CSS3 中，可以使用 translate()方法将元素沿着水平方向（X 轴）和垂直方向（Y 轴）移动。

位移 translate()方法分为 3 种情况：

- translateX(x)——元素仅在水平方向移动（X 轴移动）。
- translateY(y)——元素仅在垂直方向移动（Y 轴移动）。
- translate(x,y)——元素在水平方向和垂直方向同时移动（X 轴和 Y 轴同时移动）。

（1）translateX(x)方法。

语法如下所示：

```
transform:translateX(x);
```

在 CSS3 中，所有变形方法都属于 transform 属性，因此所有关于变形的方法前面都要加上“transform：”，以表示“变形”处理。这一点大家一定要记住。

x 表示元素在水平方向（X 轴）的移动距离，单位为 px、em 或百分比等。

当 x 为正时，表示元素在水平方向向右移动（X 轴正方向）；当 x 为负时，表示元素在水平方向向左移动（X 轴负方向）。

示例代码如下所示：

```
<html>
<head>
    <title>CSS3 位移 translate()方法</title>
    <style type="text/CSS">
        /*设置原始元素样式*/
        #origin
        {
            margin:100px auto;                          /*水平居中*/
            width:200px;
            height:100px;
            border:1px dashed silver;
        }
        /*设置当前元素样式*/
        #current
        {
            width:200px;
            height:100px;
            color:white;
            background-color: #3EDFF4;
            text-align:center;
            transform:translateX(-20px);
            -webkit-transform:translateX(-20px); /*兼容-webkit-引擎浏览器*/
             -moz-transform:translateX(-20px);   /*兼容-moz-引擎浏览器*/
        }
    </style>
</head>
<body>
```

```
    <div id = "origin">
        <div id = "current"></div>
        <div id = "currents"></div>
    </div>
</body>
</html>
```

通过 IE 查看该 HTML，效果如图 5-46 所示，“transform: translateX(-20px);”表示元素在水平方向向左位移 20px。

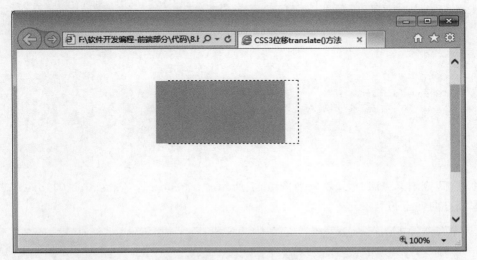

图 5-46 translateX(x)效果

(2) translateY(y)方法。

语法如下所示：

```
tranform:translateY(y)
```

y 表示元素在垂直方向(Y 轴)的移动距离，单位为 px、em 或百分比等。

当 y 为正时，表示元素在垂直方向向下移动；当 y 为负时，表示元素在垂直方向向上移动。

示例代码如下所示：

```
<html>
<head>
    <title>CSS3 位移 translate()方法</title>
    <style type = "text/CSS">
        /* 设置原始元素样式 */
        #origin
        {
            margin:100px auto;              /* 水平居中 */
            width:200px;
            height:100px;
            border:1px dashed #000;
```

```
        }
        /* 设置当前元素样式 */
        #current
        {
            width:200px;
            height:100px;
            color:white;
            background-color: #3EDFF4;
            text-align:center;
            transform:translateY(20px);
            -webkit-transform:translateY(20px);      /* 兼容-webkit-引擎浏览器 */
            -moz-transform:translateY(20px);         /* 兼容-moz-引擎浏览器 */
        }
    </style>
</head>
<body>
    <div id="origin">
        <div id="current"></div>
    </div>
</body>
</html>
```

通过 IE 查看该 HTML，效果如图 5-47 所示，“transform: translateY(20px);”表示元素在垂直方向向下位移 20px。

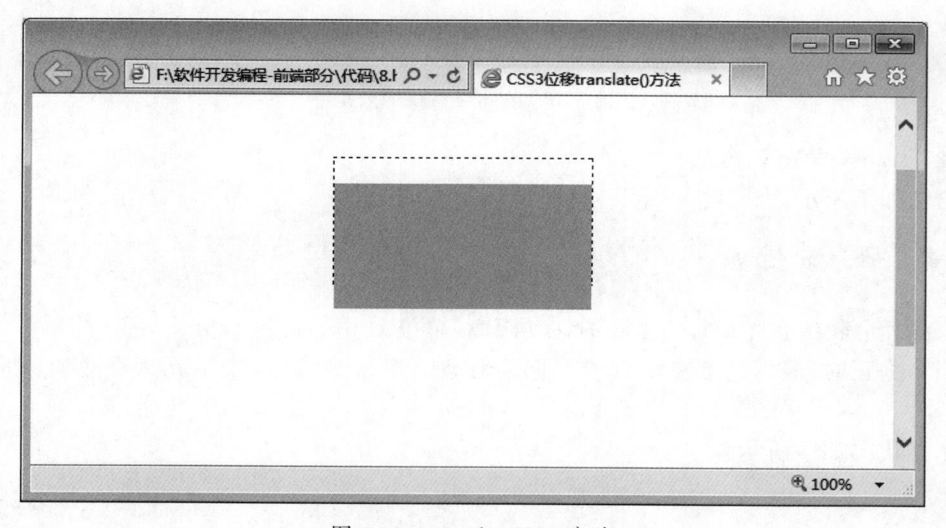

图 5-47　translateY(y)方法

(3) translate(x,y)。

语法如下所示：

```
tranform:translate(x,y)
```

x 表示元素在水平方向(X 轴)的移动距离，y 表示元素在垂直方向(Y 轴)的移动距离。注意，y 是一个可选参数，如果没有设置 y 值，则表示元素仅仅沿着 X 轴正方向移动。

示例代码如下所示：

```
<html>
<head>
    <title>CSS3 位移 translate()方法</title>
    <style type="text/CSS">
        /*设置原始元素样式*/
        #origin
        {
            margin:100px auto;                    /*水平居中*/
            width:200px;
            height:100px;
            border:1px dashed #000;
        }
        /*设置当前元素样式*/
        #current
        {
            width:200px;
            height:100px;
            color:white;
            background-color: #3EDFF4;
            text-align:center;
            transform:translate(20px,40px);
        -webkit-transform:translate(20px,40px);  /*兼容-webkit-引擎浏览器*/
         -moz-transform:translate(20px,40px);    /*兼容-moz-引擎浏览器*/
        }
    </style>
</head>
<body>
    <div id="origin">
        <div id="current"></div>
    </div>
</body>
</html>
```

通过 IE 查看该 HTML，效果如图 5-48 所示，“transform：translate(20px,40px)；”表示元素在垂直方向向下位移 40px，在水平方向向右移动 20px。

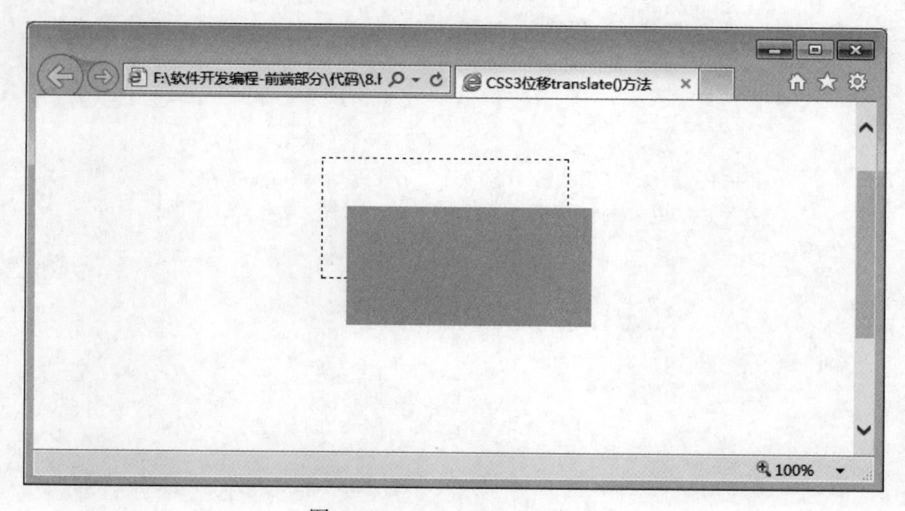

图 5-48　translate(x,y)方法

2）缩放 scale()

缩放是指“缩小”和“放大”。在 CSS3 中，可以使用 scale()方法来将元素根据中心原点进行缩放。

与 translate()方法一样，scale()方法也有 3 种情况：

- scaleX(x)——元素仅水平方向缩放(X 轴缩放)。
- scaleY(y)——元素仅垂直方向缩放(Y 轴缩放)。
- scale(x,y)——元素水平方向和垂直方向同时缩放(X 轴和 Y 轴同时缩放)。

(1) scaleX(x)。

语法如下所示：

```
transform:scaleX(x)
```

x 表示元素沿着水平方向(X 轴)缩放的倍数，如果大于 1 则代表放大；如果小于 1 则代表缩小。

示例代码如下所示：

```
<html>
<head>
    <title>CSS3 缩放 scale()方法</title>
    <style type="text/CSS">
        /*设置原始元素样式*/
        #origin
        {
            margin:100px auto;                    /*水平居中*/
            width:200px;
            height:100px;
            border:1px dashed #000;
        }
        /*设置当前元素样式*/
        #current
        {
            width:200px;
            height:100px;
            color:white;
            background-color: #3EDFF4;
            text-align:center;
            transform:scaleX(1.5);
            -webkit-transform:scaleX(1.5);    /*兼容-webkit-引擎浏览器*/
            -moz-transform:scaleX(1.5);       /*兼容-moz-引擎浏览器*/
        }
    </style>
</head>
<body>
    <div id="origin">
        <div id="current"></div>
    </div>
</body>
</html>
```

通过 IE 查看该 HTML，(x)效果如图 5-49 所示，元素沿着 X 轴方向放大了 1.5 倍(两个方向同时延伸，整体放大 1.5 倍)。

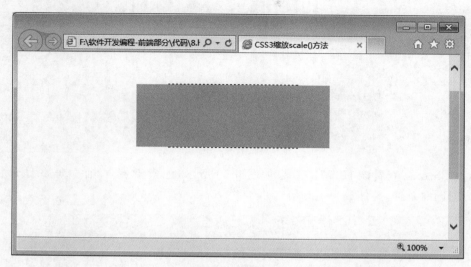

图 5-49 scaleX(x)

(2) scaleY(y)。

语法如下所示：

```
transform:scaleY(y)
```

y 表示元素沿着垂直方向(Y 轴)缩放的倍数，如果大于 1 则代表放大；如果小于 1 则代表缩小。

示例代码如下所示：

```
<html>
<head>
    <title>CSS3 缩放 scale()方法</title>
    <style type="text/CSS">
        /*设置原始元素样式*/
        #origin
        {
            margin:100px auto;          /*水平居中*/
            width:200px;
            height:100px;
            border:1px dashed #000;
        }
        /*设置当前元素样式*/
        #current
        {
            width:200px;
            height:100px;
            color:white;
            background-color: #3EDFF4;
            text-align:center;
```

```
            transform:scaleY(2.5);
    -webkit-transform:scaleY(2.5);          /*兼容-webkit-引擎浏览器*/
    -moz-transform:scaleY(2.5);             /*兼容-moz-引擎浏览器*/
        }
    </style>
</head>
<body>
    <div id="origin">
        <div id="current"></div>
    </div>
</body>
</html>
```

通过 Chrome 查看该 HTML，效果如图 5-50 所示，元素沿着 Y 轴方向放大了 1.5 倍（两个方向同时延伸，整体放大 1.5 倍）。

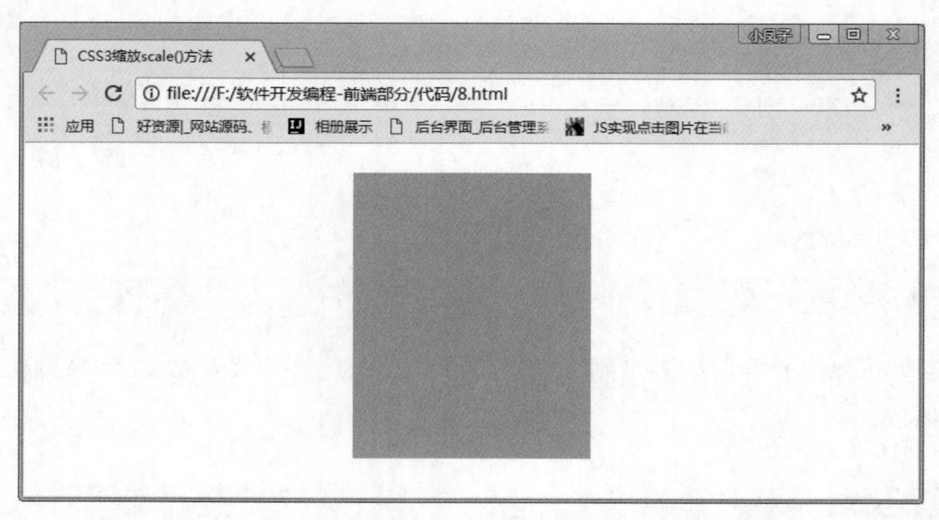

图 5-50　scaleY(y)效果

（3）scale(x,y)。

语法如下所示：

```
transform:scale(x,y)
```

x 表示元素沿着水平方向（X 轴）缩放的倍数，y 表示元素沿着垂直方向（Y 轴）缩放的倍数。

注意，y 是一个可选参数，如果没有设置 y 值，则表示在 X 轴、Y 轴两个方向的缩放倍数是一样的（同时放大相同倍数）。

示例代码如下所示：

```
<html>
<head>
    <title>CSS3 缩放 scale()方法</title>
```

```
    <style type = "text/CSS">
        /* 设置原始元素样式 */
        #origin
        {
            margin:100px auto;                  /* 水平居中 */
            width:200px;
            height:100px;
            border:1px dashed #000;
        }
        /* 设置当前元素样式 */
        #current
        {
            width:200px;
            height:100px;
            color:white;
            background-color: #3EDFF4;
            text-align:center;
              transform:scale (1.5,2);
-webkit-transform:scale(1.5,2);                 /* 兼容-webkit-引擎浏览器 */
-moz-transform:scale(1.5,2);                    /* 兼容-moz-引擎浏览器 */
        }
    </style>
</head>
<body>
    <div id = "origin">
        <div id = "current"></div>
    </div>
</body>
</html>
```

通过IE查看该HTML，效果如图5-51所示，元素沿着X轴方向放大了1.5倍，在Y轴方向放大了2倍。

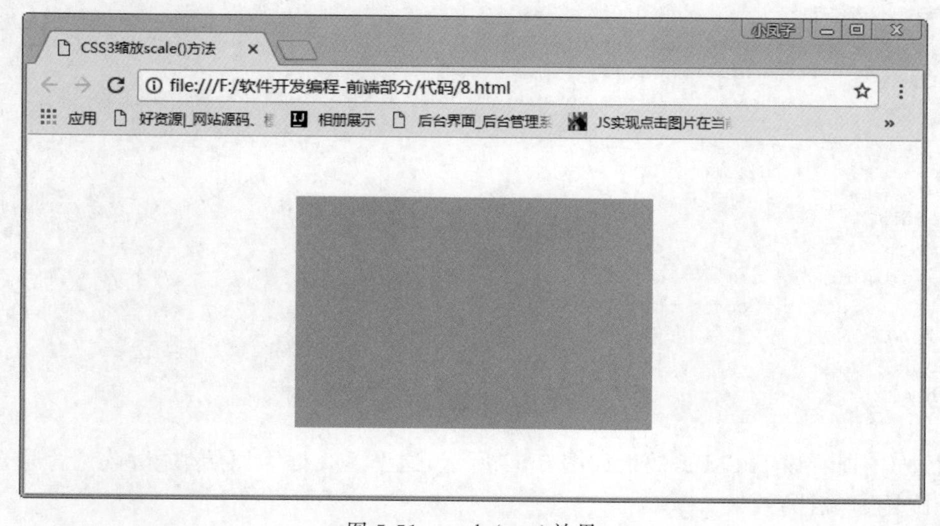

图5-51 scale(x,y)效果

3）旋转 rotate()

在 CSS3 中,可以使用 rotate()方法来将元素相对中心原点进行旋转。这里的旋转是二维的,不涉及三维空间的操作。

语法如下所示：

```
transform:rotate(度数);
```

度数是指元素相对中心原点进行旋转的度数,单位为 deg。

如果度数为正,则表示元素相对原点中心顺时针旋转；如果度数为负,则表示元素相对原点中心逆时针旋转。

示例代码如下所示：

```
<head>
    <title>CSS3 旋转 rotate()方法</title>
    <style type="text/CSS">
        /*设置原始元素样式*/
        #origin
        {
            margin:100px auto;                    /*水平居中*/
            width:200px;
            height:100px;
            border:1px dashed gray;
        }
        /*设置当前元素样式*/
        #current
        {
            width:200px;
            height:100px;
            line-height:100px;
            color:white;
            background-color: #007BEE;
            text-align:center;
            transform:rotate(30deg);
            -webkit-transform:rotate(30deg); /*兼容-webkit-引擎浏览器*/
            -moz-transform:rotate(30deg);    /*兼容-moz-引擎浏览器*/
        }
    </style>
</head>
<body>
    <div id="origin">
        <div id="current">顺时针旋转 30°</div>
    </div>
</body>
</html>
```

通过 IE 查看该 HTML,效果如图 5-52 所示,这里虚线框为原始位置,蓝色背景盒子为顺时针旋转 30°后的效果。

4）倾斜 skew()

在 CSS3 中,可以使用 skew()方法将元素倾斜显示。

与 translate()方法、scale()方法一样，skew()方法也有 3 种情况：

- skewX(x)——使元素在水平方向倾斜(X 轴倾斜)。
- skewY(y)——使元素在垂直方向倾斜(Y 轴倾斜)。
- skew(x,y)——使元素在水平方向和垂直方向同时倾斜(X 轴和 Y 轴同时倾斜)，先按照 skewX()方法倾斜，然后按照 skewY()方法倾斜。

图 5-52　rotate()效果

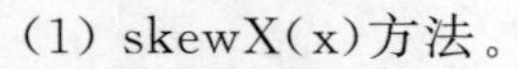

(1) skewX(x)方法。

语法如下所示：

```
transform:skewX(x);
```

x 表示元素在 X 轴倾斜的度数，单位为 deg。

如果度数为正，则表示元素沿水平方向(X 轴)顺时针倾斜；如果度数为负，则表示元素沿水平方向(X 轴)逆时针倾斜。

示例代码如下所示：

```
<html>
<head>
    <title>CSS3 倾斜 skew()方法</title>
    <style type="text/CSS">
        /*设置原始元素样式*/
        #origin
        {
            margin:100px auto;                  /*水平居中*/
            width:200px;
            height:100px;
            border:1px dashed #000;
        }
        /*设置当前元素样式*/
        #current
        {
            width:200px;
            height:100px;
            color:white;
            background-color: red;
            text-align:center;
            transform:skewX(30deg);
            -webkit-transform:skewX(30deg);     /*兼容-webkit-引擎浏览器*/
            -moz-transform:skewX(30deg);        /*兼容-moz-引擎浏览器*/
        }
    </style>
</head>
<body>
    <div id="origin">
```

```
        <div id = "current"></div>
    </div>
</body>
</html>
```

通过 IE 查看该 HTML，效果如图 5-53 所示。

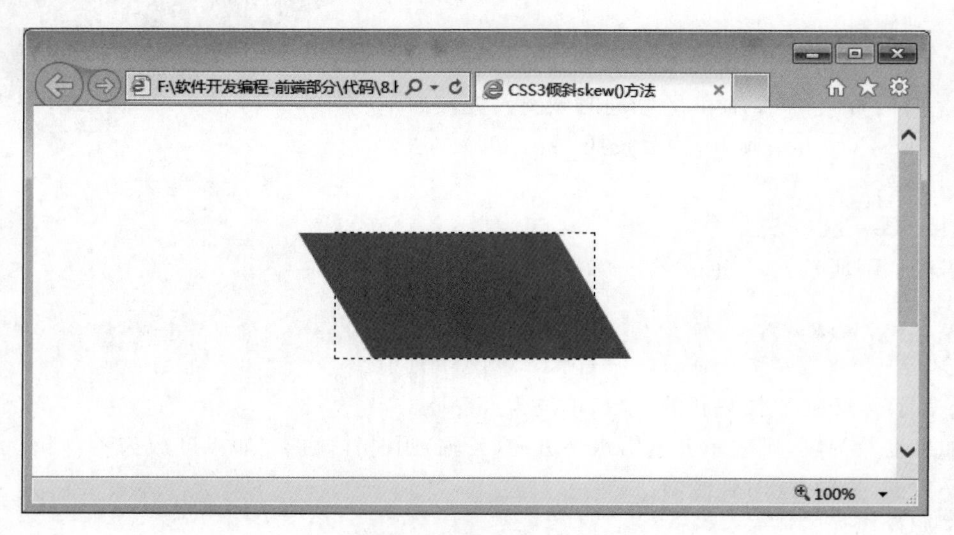

图 5-53　skewX(x)效果

(2) skewY(y)方法。

语法如下所示：

```
transform:skewY(y);
```

y 表示元素在 Y 轴倾斜的度数，单位为 deg。

如果度数为正，则表示元素沿垂直方向(Y 轴)顺时针倾斜；如果度数为负，则表示元素沿垂直方向(Y 轴)逆时针倾斜。

示例代码如下所示：

```
<html>
<head>
    <title>CSS3 倾斜 skew()方法</title>
    <style type = "text/CSS">
        /* 设置原始元素样式 */
        #origin
        {
            margin:100px auto;              /* 水平居中 */
            width:200px;
            height:100px;
            border:1px dashed #000;
        }
        /* 设置当前元素样式 */
        #current
```

```
        {
            width:200px;
            height:100px;
            color:white;
            background-color: red;
            text-align:center;
        transform:skewY(30deg);
  -webkit-transform:skewY(30deg);        /* 兼容-webkit-引擎浏览器 */
  -moz-transform:skewY(30deg);           /* 兼容-moz-引擎浏览器 */
        }
    </style>
</head>
<body>
    <div id="origin">
        <div id="current"></div>
    </div>
</body>
</html>
```

通过 IE 查看该 HTML,效果如图 5-54 所示。

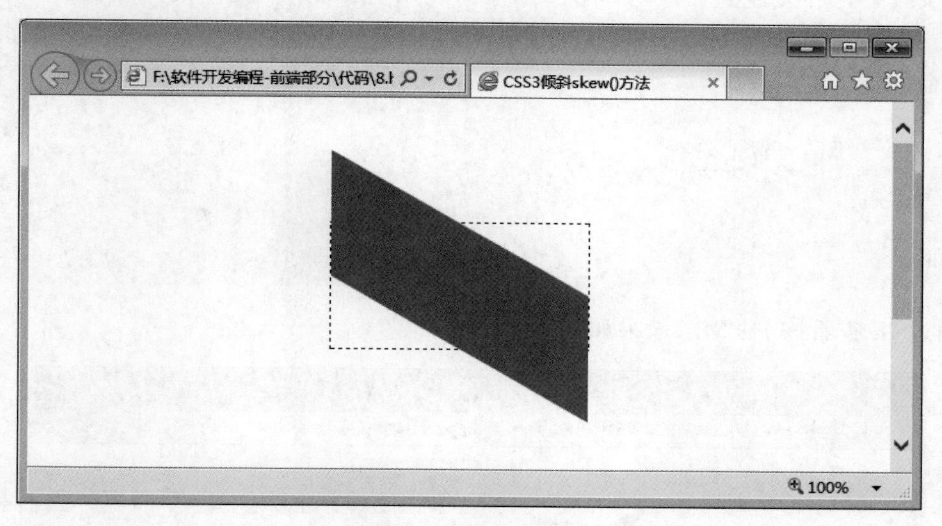

图 5-54 skewY(y)效果

(3) skew(x,y)方法。

语法如下所示:

```
transform:skew(x,y);
```

第一个参数对应 X 轴,第二个参数对应 Y 轴。如果第二个参数未提供,则值为 0,也就是 Y 轴方向上无斜切。

示例代码如下所示:

```
<html>
<head>
```

```
    <title>CSS3 倾斜 skew()方法</title>
    <style type="text/CSS">
        /* 设置原始元素样式 */
        #origin
        {
            margin:100px auto;                          /* 水平居中 */
            width:200px;
            height:100px;
            border:1px dashed #000;
        }
        /* 设置当前元素样式 */
        #current
        {
            width:200px;
            height:100px;
            color:white;
            background-color: red;
            text-align:center;
        transform:skew(30deg,30deg);
-webkit-transform:skew(30deg,30deg);                    /* 兼容-webkit-引擎浏览器 */
-moz-transform:skew(30deg,30deg);                       /* 兼容-moz-引擎浏览器 */
        }
    </style>
</head>
<body>
    <div id="origin">
        <div id="current"></div>
    </div>
</body>
</html>
```

通过 IE 查看该 HTML，效果如图 5-55 所示。

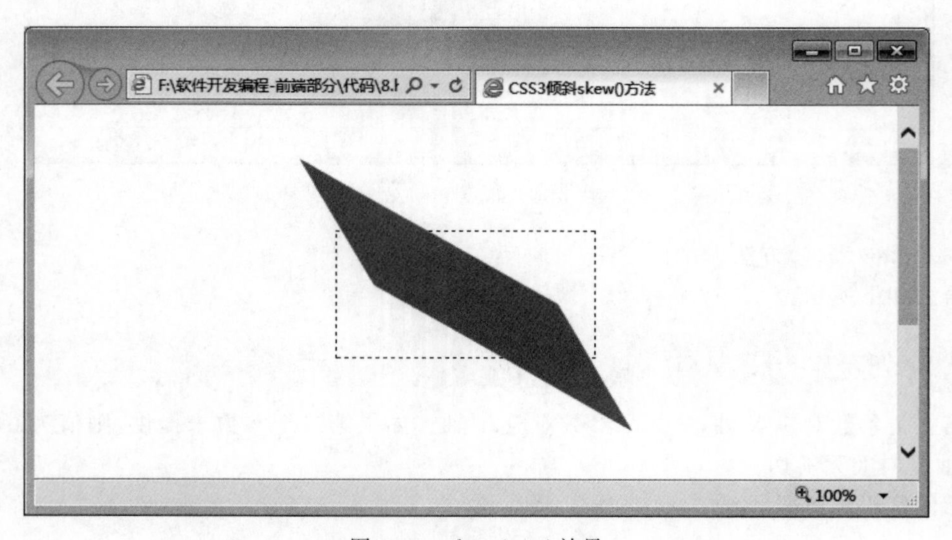

图 5-55 skew(x,y)效果

5）中心原点 transform-origin

任何一个元素都有一个中心原点，默认情况下，元素的中心原点位于 X 轴和 Y 轴的 50%处。

默认情况下，CSS3 变形进行的位移、缩放、旋转、倾斜都是以元素的中心原点进行变形。

假如要使得元素进行位移、缩放、旋转、倾斜这些变形操作的中心原点不是原来元素的中心位置，那该怎么办呢？

在 CSS3 中，可以通过 transform-origin 属性来改变元素变形时的中心原点位置。

语法如下所示：

```
transform - origin:取值;
```

transform-origin 属性取值有 2 种：一种是采用长度值，另外一种是使用关键字。长度值一般使用百分比作为单位，很少使用 px、em 等作为单位。

不管 transform-origin 取值为长度值还是关键字，都需要设置水平方向和垂直方向的值。transform-origin 属性取值跟背景位置 background-position 属性取值相似，表 5-7 为 transform-origin 属性取值。

表 5-7 transform-origin 属性取值

关键字	百分比	说　明
top left	0 0	左上
top center	50% 0	靠上居中
top right	100% 0	右上
left center	0 50%	靠左居中
center center	50% 50%	正中
right center	100% 50%	靠右居中
bottom left	0 100%	左下
bottom center	50% 100%	靠下居中
bottom right	100% 100%	右下

示例代码如下所示：

```
<html>
<head>
    <title>CSS3 中心原点 transform - origin 属性</title>
    <style type = "text/CSS">
        /* 设置原始元素样式 */
        #origin
        {
            margin:100px auto;                /* 水平居中 */
            width:200px;
            height:100px;
            border:1px dashed gray;
        }
        #current
        {
            width:200px;
```

```
            height:100px;
            color:white;
            background-color: yellow;
            text-align:center;
            transform-origin:right center;
            -webkit-transform-origin:right center;   /*兼容-webkit-引擎浏览器*/
            -moz-transform-origin:right center;      /*兼容-moz-引擎浏览器*/
            transform:rotate(30deg);
            -webkit-transform:rotate(30deg);         /*兼容-webkit-引擎浏览器*/
            -moz-transform:rotate(30deg);            /*兼容-moz-引擎浏览器*/
        }
    </style>
</head>
<body>
    <div id="origin">
        <div id="current"></div>
    </div>
</body>
</html>
```

通过 IE 查看该 HTML，效果如图 5-56 所示，"transform-origin: right center;"使得 CSS3 变形的中心原点由"正中"变为"靠右居中"。

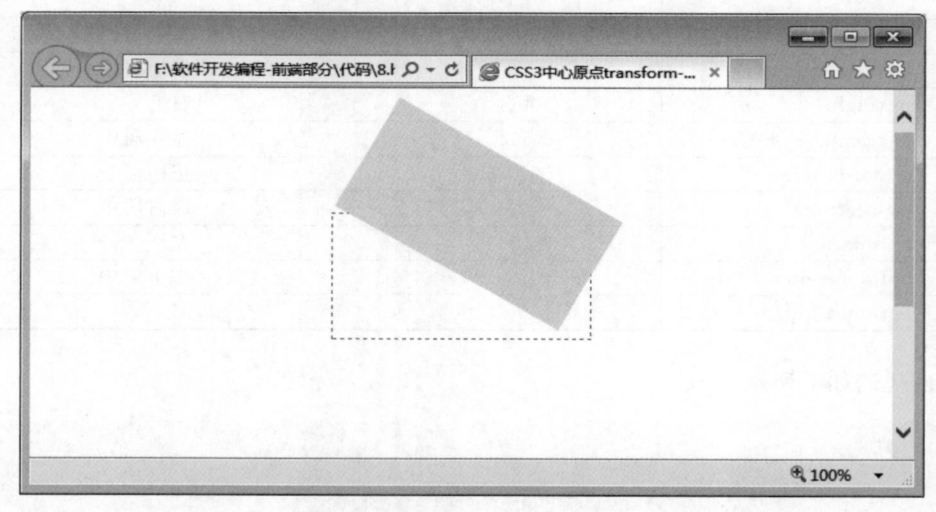

图 5-56　transform-origin 效果

2. 过渡

在 CSS3 中，可以使用 transition 属性来将元素的某一个属性从"一个属性值"在指定的时间内平滑地过渡到"另外一个属性值"来实现动画效果。

CSS transform 属性所实现的元素变形，呈现的仅仅是一个"结果"，而 CSS transition 呈现的是一种过渡"过程"，通俗地说，就是一种动画转换过程，如渐显、渐隐、动画快慢等。例如，绿叶学习网中很多地方都用到了 CSS3 过渡，当鼠标指针移动上去的时候，都会有一定的过渡效果。

语法如下所示：

```
transition:属性 持续时间 过渡方法 延迟时间;
```

transition 属性是一个复合属性，主要包含 4 个子属性：

(1) transition-property——对元素的哪一个属性进行操作。

(2) transition-duration——过渡的持续时间。

(3) transition-timing-function——过渡使用的方法(函数)。

(4) transition-delay——可选属性，指定过渡开始出现的延迟时间。

1) 过渡属性 transition-property

可以使用 transition-property 属性单独设定过渡动画所要操作的那个属性。

语法如下所示：

```
transition - property:取值;
```

transition-property 属性的取值是一个“CSS 属性名”。

示例代码如下所示：

```
< html xmlns = "http://www.w3.org/1999/xhtml">
< head >
    < title > CSS3 transition - property 属性</title >
    < style type = "text/CSS">
        div
        {
            display:inline - block;
            width:100px;
            height:50px;
            background - color:#14C7F3;
            transition - property:height;
            transition - duration:0.5s ;
            transition - timing - function:linear;
            transition - delay:0;
        }
        div:hover
        {
            height:100px;
        }
    </style >
</head >
< body >
    < div ></div >
</body >
</html >
```

通过 Chrome 查看该 HTML，效果如图 5-57 和图 5-58 所示。这里使用 transition-property 属性指定了过渡动画所操作的 CSS 属性是 height。当鼠标指针移动到 div 元素上时，元素的高度会在 0.5s 内从 50px 过渡到 100px。

2) transition-duration 属性

在 CSS3 中，可以使用 transition-duration 属性单独设置过渡持续的时间。

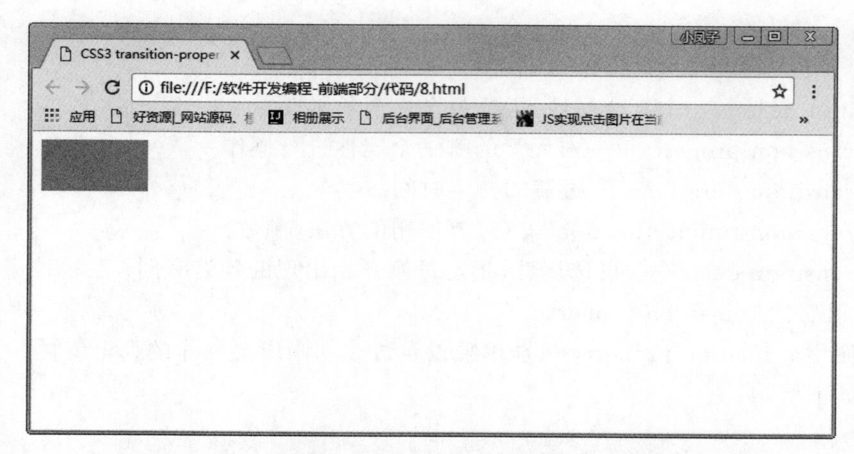

图 5-57　transition-property 属性鼠标放置之前

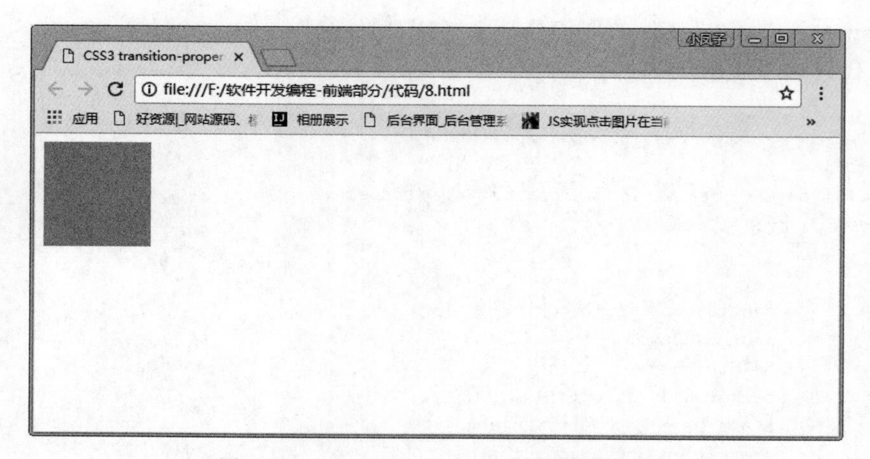

图 5-58　transition-property 属性过渡之后

语法如下所示：

```
transition - duration:时间;
```

transition-duration 属性取值是一个时间，单位为 s(秒)，可以为小数，如 0.5s。

示例代码如下所示：

```
<html>
<head>
    <title>CSS3 过渡</title>
    <style type = "text/CSS">
        div
        {
            display:inline - block;
            width:100px;
            height:100px;
            border - radius:0;
```

```
            background - color: #14C7F3;
            transition - property:border - radius;
            transition - duration:0.5s;
            transition - timing - function:linear;
            transition - delay:0;
        }
        div:hover
        {
            border - radius:50px;
        }
    </style>
</head>
<body>
    <div></div>
</body>
</html>
```

通过 Chrome 查看该 HTML，效果如图 5-59 和图 5-60 所示的当鼠标指针移动到 div 元素上面时，div 元素的圆角半径在 0.5 秒内从 0 过渡到 50px。

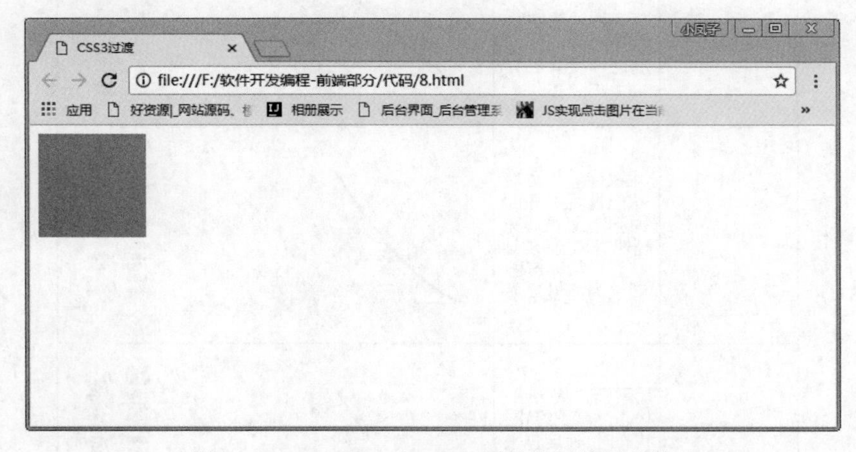

图 5-59　transition-duration 属性鼠标放置之前

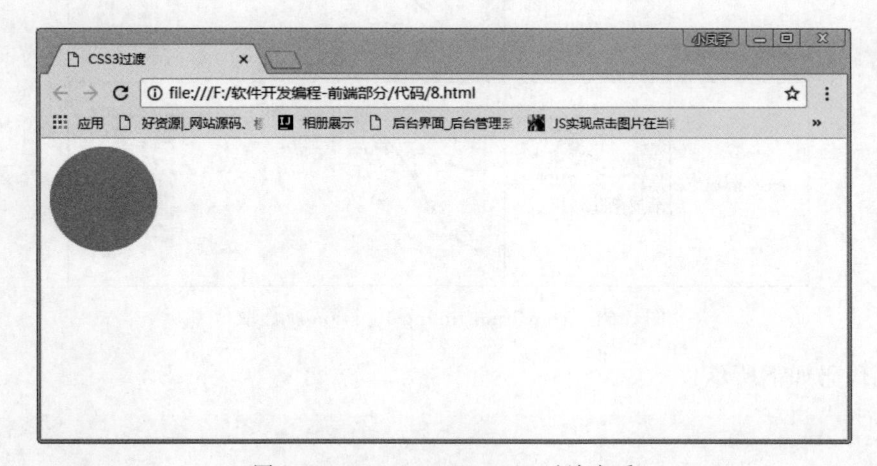

图 5-60　transition-duration 过渡之后

3）过渡方式 transition-timing-function

在 CSS3 中可以使用 transition-timing-function 属性来定义过渡方式。“过渡方式”主要用来指定动画在过渡时间内的变化速率。

语法如下所示：

```
transition-function:取值;
```

transition-timing-function 属性取值共有 5 种，具体如图 5-61 所示。

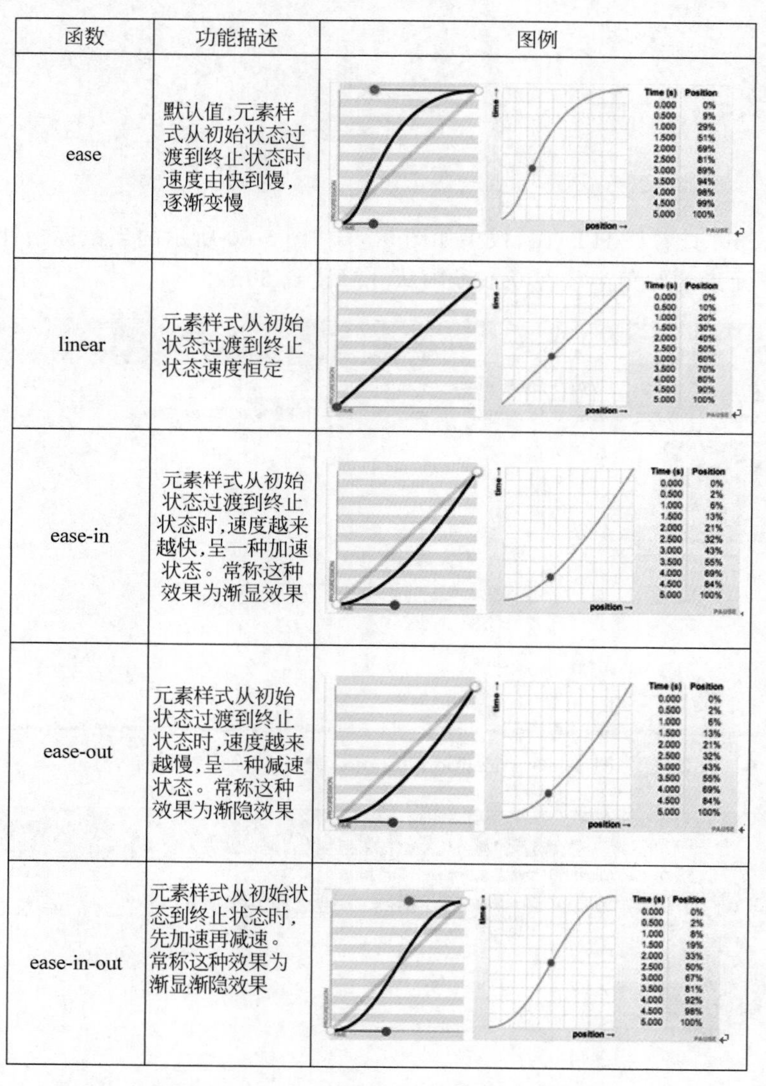

函数	功能描述	图例
ease	默认值，元素样式从初始状态过渡到终止状态时速度由快到慢，逐渐变慢	
linear	元素样式从初始状态过渡到终止状态速度恒定	
ease-in	元素样式从初始状态过渡到终止状态时，速度越来越快，呈一种加速状态。常称这种效果为渐显效果	
ease-out	元素样式从初始状态过渡到终止状态时，速度越来越慢，呈一种减速状态。常称这种效果为渐隐效果	
ease-in-out	元素样式从初始状态到终止状态时，先加速再减速。常称这种效果为渐显渐隐效果	

图 5-61　transition-timing-function 属性取值

示例代码如下所示：

```
<html>
<head>
```

```
        <title>CSS3 transition-timing-function 属性</title>
        <style type="text/CSS">
            div
            {
                width:100px;
                height:50px;
                text-align:center;
                line-height:50px;
                border-radius:0;
                background-color:#14C7F3;
                transition-property:width;
                transition-duration:2s ;
                transition-delay:0;
            }
            div+div
            {
                margin-top:10px;
            }
            #div1{transition-timing-function:linear;}
            #div2{transition-timing-function:ease;}
            #div3{transition-timing-function:ease-in;}
            #div4{transition-timing-function:ease-out;}
            #div5{transition-timing-function:ease-in-out}
            div:hover
            {
                width:300px;
            }
        </style>
    </head>
    <body>
        <div id="div1">linear</div>
        <div id="div2">ease</div>
        <div id="div3">ease-in</div>
        <div id="div4">ease-out</div>
        <div id="div5">ease-in-out</div>
    </body>
    </html>
```

通过 Chrome 查看该 HTML,效果如图 5-62 所示。

4）延迟时间 transition-delay

可以使用 transition-delay 属性来设置动画开始的延迟时间。

语法如下所示:

```
transition-delay:时间;
```

transition-delay 属性取值是一个时间,单位为 s(秒),可以为小数,如 0.5s。

transition-delay 属性默认值为 0,也就是说,当没有设置 transition-delay 属性时,过渡动画就没有延迟时间。

示例代码如下所示:

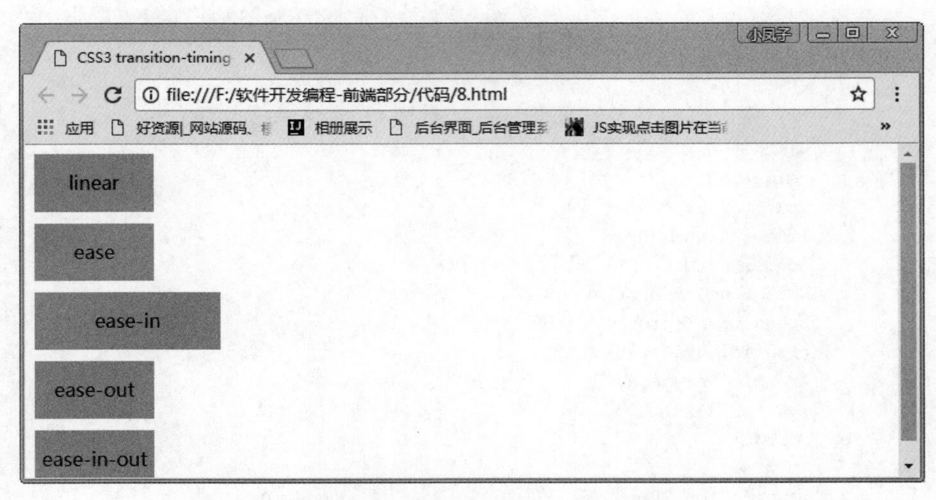

图 5-62　transition-timing-function 效果

```
<html>
<head>
    <title>CSS3 transition-delay 属性</title>
    <style type="text/CSS">
        div
        {
            display:inline-block;
            width:100px;
            height:100px;
            border-radius:0;
            background-color:#14C7F3;
            transition-property:border-radius;
            transition-duration:1s ;
            transition-timing-function:linear;
            transition-delay:2s;
        }
        div:hover
        {
            border-radius:50px;
        }
    </style>
</head>
<body>
    <div></div>
</body>
</html>
```

通过 Chrome 查看该 HTML，效果如图 5-63 所示。“transition-delay：2s；”表示鼠标指针移动到 div 的那一瞬间开始计时，在计时开始之后还得延迟 2s 才会开始进行过渡动画，这就是所谓的“延迟时间”。然后，从鼠标指针移出 div 的一瞬间开始，过渡动画同样也会延迟 2s 才会开始恢复。

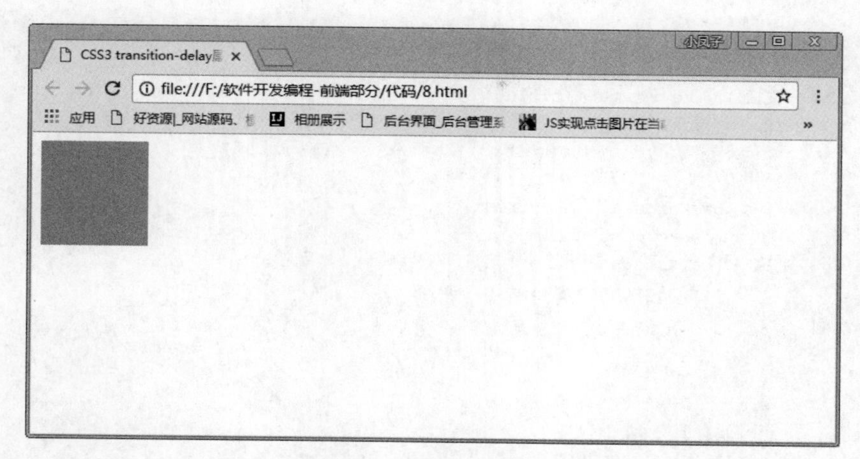

图 5-63 transition-delay 效果

3. 动画

在 CSS3 中,动画效果使用 animation 属性来实现。animation 属性和 transition 属性功能是相同的,都是通过改变元素的"属性值"来实现动画效果的。但是这两者又有很大的区别:transition 属性只能通过指定属性的开始值与结束值,然后在这两个属性值之间进行平滑过渡来实现动画效果,因此只能实现简单的动画效果。animation 属性则通过定义多个关键帧以及定义每个关键帧中元素的属性值来实现复杂的动画效果。

1) @keyframes

使用 animation 属性定义 CSS3 动画需要两步:

(1) 定义动画。

(2) 调用动画。

在 CSS3 中,在使用动画之前,必须使用@keyframes 规则定义动画。

语法如下所示:

```
@keyframes 动画名
{
    0 %
    {
        …
    }
    …
    100 %
    {

    }
}
```

0%表示动画的开始,100%表示动画的结束。0%和 100%是必需的,不过在一个@keyframes 规则中可以由多个百分比构成,每一个百分比都可以定义自身的 CSS 样式,从而形成一系列的动画效果。

示例代码如下所示:

```
<html>
<head>
    <title>CSS3 @keyframes</title>
    <style type="text/CSS">
        @-webkit-keyframes mycolor
        {
            0%{background-color:red;}
            30%{background-color:blue;}
            60%{background-color:yellow;}
            100%{background-color:green;}
        }
        div
        {
            width:100px;
            height:100px;
            border-radius:50px;
            background-color:red;
        }
        div:hover
        {
            -webkit-animation-name:mycolor;
            -webkit-animation-duration:5s;
            -webkit-animation-timing-function:linear;
        }
    </style>
</head>
<body>
    <div></div>
</body>
</html>
```

通过 Chrome 查看该 HTML，效果如图 5-64 所示。这里使用@keyframes 规则定义了一个名为 mycolor 的动画，刚开始时背景颜色为红色，在 0%～30%部分背景颜色从红色变为蓝色，然后在 30%～60%部分背景颜色从蓝色变为黄色，最后在 60%～100%部分背景颜色从蓝色变为绿色。动画执行完毕，背景颜色回归为红色(初始值)。

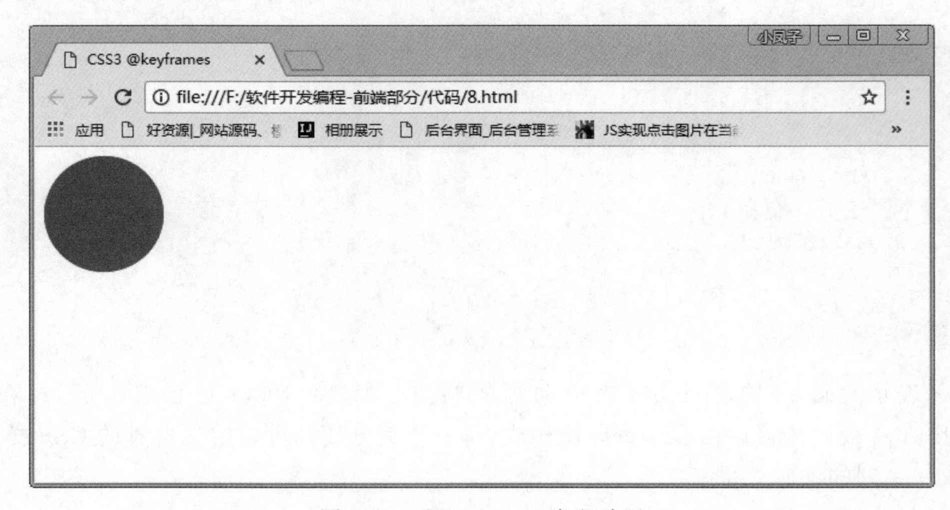

图 5-64　@keyframes 定义动画

2）animation-name 属性

在 CSS3 中，使用 @ keyframes 规则定义的动画并不会自动执行，还需要使用 animation-name 属性来调用动画，之后动画才会生效。

语法如下所示：

```
animation - name:动画名;
```

注意，animation-name 调用的动画名需要和@keyframes 规则定义的动画名称完全一致（区分大小写），如果不一致将不具有任何动画效果。为了浏览器兼容性，针对 Chrome 和 Safari 浏览器需要加上-webkit-前缀，而针对 Firefox 浏览器需要加上-moz-。

示例代码如下所示：

```
<html>
<head>
    <title>CSS3 animation - name 属性</title>
    <style type = "text/CSS">
        @ - webkit - keyframes mycolor
        {
            0 % {background - color:red;}
            30 % {background - color:blue;}
            60 % {background - color:yellow;}
            100 % {background - color:green;}
        }
        @ - webkit - keyframes mytransform
        {
            0 % {border - radius:0;}
            50 % {border - radius:50px; - webkit - transform:translateX(0);}
            100 % {border - radius:50px; - webkit - transform:translateX(50px);}
        }
        div
        {
            width:100px;
            height:100px;
            background - color:red;
        }
        div:hover
        {
            - webkit - animation - name:mytransform;
            - webkit - animation - duration:5s;
            - webkit - animation - timing - function:linear;
        }
    </style>
</head>
<body>
    <div></div>
</body>
</html>
```

通过 Chrome 查看该 HTML，效果如图 5-65 所示。这里使用@keyframes 规则定义了两个动画：mycolor 和 mytransform。但是我们只使用 animation-name 调用名为

mytransform 的动画。因此，名为 mytransform 的动画会生效，而名为 mycolor 的动画不会生效。

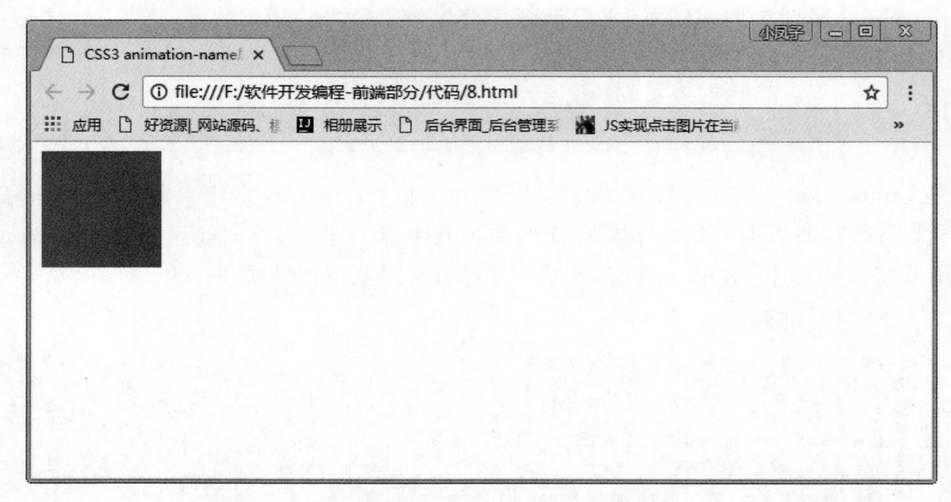

图 5-65　animation-name 调用动画

在 mytransform 动画中，0%～50%的 div 元素 border-radius 属性值实现从 0 变成 50px，然后在 50%～100%的部分保持 border-radius 属性值不变，并且水平向右移动 50px。

3）持续时间 animation-duration

在 CSS3 中，可以使用 animation-duration 属性来设置动画的持续时间，也就是完成从 0%～100%所使用的总时间。animation-duration 属性与 CSS3 过渡中的 transition-duration 属性相似。

语法如下所示：

```
animation - duration:时间;
```

animation-duration 属性取值是一个时间，单位为 s(秒)，可以为小数，如 0.5s。

示例代码如下所示：

```
<html>
<head>
    <title>CSS3 animation - duration 属性</title>
    <style type = "text/CSS">
        @ - webkit - keyframes mytranslate
        {
            0 % {}
            100 % { - webkit - transform:translateX(100px);}
        }
        div:not( # container)
        {
            width:40px;
            height:40px;
            border - radius:20px;
            background - color:red;
```

```
            -webkit-animation-name:mytranslate;
            -webkit-animation-timing-function:linear;
        }
        #container
        {
            display:inline-block;
            width:140px;
            border:1px solid silver;
        }
        #div1{-webkit-animation-duration:2s;margin-bottom:10px;}
        #div2{-webkit-animation-duration:4s;}
    </style>
</head>
<body>
    <div id="container">
        <div id="div1"></div>
        <div id="div2"></div>
    </div>
</body>
</html>
```

通过 Chrome 查看该 HTML，效果如图 5-66 所示。这里设置 #div1 的元素动画持续时间为 2s，而设置 #div2 的元素动画持续时间为 4s。

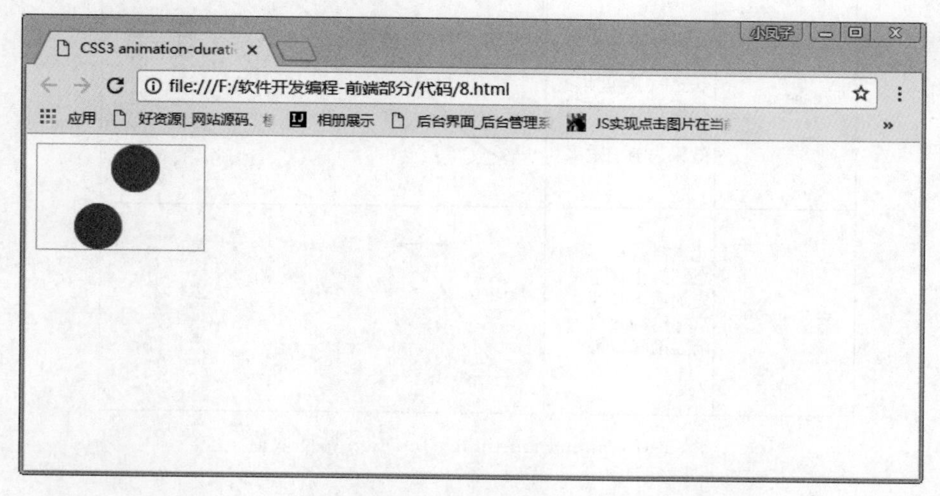

图 5-66 animation-duration 效果

4）播放方式 animation-timing-function

在 CSS3 中，可以使用 animation-timing-function 属性来设置动画的播放方式，“播放方式”主要用来指定动画在播放时间内的变化速率。

语法如下所示：

```
animation-timing-function:取值;
```

animation-timing-function 属性取值跟 transition-timing-function 属性取值一样，共有

5 种，具体如图 5-67 所示。

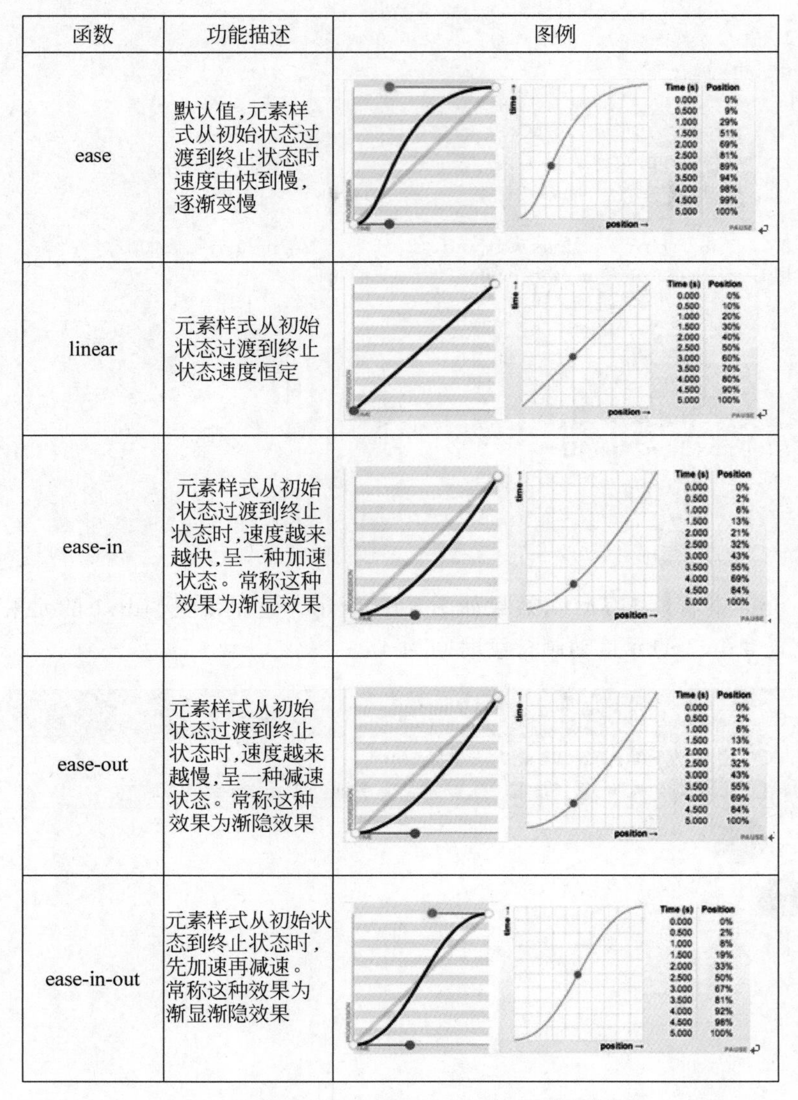

函数	功能描述	图例
ease	默认值，元素样式从初始状态过渡到终止状态时速度由快到慢，逐渐变慢	
linear	元素样式从初始状态过渡到终止状态速度恒定	
ease-in	元素样式从初始状态过渡到终止状态时，速度越来越快，呈一种加速状态。常称这种效果为渐显效果	
ease-out	元素样式从初始状态过渡到终止状态时，速度越来越慢，呈一种减速状态。常称这种效果为渐隐效果	
ease-in-out	元素样式从初始状态到终止状态时，先加速再减速。常称这种效果为渐显渐隐效果	

图 5-67　animation-timing-function 属性取值

示例代码如下所示：

```
< html >
< head >
    < title > CSS3 animation - timing - function 属性</title >
    < style type = "text/CSS">
        @ - webkit - keyframes mytransform
        {
            0 % { }
            100 % {width:300px;}
        }
        div
```

```
        {
            width:100px;
            height:50px;
            text-align:center;
            line-height:50px;
            border-radius:0;
            background-color:#14C7F3;
            -webkit-animation-name:mytransform;
            -webkit-animation-duration:5s;
            -webkit-animation-timing-function:linear;
        }
        div+div
        {
            margin-top:10px;
        }
        #div1{-webkit-animation-timing-function:linear;}
        #div2{-webkit-animation-timing-function:ease;}
        #div3{-webkit-animation-timing-function:ease-in;}
        #div4{-webkit-animation-timing-function:ease-out;}
        #div5{-webkit-animation-timing-function:ease-in-out}
    </style>
</head>
<body>
    <div id="div1">linear</div>
    <div id="div2">ease</div>
    <div id="div3">ease-in</div>
    <div id="div4">ease-out</div>
    <div id="div5">ease-in-out</div>
</body>
</html>
```

通过 Chrome 查看该 HTML，效果如图 5-68 所示。

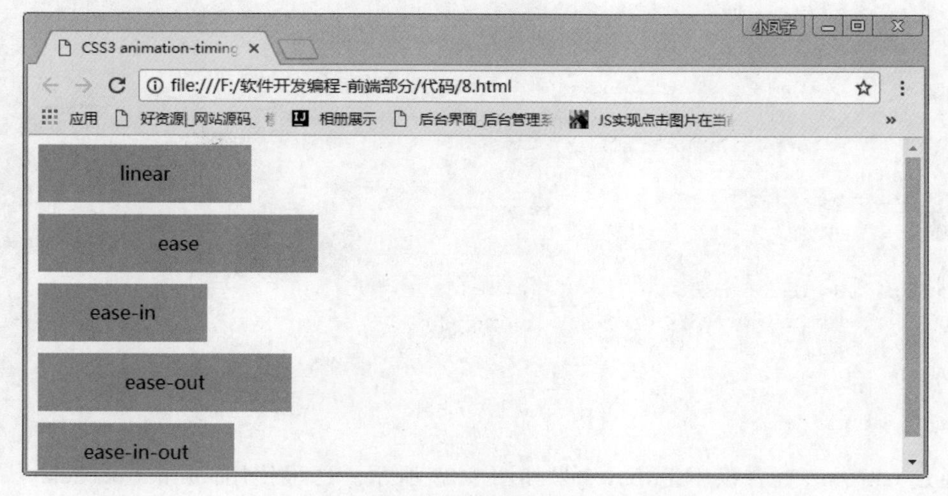

图 5-68　animation-timing-function 效果

5）延迟时间 animation-delay

在 CSS3 中，可以使用 animation-delay 属性来定义动画播放的延迟时间。

语法如下所示：

```
animation - delay:时间;
```

animation-delay 属性取值是一个时间，单位为 s(秒)，可以为小数如 0.5s。

animation-delay 属性默认值为 0，也就是说，当我们没有设置 animation-delay 属性时，CSS3 动画就没有延迟时间。

示例代码如下所示：

```
< html >
< head >
    < title > CSS3 animation - delay 属性</title >
    < style type = "text/CSS">
        @ - webkit - keyframes mytranslate
        {
            0 % {}
            100 % { - webkit - transform:translateX(100px);}
        }
        # div1
        {
            width:40px;
            height:40px;
            border - radius:20px;
            background - color:red;
            - webkit - animation - name:mytranslate;
            - webkit - animation - timing - function:linear;
            - webkit - animation - duration:2s;
            - webkit - animation - delay:2s; /* 设置动画在页面打开之后延迟 2s 开始播放 */
        }
        # container
        {
            display:inline - block;
            width:140px;
            border:1px solid silver;
        }
    </style >
</head >
< body >
    < div id = "container">
        < div id = "div1"></div >
    </div >
</body >
</html >
```

通过 Chrome 查看该 HTML，效果如图 5-69 所示。这里使用 animation-delay 属性设置动画延迟时间为 2s，也就是说，当页面打开之后延迟 2s 动画才开始播放。

6）播放次数 animation-iteration-count

在 CSS3 中，可以使用 animation-iteration-count 属性来定义动画的播放次数。

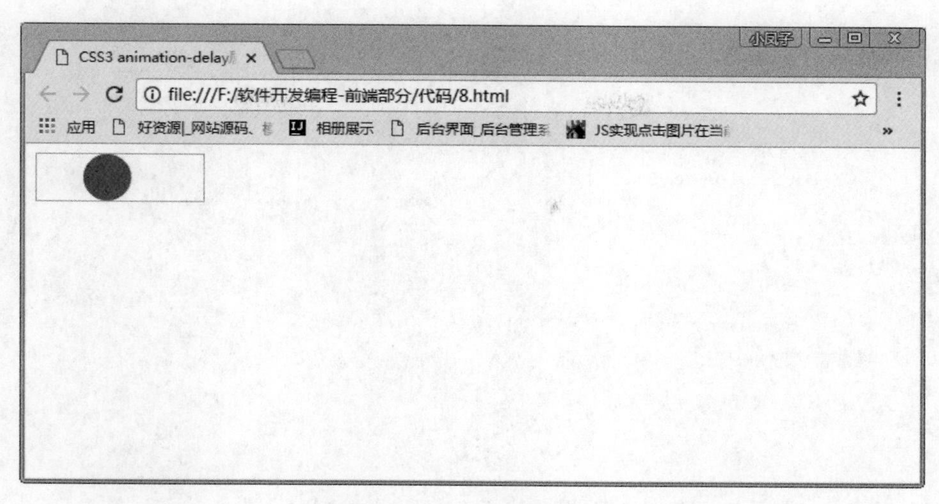

图 5-69　animation-delay

语法如下所示：

```
animation - iteration - count:取值;
```

animation-iteration-count 属性取值有两种：

（1）正整数。

（2）infinity。

animation-iteration-count 属性默认值为 1。也就是说，在默认情况下，动画从开始到结束只播放一次。“animation-iteration-count：n”表示动画播放 n 次，n 为正整数。

当 animation-iteration-count 属性取值为 infinite 时，动画会无限次地循环播放。

示例代码如下所示：

```
<html>
<head>
    <title>CSS3 animation - iteration - count 属性</title>
    <style type = "text/CSS">
        @ - webkit - keyframes mytranslate
        {
            0 % {}
            50 % { - webkit - transform:translateX(100px);}
            100 % {}
        }
        # div1
        {
            width:40px;
            height:40px;
            border - radius:20px;
            background - color:red;
            - webkit - animation - name:mytranslate;
            - webkit - animation - timing - function:linear;
            - webkit - animation - duration:2s;
            - webkit - animation - iteration - count:infinite;
```

```
        }
        #container
        {
            display:inline-block;
            width:140px;
            border:1px solid silver;
        }
    </style>
</head>
<body>
    <div id="container">
        <div id="div1"></div>
    </div>
</body>
</html>
```

通过 Chrome 查看该 HTML，效果如图 5-70 所示。这里设置 animation-iteration-count 属性值为 infinite，然后动画会不断循环播放。

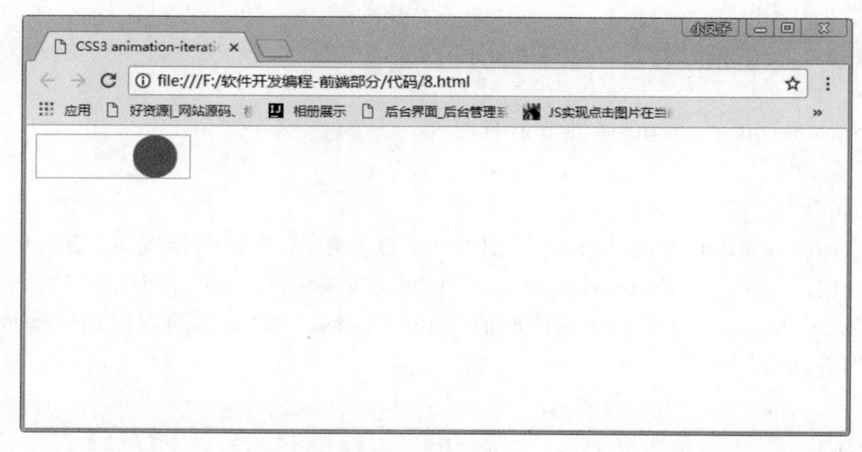

图 5-70　animation-iteration-count 效果

7）播放方向 animation-direction

在 CSS3 中，可以使用 animation-direction 属性定义动画的播放方向。

语法如下所示：

```
animation-direction:取值;
```

animation-direction 属性取值如表 5-8 所示。

表 5-8　animation-direction 属性取值

属性	说　明
normal	每次循环都向正方向播放（默认值）
reverse	每次循环都向反方向播放
alternate	播放次数是奇数时，动画向原方向播放；播放次数是偶数时，动画向反方向播放

示例代码如下所示：

```
<html>
<head>
    <title>CSS3 animation-direction 属性</title>
    <style type="text/CSS">
        @-webkit-keyframes mytranslate{
            0%{}
            100%{-webkit-transform:translateX(100px);}
        }
        #div1{
            width:40px;
            height:40px;
            border-radius:20px;
            background-color:red;
            -webkit-animation-name:mytranslate;
            -webkit-animation-timing-function:linear;
            -webkit-animation-duration:2s;
        }
        #container{
            display:inline-block;
            width:140px;
            border:1px solid silver;
        }
    </style>
</head>
<body>
    <div id="container">
        <div id="div1"></div>
    </div>
</body>
</html>
```

通过 Chrome 查看该 HTML，效果如图 5-71 所示。这里设置动画播放沿着正方向播放(0%～100%)，小球从左到右滚动。

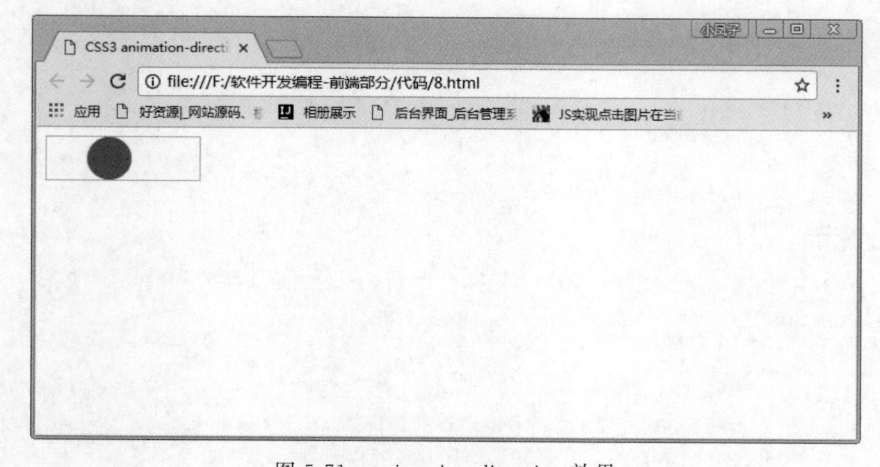

图 5-71　animation-direction 效果

8）动画播放状态 animation-play-state

在 CSS3 中，可以使用 animation-play-state 属性来定义动画的播放状态。

语法如下所示：

```
animation-play-state:取值;
```

animation-play-state 属性取值只有两个：running 和 paused。

表 5-9 为 animation-play-state 属性取值。

表 5-9　animation-play-state 属性取值

属性	说　明
running	播放动画（默认值）
paused	暂停动画

示例代码如下所示：

```
<html>
<head>
    <title>CSS3 animation-play-state 属性</title>
    <style type="text/CSS">
        @-webkit-keyframes mytranslat{
            0%{}
            50%{-webkit-transform:translateX(200px);}
            100%{}
        }
        #div1{
            width:40px;
            height:40px;
            border-radius:20px;
            background-color:red;
            -webkit-animation-name:mytranslate;
            -webkit-animation-timing-function:linear;
            -webkit-animation-duration:3s;
            -webkit-animation-iteration-count:infinite;
        }
        #container{
            display:inline-block;
            width:240px;
            border:1px solid silver;
        }
    </style>
    <script src="../App_js/jquery-1.11.3.min.js" type="text/javascript">
</script>
    <script type="text/javascript">
        $(function(){
            $("#btn_pause").click(function(){
                $("#div1").CSS("-webkit-animation-play-state","paused");
            });
            $("#btn_run").click(function(){
```

```
                $ ("#div1").CSS("-webkit-animation-play-state", "running");
            });
        })
    </script>
</head>
<body>
    <div id="container">
        <div id="div1"></div>
    </div>
    <div id="control_btn">
        <input id="btn_pause" type="button" value="暂停"/>
        <input id="btn_run" type="button" value="播放"/>
    </div>
</body>
</html>
```

通过Chrome查看该HTML,效果如图5-72所示的,当单击“暂停”按钮时,设置动画的animation-play-state属性值为"paused";当单击“播放”按钮时,设置动画的animation-play-state属性值为"running"。这种效果就跟视频播放器中的“暂停”和“播放”的效果一样。

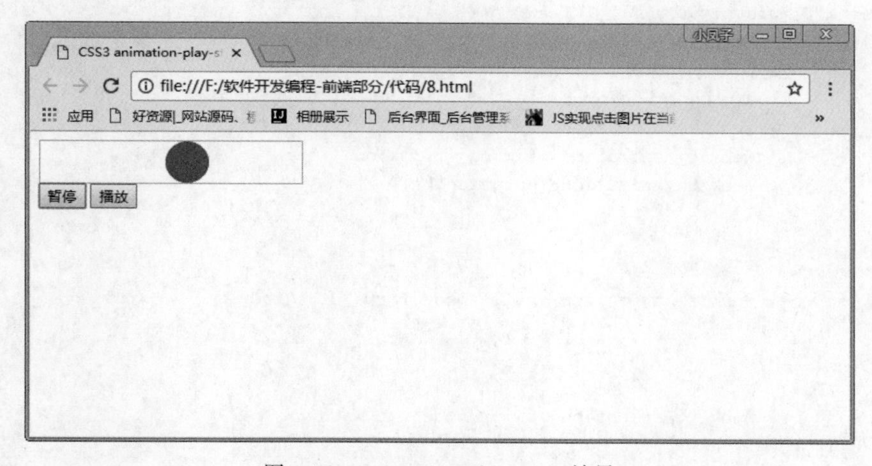

图5-72 animation-play-state效果

9）时间外属性animation-fill-mode

在CSS3中,可以使用animation-fill-mode属性定义在动画开始之前和动画结束之后发生的事情。

语法如下所示：

```
animation-fill-mode:取值;
```

animation-fill-mode属性取值如表5-10所示。

表5-10 animation-fill-mode属性取值

属性	说　明
none	动画完成最后一帧时会反转到初始帧处(默认值)
forwards	动画结束之后继续应用最后的关键帧位置

续表

属性	说　明
backwards	会在向元素应用动画样式时迅速应用动画的初始帧
both	元素动画同时具有 forwards 和 backwards 效果

示例代码如下所示：

```
<html>
<head>
    <title>CSS3 animation-fill-mode 属性</title>
    <style type="text/CSS">
        @-webkit-keyframes mytranslate
        {
            0%{}
            100%{-webkit-transform:translateX(100px);}
        }
        div:not(#container)
        {
            width:40px;
            height:40px;
            border-radius:20px;
            background-color:red;
            -webkit-animation-name:mytranslate;
            -webkit-animation-timing-function:linear;
            -webkit-animation-duration:2s;
        }
        #div2
        {
            -webkit-animation-fill-mode:forwards;
        }
        #div3
        {
            -webkit-animation-fill-mode:backwards;
        }
        #div4
        {
            -webkit-animation-fill-mode:both;
        }
        #container
        {
            display:inline-block;
            width:140px;
            border:1px solid silver;
        }
    </style>
</head>
<body>
    <div id="container">
        <div id="div1"></div>
        <div id="div2"></div>
        <div id="div3"></div>
```

```
        <div id="div4"></div>
    </div>
</body>
</html>
```

通过 Chrome 查看该 HTML，效果如图 5-73 所示。这里设置 div4 为 -webkit-animation-fill-mode: both，使得其元素动画同时具有 forwards 和 backwards 效果，设置 div2 为"-webkit-animation-fill-mode: forwards;"，使其动画结束之后继续应用最后的关键帧位置，设置 div3 为"-webkit-animation-fill-mode: backwards;"，使其会在向元素应用动画样式时迅速应用动画的初始帧。

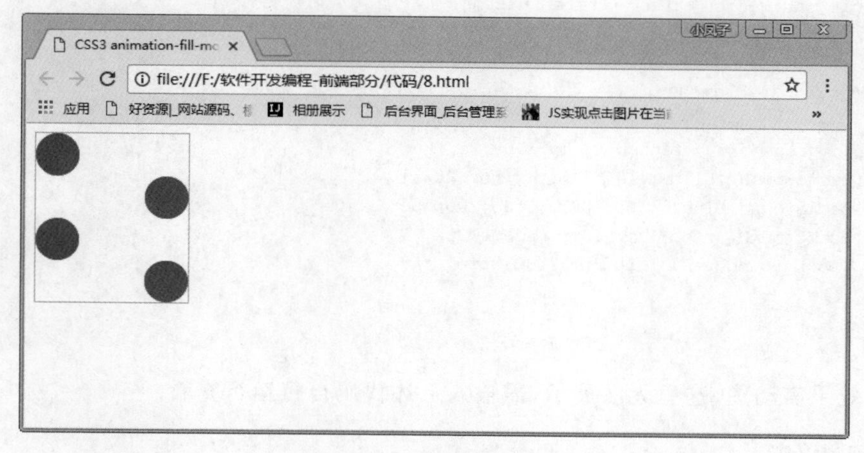

图 5-73　animation-fill-mode 效果

5.2.3　案例实现

CSS 动画

1. 案例分析

对图 5-45 进行分析，结果如图 5-74 所示。

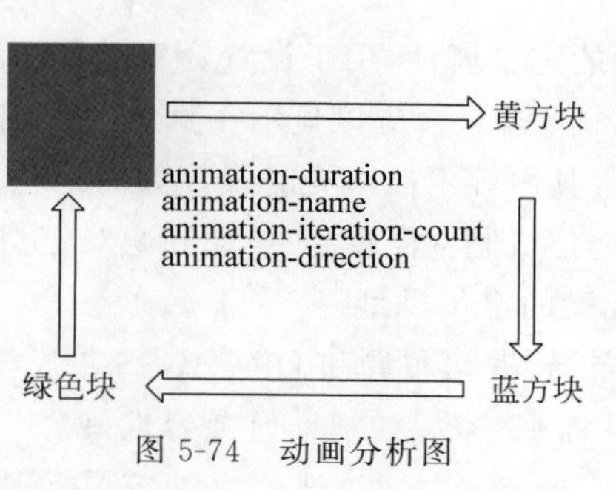

图 5-74　动画分析图

2. 代码实现

```
<style>
div
{
```

```
width:100px;
height:100px;
background:red;
position:relative;

/* Safari and Chrome: */
-webkit-animation-name:myfirst;
-webkit-animation-duration:5s;
-webkit-animation-timing-function:linear;
-webkit-animation-delay:2s;
-webkit-animation-iteration-count:infinite;
-webkit-animation-direction:alternate;
-webkit-animation-play-state:running;

}
@-webkit-keyframes myfirst /* Safari and Chrome */
{
0% {background:red; left:0px; top:0px;}
25% {background:yellow; left:200px; top:0px;}
50% {background:blue; left:200px; top:200px;}
75% {background:green; left:0px; top:200px;}
100% {background:red; left:0px; top:0px;}
}
</style>
```

运行效果需动图，这里无法展示，需输入上述代码自行运行查看。

本章小结

本章的主要知识点如下：

- 盒模型由元素的内容、内边距、边框和外边距组成。
- CSS中盒模型(Box Model)是分为两种：一种是W3C的标准模型，另一种是IE的传统模型。
- float是CSS样式中的定位属性，用于设置标签对象的浮动布局。
- display属性确定一个元素是否应该显示在页面上，以及如何显示。
- overflow属性来指定其内容不能填充时候该如何处理。
- CSS有3种基本的定位机制：普通流、浮动和绝对定位。
- position属性规定元素的定位类型。
- 布局一般分为表格布局、框架布局和DIV+CSS布局模式。
- 表格布局的优点是：布局容易、快捷而且兼容性好。
- 表格布局的缺点是：改动不方便，彼此之间容易受影响，一旦需要调整工作量会很大。
- 框架由框架和框架集两部分组成。
- 框架是一种常用的网页布局排版工具。框架结构就是把浏览器窗口划分为多个区域，每个区域都可以分别显示不同的网页。
- Web网页标准构成包括结构、外观和行为3部分。

- 用 CSS 布局外观不是最重要的，一个结构良好的 HTML 页面可以通过 CSS 以任何外观表现出来。
- DIV 布局的优点是网页代码精简、提高页面下载速度、表现和内容相分离等；缺点则是过于灵活，比较难控制。
- CSS3 动画效果共 3 个部分：CSS3 变形、CSS3 过渡、CSS3 动画。
- transform 属性用于实现文字或图像的各种变形效果，如位移、缩放、旋转、倾斜等。
- translate()方法将元素沿着水平方向(X 轴)和垂直方向(Y 轴)移动。
- scale()方法用于将元素根据中心原点进行缩放。
- rotate()方法用于将元素相对中心原点进行旋转。
- skew()方法将元素倾斜显示。
- transition 属性用于将元素的某一个属性从“一个属性值”在指定的时间内平滑地过渡到“另外一个属性值”来实现动画效果。
- transition-property 属性用于单独设定过渡动画所要操作的那个属性。
- transition-duration 属性用于单独设置过渡持续的时间。
- transition-timing-function 属性用于定义过渡方式。
- transition-delay 属性用于设置动画开始的延迟时间。
- 动画效果使用 animation 属性来实现。
- 使用 animation 属性定义 CSS3 动画需要两步：定义动画和调用动画。
- 使用@keyframes 规则定义动画。
- animation-name 属性用于调用动画。
- animation-duration 属性用于设置动画的持续时间。
- animation-timing-function 属性用于设置动画的播放方式。
- animation-delay 属性用于定义动画播放的延迟时间。
- animation-iteration-count 属性用于定义动画的播放次数。
- animation-direction 属性用于定义动画的播放方向。
- animation-play-state 属性用于定义动画的播放状态。
- animation-fill-mode 属性用于定义在动画开始之前和动画结束之后发生的事情。

第 6 章 JavaScript 初识

CHAPTER 6

6.1 JavaScript 基础语法

6.1.1 案例描述

前面完成了 HTML 和 CSS 的学习，现在正式进入 JavaScript 的学习。通过本节内容，可以完成如图 6-1 所示的水仙花数的展示。

153是水仙花数
370是水仙花数
371是水仙花数
407是水仙花数

图 6-1 水仙花数

6.1.2 知识引入

1. JavaScript 简介

JavaScript 就是我们通常所说的 JS，是一种嵌入到 HTML 页面中的脚本语言，由浏览器一边解释一边执行。JavaScript 的功能十分强大，可以实现多种功能，如数学计算、表单验证、动态特效、游戏编写等，所有这些功能都有助于增强站点的动态交互性。

1) JavaScript 语言的特点

JavaScript 是一种基于对象(object)和事件驱动(event driven)的脚本语言，使用它的主要目的是增强 HTML 页面的动态交互性。

JavaScript 语言主要有如下几个特点：

- JavaScript 最显著的特点便是和 HTML 的紧密结合。JavaScript 总是和 HTML 一起使用，其大部分对象都与相应的 HTML 标签对应。当 HTML 文档用浏览器打开后，JavaScript 程序才会被执行。JavaScript 扩展了标准的 HTML，为 HTML 标签增加了事件，通过事件驱动来执行 JavaScript 代码。
- JavaScript 在运行过程中需要浏览器(如 IE、Firefox)环境的支持。如果使用的浏览器不支持 JavaScript 语言，那么浏览器在运行时将忽略 JavaScript 代码。
- JavaScript 是一种解释型脚本语言，无须经过专门编译器的编译，而是在嵌入脚本的 HTML 文档载入时被浏览器逐行解释执行。
- 与 C++和 Java 等强类型语言不同，在 JavaScript 中不需指定变量的类型。
- JavaScript 是基于对象的脚本编程语言，提供了很多内建对象，也允许定义新的对象，还提供对 DOM(文档对象模型)的支持。
- HTML 文档中的许多 JavaScript 代码都是由事件驱动的，HTML 中的控件(如文本框、按钮)的相关事件触发时可以自动执行 JavaScript 代码。

- JavaScript 是依赖于浏览器而运行的,与具体的操作系统无关。只要计算机中装有支持 JavaScript 的浏览器,其运行结果就能正确地反映在浏览器上。

2) JavaScript 的基本结构

JavaScript 代码是通过< script >标签嵌入到 HTML 文档中的。可以将多个< script >脚本嵌入到一个文档中。浏览器在遇到< script >标签时,将逐行读取内容,直到遇到</script >标签为止。浏览器将边解释边执行 JavaScript 语句,如果有任何错误,就会在警告框中显示。其基本结构如下:

```
< script language = "JavaScript">
JavaScript 语句
</script >
```

其中,language 属性用于指定脚本所使用的语言,通过该属性还可以指定使用脚本语言的版本。

编写 JavaScript 的步骤如下:

- 利用任何编辑器(如 Dreamweaver 或记事本)创建 HTML 文档。
- 在 HTML 文档中通过< script >标签嵌入 JavaScript 代码。

将 HTML 文档保存为扩展名是.html 或.htm 的文件,然后通过浏览器查看该网页就可以看到 JavaScript 的运行效果。

当 JavaScript 脚本比较复杂或代码过多时,可将 JavaScript 代码保存为以.js 为扩展名的文件,并通过< script >标签把.js 文件导入到 HTML 文档中。

其语法格式如下:

```
< script type = "text/javascript" src = "url"></script >
```

其中,

- type:表示引用文件的内容类型。
- src:指定引用的 JavaScript 文件的 URL,可以是相对路径或绝对路径。

2. JavaScript 的基础语法

1) 基本数据类型

JavaScript 数据类型有两大类:一是“基本数据类型”,二是“特殊数据类型”。

其中,基本数据类型包括以下 3 种:

- 数字(Number)型。
- 字符串(String)型。
- 布尔(Boolean)型。

(1) 数字(Number)型。

数字(Number)是最基本的数据类型。在 JavaScript 中,和其他程序设计语言(如 C 和 Java)的不同之处在于,它并不区别整型数值(int)和浮点型数据(float)。在 JavaScript 中,所有的数字都是由浮点型表示的。

① 整型数据。

整型数据指的是数据形式是十进制整数来的，整数可以为正数、0或负数。例如，0、4、−5、1000这些都是“整型数据”。

② 浮点型数据。

整型数据是指整数。浮点型数据是指带有小数的数据。

浮点数还可以使用指数法表示，即实数后跟随字母e或E，后面加上正负号，其后再加一个整型指数。这种计数法表示的数值等于前面的实数乘以10的指数次幂。

```
1.2
0.123
5.12e11        //表示 5.12 乘以 10 的 11 次方
8.24E-12       //表示 8.24 乘以 10 的 -12 次方
```

(2) 字符串(String)型。

字符串是由Unicode字符、数字、标点符号等组成的序列，它是JavaScript用来表示文本的数据类型。程序中的字符串型数据是包含在单引号或双引号中的，由单引号定界的字符串中可以含有双引号，由双引号定界的字符串中也可以含有单引号。

单引号括起来的一个或多个字符：

```
'我'
'绿叶学习网'
```

双引号括起来的一个或多个字符：

```
"咦"
"弄啥咧这是"
```

单引号定界的字符串中可以含有双引号：

```
'我是"helicopter"'
```

双引号定界的字符串中可以含有单引号：

```
"You can call me 'helicopter'"
```

示例代码如下所示：

```
<html>
<head>
    <title></title>
    <script type="text/javascript">
        var str1 = "我爱'JavaScript'";      //双引号中包含单引号
        var str2 = '我爱"JavaScript"';      //单引号中包含双引号
        var str3 = "我爱\"JavaScript\"";    //双引号中包含双引号
        var str4 = '我爱\'JavaScript\'';    //单引号中包含单引号
        document.write(str1 + "<br/>");
        document.write(str2 + "<br/>");
```

```
            document.write(str3 + "< br/>");
            document.write(str4);
        </script >
    </head >
    < body >
    </body >
    </html >
```

通过 IE 查看该 HTML,效果如图 6-2 所示。

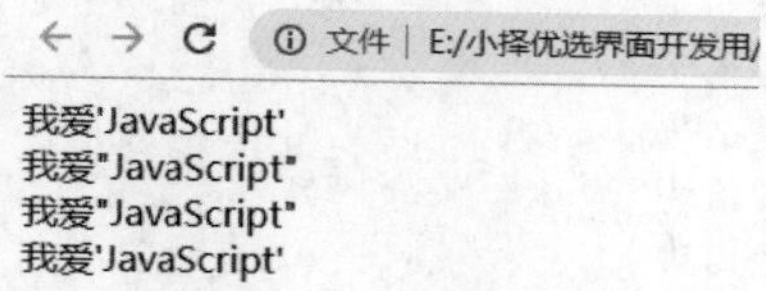

← → C ⓘ 文件 | E:/小择优选界面开发用/

我爱'JavaScript'
我爱"JavaScript"
我爱"JavaScript"
我爱'JavaScript'

图 6-2　字符串型数据

(3) 布尔(Boolean)型。

数值型和浮点型的数据值都有无穷多个,但是布尔型数据类型只有两个：真(true)和假(false)。0 可以看作 false,1 可以看作 true。

布尔值通常在 JavaScript 程序中用来比较所得的结果,例如：

```
n == 1;
```

这行代码测试了变量 n 的值是否和数值 1 相等。如果相等,则比较的结果就是布尔值 true,否则结果就是 false。

布尔值通常用于 JavaScript 的控制结构(后面会讲解到)。例如,JavaScript 的"if-else 语句"就是布尔值为 true 时执行一个动作,而在布尔值为 false 时执行另一个动作。例如：

```
if(n == 1)
{
    n = n + 1;
}
else
{
n = n - 1;
}
```

这段代码检测了 n 是否等于 1。如果 n 等于 1,则让 n 增加 1；如果 n 不等于 1,则让 n 减少 1。

示例代码如下所示：

```
< html >
< head >
    < title></title >
    < script type = "text/javascript">
```

```
        var n1 = Boolean("");                  //空字符串,返回 false
        var n2 = Boolean("a");                 //非空字符串,返回 true
        var n3 = Boolean(0);                   //数字 0,返回 false
        var n4 = Boolean(1);                   //非 0 数字,返回 true
        var n5 = Boolean(-1);                  // 非 0 数字,返回 true
        var n6 = Boolean(null);                //数值为 null,返回 false
        var n7 = Boolean(undefined);           //数值为 undefined,返回 false
        var n8 = Boolean(new Object());        //对象,返回 true
        document.write("n1 值为" + n1 + "<br>");
        document.write("n2 值为" + n2 + "<br>");
        document.write("n3 值为" + n3 + "<br>");
        document.write("n4 值为" + n4 + "<br>");
        document.write("n5 值为" + n5 + "<br>");
        document.write("n6 值为" + n6 + "<br>");
        document.write("n7 值为" + n7 + "<br>");
        document.write("n8 值为" + n8);
    </script>
</head>
<body>
<body>
</html>
```

← → C ⓘ 文件 | E:/小搭

n1值为false
n2值为true
n3值为false
n4值为true
n5值为true
n6值为false
n7值为false
n8值为true

图 6-3　布尔型数据

通过 IE 查看该 HTML，效果如图 6-3 所示。

2）特殊数据类型

JavaScript 的特殊数据类型有 3 种：

- 空值（null）型。
- 未定义值（undefined）型。
- 转义字符。

（1）空值（null）型。

整型、浮点型这些数据在定义的时候，系统都会分配一定的内存空间。JavaScript 中的关键字 null 是一个特殊的值，它表示空值，系统没有给它分配内存空间。

如果试图引用一个没有定义的变量，则返回一个 null 值。这里要特别强调一点，null 不等同于空的字符串（""）或 0，因为空的字符串（""）或 0 是存在的，但是 null 表示一个不存在的值。

（2）未定义值（undefined）型。

如果一个变量虽然已经用 var 关键字声明了，但是并没有对这个变量进行赋值，而无法知道这个变量的数据类型，因此这个变量的数据类型是 undefined，表示这是一个未定义数据类型的变量。

此外，JavaScript 中有一种特殊类型的数字常量 NaN，即“非数字”。当在程序中由于某种原因发生计算错误后，将产生一个没有意义的数字，此时 JavaScript 返回的数字值就是 NaN。

null 与 undefined 的区别是：null 表示一个变量被赋予了一个空值，而 undefined 则表示该变量尚未被赋值。

示例代码如下所示：

```
<html>
<head>
    <title></title>
    <script type="text/javascript">
        var name;
        document.write(name + "<br/>");
    </script>
</head>
<body>
</body>
</html>
```

通过 IE 查看该 HTML,效果如图 6-4 所示。

图 6-4 未定义值类型

(3) 转义字符。

以反斜杠“\”开头的不可显示的特殊字符通常称为转义字符。通过转义字符可以在字符串中添加不可显示的特殊字符,或者防止引号匹配混乱的问题。表 6-1 为 JavaScript 常用的转义字符表。

表 6-1 JavaScript 常用的转义字符表

转义字符	说 明
\b	退格
\n	回车换行
\t	Tab 符号
\f	换页
\'	单引号
\"	双引号
\v	跳格(Tab,水平)
\r	换行
\\	反斜杠

续表

转义字符	说　明
\OOO	八进制整数，范围为000～777
\xHH	十六进制整数，范围为00～FF
\uhhhh	十六进制编码的Unicode字符

3）常量

常量是指在程序中值不能改变的数据。常量可根据JavaScript的数据类型分为数值型、字符串型、布尔型等。

(1) 数值型常量。

数值型常量包括整型常量和浮点型常量。整型常量是由整数表示，如100、－100，也可以用十六进制、八进制表示，如0xABC、0567。浮点型常量由整数部分加小数部分表示，如12.24、－3.141。

(2) 字符串型常量。

使用双引号(" ")或单引号(' ')括起来的一个字符或字符串，如"JavaScript"、"100"、'JavaScript'。

(3) 布尔型常量。

布尔型常量只有true(真)或false(假)两种值，一般用于程序中的判断条件。

4）变量

变量是指程序中一个已经命名的存储单元，其主要作用是为数据操作提供存放数据的容器。

(1) 变量的命名规则。

在JavaScript中变量的命名需遵循以下规则：

- 变量名必须以字母或下画线开头，其后可以跟数字、字母或下画线等。
- 变量名不能包含空格、加号、减号等特殊符号。
- JavaScript的变量名严格区分大小写。
- 变量名不能使用JavaScript中的保留关键字。

JavaScript关键字如表6-2所示。

表6-2　JavaScript关键字

break	do	if	switch	typeof	case
else	in	this	var	catch	false
instanceof	throw	void	continue	finally	new
true	while	default	for	null	try
with	delete	function	return		

(2) 声明变量。

变量用关键字var进行声明，其语法格式如下：

```
var 变量1[,变量2,...];
```

例如：

```
var v1,v2;
```

在声明变量的同时可以为变量赋初始值。例如：

var v1 = 2;

注意：在 JavaScript 中，可以使用分号代表一个语句的结束，如果每个语句都在不同的行中，那么分号可以省略；如果多个语句在同一行中，那么分号就不能省略。

(3) 变量的类型。

JavaScript 是一种弱类型的语言，变量的类型不像其他语言那样在声明时直接指定，对于同一变量可以赋不同类型的值。例如：

```
<script language = "JavaScript">
var x = 100;
x = "JavaScript";
</script>
```

在上述代码中，变量 x 在声明的同时赋予了初始值 100，此时 x 的类型为数值型。而后面的代码又给变量 x 赋了一个字符串类型的值，此时 x 又变成了字符串类型的变量。这种赋值方式在 JavaScript 中都是允许的。

(4) 变量的作用域。

变量的作用域是指变量的有效范围。在 JavaScript 中根据变量的作用域可以分为全局变量和局部变量两种。

① 全局变量。

在函数之外声明的变量叫作全局变量。

示例代码如下所示：

```
<script>
var x = 5//定义全局变量
function myFunction()
    {
    //函数体
    }
</script>
```

全局变量的作用域是该变量定义后的所有语句，可以在其后定义的函数、代码或同一文档中其他脚本中使用。

② 局部变量。

在函数体内声明的变量叫作局部变量。

示例代码如下所示：

```
<script>
function myFunction()
    {
```

```
    var x = 5//定义局部变量
    ...省略
    }
</script>
```

局部变量只作用于函数内部，只对其所在的函数体有效。

示例代码如下所示：

```
<html>
<head>
<meta http-equiv="Content-Type" content="text/html; charset=gb2312" />
<title>全局变量和局部变量</title>
<script type="text/javascript">
var x =12;                              //声明一个全局变量
function OutPutLocaVar()
    {
    var x = 55;                         //声明一个与全局变量名称相同的局部变量
    document.write("局部变量:" + x);   //输出局部变量
    }
function OutPutGloVar()
    {
    document.write("全局变量:" + x);   //输出全局变量
    }
</script>
</head>
<body>
<script type="text/javascript">
    //调用函数
    OutPutGloVar();
    document.write("<br>");
    OutPutLocaVar();
    </script>
</body>
</html>
```

通过 IE 查看该 HTML，效果如图 6-5 所示。由运行结果可以看出，如果函数中定义了和全局变量同名的局部变量，那么在此函数中全局变量被局部变量覆盖，不再起作用。

注意：此示例只是为了演示变量的作用域。在实际编码中，尽量不要声明与全局变量重名的局部变量，因为这可能造成一些不易发现的错误。

5）注释

在 JavaScript 中有下面两种注释方法：

- 单行注释。
- 多行注释。

（1）单行注释。

单行注释使用“//”符号进行标识，其后的文字都不被程序解释执行。其语法格式如下：

```
//这是单行程序代码的注释
```

图 6-5　全局变量和局部变量

（2）多行注释。

多行注释使用“/＊…＊/”进行标识，其中的文字同样不被程序解释执行，其语法格式如下：

```
/*
这是多行程序注释
*/
```

注意：多行注释中可以嵌套单行注释，但不能嵌套多行注释，JavaScript 还能识别 HTML 注释的开始部分“<! --”，JavaScript 会将其看作为单行注释，与使用“//”效果一样，但是不能识别 HTML 注释的结束部分“-->”。

6）运算符

JavaScript 的运算符按类型可以分为以下 6 种：

- 算术运算符。
- 比较运算符。
- 赋值运算符。
- 逻辑运算符。
- 条件运算符。
- typeof 运算符。

（1）算术运算符。

算术运算符用于在程序中进行加、减、乘、除等运算。

JavaScript 中常用的算术运算符如表 6-3 所示。

表 6-3　JavaScript 中常用的算术运算符

运算符	描　述	示　例
＋	加	4＋6 //返回值 10
－	减	7－2 //返回值 5

续表

运算符	描　述	示　例
*	乘	2 * 3 //返回值 6
/	除	12/3 //返回值 4
%	求余	7%4 //返回值 3
++	自增	如下示例
--	自减	如下示例

表 6-3 中加、减、乘、除、求余属于数学计算，下面只讲解自增和自减。

① 自增运算符。

“++”是自增运算符，它指的是在原来值的基础上加 1，i++表示“i=i+1”。该运算符有两种情况：

- i++。

“i++”是指在使用 i 之后，使 i 的值加 1。

```
i = 1;
j = i++;
```

上面执行的结果：j 的值为 1，i 的值为 2。

- ++i。

“++i”是指在使用 i 之前，先使 i 的值加 1。

```
i = 1;
j = ++i;
```

上面的执行结果：j 的值为 2，i 的值为 2。

② 自减运算符。

“--”是自减运算符，它是指在原来值的基础上减 1，i--表示“i=i-1”。该运算符同样有 2 种情况：

- i--。
- --i。

```
i = 6;j = i-- ; //j 的值为 6,i 的值为 5
i = 6;j = --i; //j 的值为 5,i 的值为 5
```

（2）比较运算符。

比较运算符的基本操作过程是：首先对操作数进行比较，该操作数可以是数字也可以是字符串，然后返回一个布尔值 true 或 false。表 6-4 为 JavaScript 中常用的比较运算符。

表 6-4　JavaScript 中常用的比较运算符

运算符	描　述	示　例
<	小于	1<4 //返回 true
>	大于	2>5 //返回 false

续表

运算符	描　述	示　例
<=	小于或等于	8<=8 //返回 true
>=	大于或等于	3>=5 //返回 false
==	是否等于	5==6 //返回 false
! =	是否不等于	5! =6 //返回 true

示例代码如下所示：

```
<html>
<head>
    <title>比较运算符</title>
    <script type="text/javascript">
        var age = 12;
        document.write("age>20:" + (age>20) + "<br/>");
        document.write("age<20:" + (age<20) + "<br/>");
        document.write("age!= 20:" + (age!= 20) + "<br/>");
        document.write("age<= 20:" + (age<= 20) + "<br/>");
    </script>
</head>
<body>
</body>
</html>
```

通过 IE 查看该 HTML，效果如图 6-6 所示。

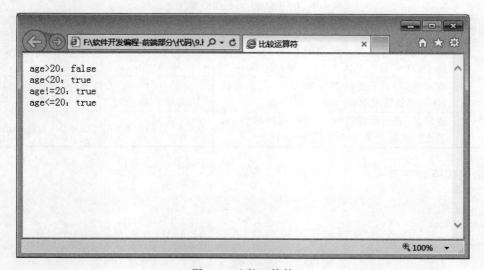

图 6-6　比较运算符

(3) 赋值运算符。

JavaScript 中的赋值运算可以分为两种：简单赋值运算和复合赋值运算。

简单赋值运算是将赋值运算符(=)右边表达式的值保存到左边的变量中。

复合赋值运算结合了其他操作(如算术运算操作)和赋值操作。表 6-5 为 JavaScript 赋值运算符。

```
sum = sum + i;          //简单赋值运算;
sum += i;               //复合赋值运算,等价于 sum = sum + i;
```

表 6-5　JavaScript 赋值运算符

运算符	示　例
=	author="helicopter"
+=	a+=b 等价于 a=a+b
-=	a-=b 等价于 a=a-b
*=	a*=b 等价于 a=a*b
/=	a/=b 等价于 a=a/b
%=	a%=b 等价于 a=a%b
&=	a&=b 等价于 a=a&b(& 是逻辑与运算)
|=	a|=b 等价于 a=a|b(|是逻辑或运算)
^=	a^=b 等价于 a=a^b(^是逻辑异或运算)

(4) 逻辑运算符。

逻辑运算符通常用于执行布尔运算，它们常常和比较运算符一起使用来表示复杂的比较运算，这些运算涉及的变量通常不止一个，而且常用于 if、while 和 for 语句中。表 6-6 为 JavaScript 中常用的逻辑运算符。

表 6-6　JavaScript 中常用的逻辑运算符

运算符	描　述	示　例
&&	逻辑与，若两边表达式的值都为 true，则返回 true；任意一个值为 false，则返回 false	(8>5)&&(4<6)，返回 true；(8<5)&&(4<6)，返回 false
||	逻辑或，只有表达式的值都为 false，才返回 false，其他情况返回 true	(8<5)||(4<6)，返回 true；(8<5)&&(4>6)，返回 false
!	逻辑非，若表达式的值为 true，则返回 false；若表达式的值为 false，则返回 true	!(9>2)，返回 false；!(9<2)，返回 true

示例代码如下所示：

```
<html>
<head>
    <title></title>
    <script type="text/javascript">
        document.write((8 > 5) && (4 < 6) + "<br>");
        document.write((8 < 5) || (4 < 6) + "<br>");
        document.write(!(9 > 2));
    </script>
</head>
<body>
</body>
</html>
```

通过 IE 查看该 HTML，效果如图 6-7 所示。

图 6-7 逻辑运算符

（5）条件运算符。

条件运算符是 JavaScript 支持的一种特殊的运算符。

语法如下所示：

```
条件 ? 表达式 1 : 表达式 2;
```

如果“条件”为 true，则表达式的值使用“表达式 1”的值；如果“条件”为 false，则表达式的值使用“表达式 2”的值。

```
(x > y)?4 * 3:5
```

如果 x 的值大于 y 的值，则上面整个表达式最终的值为“12（由 4 * 3 得到）”；如果 x 的值小于或等于 y 的值，则上面整个表达式最终的值为 5。

（6）typeof 运算符。

在 JavaScript 中，typeof 运算符用于返回它的操作数当前所容纳的数据的类型，这对于判断一个变量是否已被定义特别有用。

示例代码如下所示：

```
<html>
<head>
<title></title>
<script type = "text/javascript">
        document.write(typeof(1) + "<br/>");
        document.write(typeof("JavaScript") + "<br/>");
        document.write(typeof(null) + "<br/>");
        document.write(typeof(undefined) + "<br/>");
    </script>
</head>
```

```
<body>
</body>
</html>
```

通过 IE 查看该 HTML,效果如图 6-8 所示。

图 6-8 typeof 运算符

7）流程控制

JavaScript 程序通过控制语句来执行程序流,从而完成一定的任务。程序流是由若干条语句组成的,语句可以是单一的一条语句,如 c=a+b,也可以是用大括号{}括起来的一个复合语句(程序块)。JavaScript 中的控制语句有以下几类。

- 分支结构：if-else、switch。
- 迭代结构：while、do-while、for、for-in。
- 转移语句：break、continue、return。

(1) 分支结构。

分支结构是根据假设的条件成立与否,再决定执行什么样语句的结构,它的作用是让程序更具选择性。JavaScript 中通常将假设条件以布尔表达式的方式实现。JavaScript 语言中提供的分支结构有：

- if-else 语句。
- switch 语句。

① if-else 语句。

if-else 语句是最常用的分支结构。if-else 语句的语法结构如下：

```
if(condition)
statement1;
[else statement2;]
```

其中,

condition 可以是任意表达式。

statement1 和 statement2 都表示语句块。当 condition 满足条件时执行 if 语句块的

statement1 部分；当 condition 不满足条件时执行 else 语句块的 statement2 部分。

注意：如果 condition 的值设置为 0、null、""、false、undefined 或 NaN，则不执行 if 语句块。如果 condition 的值为 true、非空字符串（即使该字符串为"false"）、非 null 对象等，则执行该 if 语句块。

示例代码如下所示：

```
<html>
<head>
 <title> if - else 分支 </title>
</head>
<body>
<script language = "JavaScript">
 //第一个数
     var oper1 = prompt('请输入第一个数','');
 //第二个数
     var oper2 = prompt('请输入第二个数','');
var maxNum = oper1;
var minNum = oper2;
     if(oper2 > oper1){
     maxNum = oper2;
     minNum = oper1;
     }
     document.write('最大值为:' + maxNum);
     document.write('<br/>')
     document.write('最小值为:' + minNum);
</script>
</body>
</html>
```

在上述代码中，利用 prompt()函数手工输入两个数，例如，分别输入：12 和 34，然后比较两个数的大小，比较的结果最终由 document.write()输出到页面上。

通过 IE 查看该 HTML，效果如图 6-9 所示。

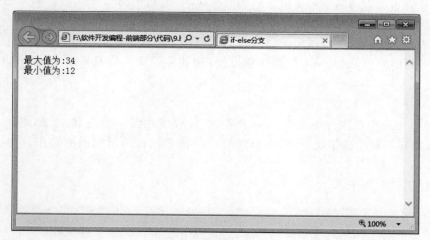

图 6-9 if-else

分支判断逻辑有时比较复杂，在一个布尔表达式中不能完全表示。这时可以采用嵌套分支语句实现。嵌套if的语法结构为：

```
if (condition) {
statement1;
} else if (condition) {
statement2;
} else if(condition) {
statement3;
......
} else {
statement;
}
```

② switch语句。

一个switch语句由一个控制表达式和一个带有case标记的语句块组成。语法如下：

```
switch (expression) {
case value1 :
statement1;
break;
case value2 :
statement2;
break;
...
case valueN :
statementN;
break;
[default : defaultStatement; ]
}
```

其中，

switch语句把表达式返回的值依次与每个case子句中的值相比较。如果遇到匹配的值，则执行该case后面的语句块。

表达式expression的返回值类型可以是字符串、整型、对象类型等任意类型。

case子句中的值valueN可以是任意类型（例如字符串），而且所有case子句中的值应是不同的。

default子句是可选的。

break语句用来在执行完一个case分支后，使程序跳出switch语句，即终止switch语句的执行，而在一些特殊情况下，多个不同的case值要执行一组相同的操作，这时可以不用break。

示例代码如下所示：

```
<html xmlns = "http://www.w3.org/1999/xhtml">
<head>
<meta http - equiv = "Content - Type" content = "text/html; charset = gb2312" />
<title>JavaScript 的 SwitchCase 语句</title>
```

```
</head>
<body>
<script type="text/javascript">
        document.write("a.青岛<br>");
        document.write("b.曲阜<br>");
        document.write("c.日照<br>");
        document.write("d.城阳<br>");
        document.write("e.济宁<br>");
        var city = prompt("请选择您学校所在的城市或地区(a、b、c、d、e):","");
        switch(city)
        {
            case "a":
                alert("您学校所在的城市或地区是青岛");
                break;
            case "b":
                alert("您学校所在的城市或地区是曲阜");
                break;
            case "c":
                alert("您学校所在的城市或地区是日照");
                break;
            case "d":
                alert("您学校所在的城市或地区是城阳");
                break;
            case "e":
                alert("您学校所在的城市或地区是济宁");
                break;
            default:
                alert("您选择的城市或地区超出了范围.");
                break;
        }
</script>
</body>
</html>
```

通过IE查看该HTML,效果如图6-10所示。当用户输入不同的字符串时,程序通过与case值比较,然后用alert()函数输出对应的字符串。

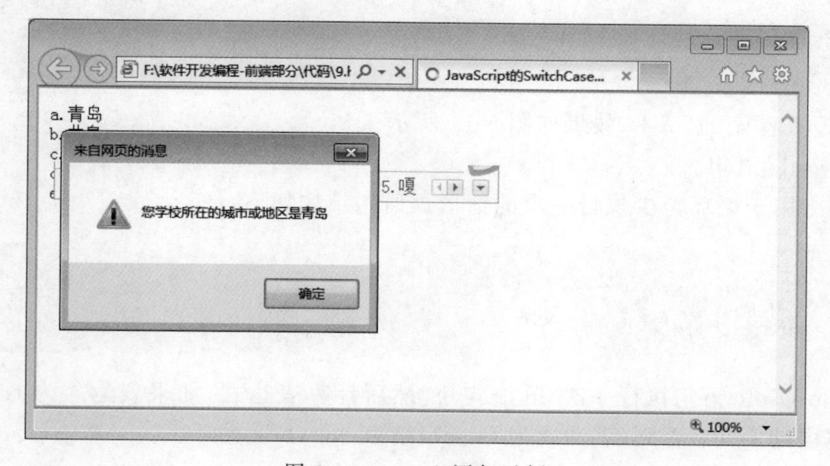

图6-10 switch语句示例

（2）迭代结构。

迭代结构的作用是反复执行一段代码，直到满足终止循环的条件为止。JavaScript 语言中提供的迭代结构有：

- while 语句。
- do-while 语句。
- for 语句。
- for-in 语句。

① while 语句。

while 语句是常用的迭代语句，语法结构如下：

```
while (condition){
statement;
}
```

首先，while 语句计算表达式，如果表达式为 true，则执行 while 循环体内的语句；否则结束 while 循环，执行 while 循环体以后的语句。

示例代码如下所示：

```
<html>
<head>
<meta http-equiv = "Content-Type" content = "text/html; charset = gb2312" />
<title>计算 1 - 100 的和</title>
</head>
<body>
<script language = "JavaScript">
var i = 0;
var sum = 0;
    while(i<=100) {
    sum += i;
    i++;
    }
document.write("1 - 100 的和为:" + sum);
</script>
</body>
</html>
```

通过 IE 查看该 HTML，效果如图 6-11 所示。

② do-while 语句。

do-while 用于循环至少执行一次的情形。语句结构如下：

```
do {
statement;
} while (condition);
```

首先，do-while 语句执行一次 do 语句块，然后计算表达式，如果表达式为 true，则继续执行循环体内的语句；否则（表达式为 false），结束 do-while 循环。

示例代码如下所示：

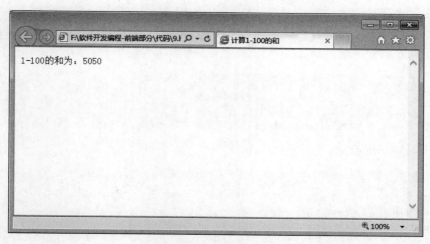

图 6-11 while 语句效果

```
<html>
<head>
<meta http-equiv="Content-Type" content="text/html; charset=gb2312" />
<title>计算 1-100 的和</title>
</head>
<body>
<script language="JavaScript">
var i = 0;
var sum = 0;
    do {
    sum += i;
    i++;
    } while(i<=100);
document.write("1-100 的和为:" + sum);
</script>
</body>
</html>
```

通过 IE 查看该 HTML，效果如图 6-12 所示。

文件 | E:/小择
1-100的和为：5050

图 6-12 do-while 效果

③ for 语句。

for 语句是最常见的迭代语句，一般用在循环次数已知的情形。for 语句结构如下：

```
for (initialization; condition; update) {
statements;
}
```

执行 for 语句时，首先执行初始化操作（initialization），然后判断表达式（condition）是否满足条件，如果满足条件，则执行循环体中的语句，最后执行迭代部分。完成一次循环后，重新判断终止条件。

初始化、终止以及迭代部分都可以为空语句（但分号不能省略），三者均为空的时候，相当于一个无限循环。

在初始化部分和迭代部分可以使用逗号语句，来进行多个操作。逗号语句是用逗号分隔的语句序列。

```
for( i = 0, j = 10; i < j; i++, j -- ) {
…
}
```

示例代码如下所示：

```
<html>
<head>
<title>打印三角形</title>
<script type = "text/javascript">
      for(var i = 0; i < 5 ; i++)
      {
          for(var z = 10; z > i; z -- )
          {
              document.write("");
          }
          for(var j = 0; j < i; j++)
          {
              document.write(" * ");
          }
          document.write("<br>");
      }
      document.write("<br>");
</script>
</head>
<body>
</body>
</html>
```

```
*
**
***
****
```

图 6-13 打印三角形

通过 IE 查看该 HTML，效果如图 6-13 所示。

④ for-in 语句。

for-in 是 JavaScript 提供的一种特殊的循环方式，它用于遍历一个对象的所有用户定义的属性或者一个数组的所有元素。for-in 的语法结构如下：

```
for (property in Object)
{
    statements;
}
```

property 表示所定义对象的属性。每一次循环，属性都被赋予对象的下一个属性名，直到所有的属性名都使用过为止，当 Object 为数组时，property 指代数组的下标。

Object 表示对象或数组。

示例代码如下所示：

```
<html>
<head>
<title>for-in 的用法</title>
</head>
<body>
<script language="JavaScript">
//直接初始化一个数组
var a = [23,4,33,53,24,46,21];
document.write("<li>排序前:" + a + "<br>");
for (i in a)
    {
    for (m in a)
    {
        if(a[i] > a[m])
        {
            var temp;
            //交换单元
            temp = a[i];
            a[i] = a[m];
            a[m] = temp;
        }
    }
    }
document.write("<li>排序后:" + a + "<br>");
</script>
</body>
</html>
```

通过 IE 查看该 HTML，效果如图 6-14 所示。

- 排序前：23,4,33,53,24,46,21
- 排序后：53,46,33,24,23,21,4

图 6-14　数组排序

(3) 转移语句。

JavaScript 的转移语句用在选择结构和循环结构中，使程序员更方便地控制程序执行的方向。

- break 语句。
- continue 语句。
- return 语句。

① break 语句。

break 语句主要有两种作用：

- 在 switch 语句中，用于终止 case 语句序列，跳出 switch 语句。
- 在循环结构中，用于终止循环语句序列，跳出循环结构。

当 break 语句用于 for、while、do-while 或 for-in 循环语句中时，可使程序终止循环而执行循环后面的语句。通常 break 语句总是与 if 语句连在一起，即满足条件时便跳出循环。下面仍然以 for 语句为例来说明，其一般形式为：

```
for(表达式 1; 表达式 2; 表达式 3){
...
if (表达式 4)
break;
...
}
```

其含义是，在执行循环体的过程中，如 if 语句中的表达式成立，则终止循环，转而执行循环语句之后的其他语句。

示例代码如下所示：

```
<html>
<head>
 <title>Break 语句</title>
 <script type="text/javascript">
      var target = 3;
      for (i=1; i<10; i++) {
          if (i % target == 0) {
           document.write('找到目标!');
           break;
           }
      }
      //打印当前的 i 值
      document.write(i);
 </script>
</head>
<body></body>
</html>
```

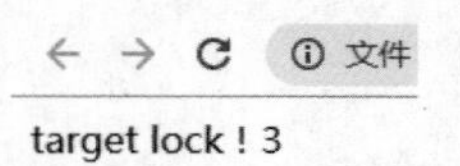

图 6-15　break 语句效果

通过 IE 查看该 HTML，效果如图 6-15 所示。

② continue 语句。

continue 语句用于 for、while、do-while 和 for-in 等循环体中时，常与 if 条件语句一起使用，用来加速循环。即满足条件时，跳过本次循环剩余的语句，强行检测判定条件以决定是否进行下一次循环。

下面以 for 语句为例来说明，其一般形式为：

```
for(表达式 1; 表达式 2; 表达式 3)
{
...
if(表达式 4)
 continue;
...
}
```

其含义是，在执行循环体的过程中，如 if 语句中的表达式成立，则终止当前迭代，转而执行下一次迭代。

示例代码如下所示：

```
<html>
<head>
 <title>Continue 语句</title>
 <script type="text/javascript">
      var target = 3;
      for (i = 1; i < 10; i++) {
      if (i % target == 0) {
```

```
            document.write('找到目标!<br/>');
            continue;
        }
        //打印当前的 i 值
        document.write(i + "<br/>");
        }
    </script>
  </head>
  <body></body>
  </html>
```

通过 IE 查看该 HTML,效果如图 6-16 所示。

1
2
找到目标！
4
5
找到目标！
7
8
找到目标！

图 6-16 查找目标数字

② return 语句。

return 语句通常用在一个函数的最后,以退出当前函数。其主要有如下两种格式:

- return 表达式。
- return。

当含有 return 语句的函数被调用时,执行 return 语句将从当前函数中退出,返回到调用该函数的语句处。如果以第一种格式执行 return 语句,那么将同时返回表达式执行结果。第二种格式执行后不返回任何值。

示例代码如下所示:

```
<html>
<head>
 <title>Return 语句</title>
 <script type="text/javascript">
     var v1 = prompt("输入乘数:","");
     var v2 = prompt("输入被乘数:","");
     document.write("输入的值分别是:" + v1 + "," + v2 + "<br/>");
     var sum = doMutiply (v1,v2);
     document.write("结果是:" + v1 + " × " + v2 + " = " + sum);
     //计算两个数的乘积
     function doMutiply(oper1,oper2){
         return oper1 * oper2;
     }
 </script>
</head>
<body></body>
</html>
```

通过 IE 查看该 HTML,效果如图 6-17 所示。

输入的值分别是：4,6
结果是：4×6=24

图 6-17 计算乘积

return 语句的使用说明如下:

- 在一个函数中,允许有多个 return 语句,但每次调用函数时只可能有一个 return 语句被执行,因此函数的执行结果是唯一的。
- 如果函数不需要返回值,则在函数中可省略 return 语句。

水仙花数

6.1.3 案例实现

1. 案例分析

首先介绍水仙花数的定义：水仙花数是指一个 3 位数，它的每个位上的数字的 3 次幂之和等于它本身(例如，$1^3+5^3+3^3=153$)。知道定义之后，再将百位数、十位数、个位数拆分之后计算 3 次方。

2. 代码实现

```
<script type = "text/javascript">
        /* js 实现:循环输出 1000 以内水仙花数 */
          var a,b,c ;
          for(i = 100;i < 1000;i++){
              var a  =  parseInt(i % 10);         //个位数
              var b  =  parseInt((i/10) % 10);    //十位数
              var c  =  parseInt(i/100);          //千位数
              if(a * a * a + b * b * b + c * c * c == i){
              document.write(i + "是水仙花数" + "<br/>");
          }
          }
</script>
```

3. 运行效果

运行效果如图 6-18 所示。

153是水仙花数
370是水仙花数
371是水仙花数
407是水仙花数

图 6-18 运行效果

6.2 JavaScript 函数和核心对象

6.2.1 案例描述

在日常使用网页的时候，不止有单纯的动画、特效，也有很多的交互效果，比如网页上有简易的计算器，如图 6-19～图 6-21 所示。

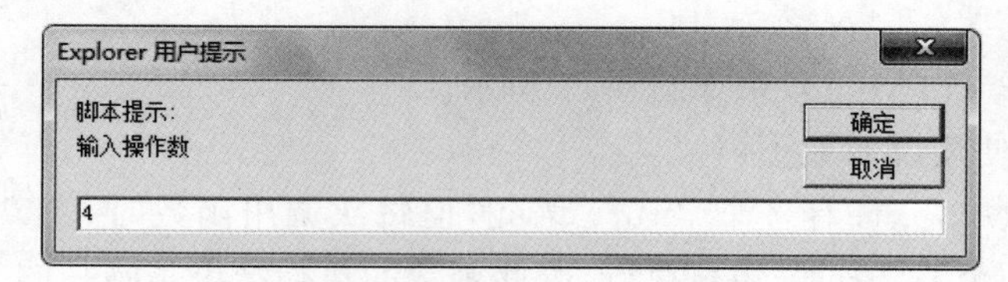

图 6-19 在计算器中输入第一个数

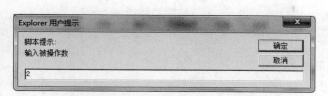

图 6-20　在计算器中输入第二个数

图 6-21　计算结果

6.2.2　知识引入

1. 函数

函数就是一系列 JavaScript 语句的集合，用于完成某一个会重复使用的特定功能。在需要该功能的时候，直接调用函数即可。JavaScript 中有两种函数，即内置函数和用户自定义函数。

1）内置函数

JavaScript 的常用内置函数如表 6-7 所示。

表 6-7　常用内置函数

内置函数	说　明
alert	显示一个警告对话框，包括一个 OK 按钮
confirm	显示一个确认对话框，包括 OK、Cancel 按钮
prompt	显示一个输入对话框，提示等待用户输入
escape	将字符转换成 Unicode 码
eval	计算表达式的结果
parseFloat	将字符串转换成符点型
parseInt	将字符串转换成整型
isNaN	测试是否不是一个数字
unescape	返回对一个字符串编码后的结果字符串，其中，所有空格、标点以及其他非 ASCII 码字符都用“%xx”(xx 等于该字符对应的 Unicode 编码的十六进制数)格式的编码替换

下面重点介绍 alert、parseFloat、parseInt、isNaN 这 4 个函数。

（1）alert 函数。

alert 函数用于弹出对话框。其语法格式如下：

```
alert(value);
```

value 可以是任意数据类型。

下面举例说明该函数的使用：

```
alert("hello!");
```

（2）parseFloat 函数。

该函数的语法格式如下：

```
parseFloat(string);
```

参数 string 是必需的，表示要解析的字符串。

下面举例说明了该函数的使用：

```
parseFloat("1.2");
```

（3）parseInt 函数。

该函数的语法格式如下：

```
parseInt(numstring,[radix]);
```

第一个参数 numstring 是要进行转换的字符串。

第二个参数为可选项是 2～36 的一个数值，用于指定字符串转换所用的数值类型，如果没有指定，则前缀为“0x”的字符串为十六进制数，前缀为“0”的为八进制数，所有其他字符串为十进制数。另外，如果要转换的字符中包含无法转换成数字的字符，那么此函数只对字符串中能转换的部分进行转换。

（4）isNaN 函数。

该函数的语法格式如下：

```
isNaN(x);
```

当参数 x 不为数字时，该函数返回 true，否则返回 false。

示例代码如下所示：

```
<html>
<head>
    <title>内置函数语句</title>
    <script type="text/javascript">
        var v1 = prompt("输入乘数:","");
        var v2 = prompt("输入被乘数:","");
        if(isNaN(v1)||isNaN(v2)){
            alert("输入的数字不是数字类型");
        }else{
            v1 = parseInt(v1);
            v2 = parseInt(v2);
            var sum = v1 + v2;
            document.write("结果是:" + v1 + " + " + v2 + " = " + sum);
        }
</script>
</head>
<body></body>
</html>
```

通过 IE 查看该 HTML，效果如图 6-22 所示。在上述代码中，通过 prompt 函数显示一个输入对话框，当用户输入任意值时，然后通过 isNaN 函数判断输入值是否为一个数字，如果输入的两个值不为数字，那么 alert 函数会输出错误提示对话框。

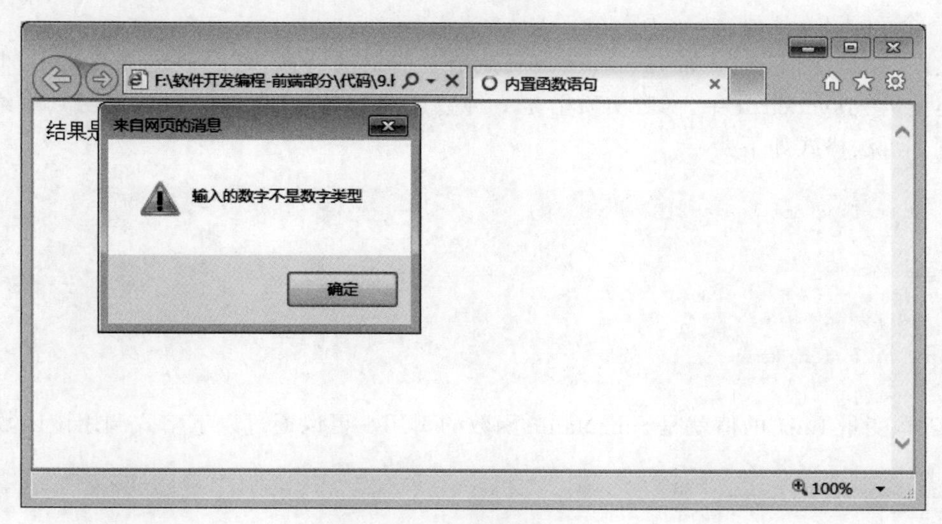

图 6-22　计算两数的和

注意：当输入的数字合法，但不使用 parseInt 进行转换时，“+”运算符不会进行加法运算，而是进行两个输入值的字符串连接操作。

2）自定义函数

同其他语言（如 Java 语言）一样，在 JavaScript 除了内置的系统函数可供调用之外，也可以自定义函数，然后调用执行。在 JavaScript 中，自定义函数的语法格式如下：

```
function funcName([param1][,param2 … ])
{
//statements
    …
}
```

其中，

- function：定义函数的关键字。
- funcName：函数名。
- param：参数列表，是传递给函数使用或操作的值，其值可以是任何类型（如字符串、数值型等）。

在自定义函数的时候需注意以下事项：

- 函数名必须唯一，且区分字母大小写。
- 函数命名的规则与变量命名的规则基本相同，以字母开头，中间可以包括数字、字母或下画线等。
- 参数可以使用常量、变量和表达式。
- 参数列表中有多个参数时，参数间以“，”隔开。

- 若函数需要返回值，则使用 return 语句。
- 自定义函数不会自动执行，只有调用时才会执行。
- 如果省略了 return 语句中的表达式，或函数中没有 return 语句，那么函数将返回一个 undefined 值。

此外，在很多语言中（如 Java），函数只是语言的语法特征，可以被定义或调用，但不是数据类型，在 JavaScirpt 中，函数实质上是一种数据类型，因此可以把自定义函数赋给特定的变量。语法格式如下：

```
function funcName([param1][,param2 … ])
{
//statements
    ……
}
var fun1 = funcName;
```

其中，变量 fun1 的值就是 funcName 函数的引用。可以通过以下格式调用该函数：

```
fun1([param1][,param2 … ]);
```

上面的调用方式与下面的调用方式是完全等价的：

```
funcName([param1][,param2 … ]);
```

在定义函数的时候，也可以不用给函数命名（匿名函数），直接把定义的匿名函数引用赋予变量，格式如下：

```
var func1 = function([param1][,param2 … ])
{
//statements
    …
}
```

那么该匿名函数的调用方式如下：

```
fun1([param1][,param2 … ]);
```

2. JavaScript 核心对象

JavaScript 语言是一种基于对象（object）的语言，其核心对象主要有以下几种：

- 数组对象。
- 字符串对象。
- 日期对象。
- 数学对象。

1）数组对象

数组（Array）是编程语言中常见的一种数据结构，可以用来存储一系列的数据。在 JavaScript 中，数组可以存储不同类型的数据。数组中的各个元素可以通过索引进行访问，索引的范围为 0～(length-1)(length 为数组长度)。

(1) 创建数组。

创建数组对象有 3 种方法,介绍如下:

① 新建一个长度为 0 的数组。

语法如下所示:

```
var 数组名 = new Array();
```

举例:

```
var myArr  =  new Array();
```

上面声明了数组名为 myArr 的数组,数组长度为 0。长度为 0,是指该数组有 0 个项。

② 新建长度为 n 的数组。

语法如下所示:

```
var 数组名 = new Array(n);
```

举例:

```
var myArr  =  new Array(3);
myArr[0] = "HTML";
myArr[1] = "CSS";
myArr[2] = "JavaScript";
```

上面声明了数组名为 myArr 的数组,数组长度为 3。这个数组总包括 3 种元素:"HTML""CSS""JavaScript"。数组元素的数据类型是字符串型。

③ 新建指定长度的数组并赋值。

语法如下所示:

```
var 数组名 = new Array(元素 1,元素 2,…,元素 n);
```

举例:

```
var myArr  =  new Array(1,2,3,4);
```

上面这一行代码创建了名为 myArr 的数组,包含 4 个元素:1、2、3、4。其中 myArr[0]＝1、myArr[1]＝2、myArr[2]＝3、myArr[3]＝4。

上述代码等价于下面这段代码:

```
var myArr  =  new Array(4);
myArr[0] = 1;
myArr[1] = 2;
myArr[2] = 3;
myArr[3] = 4;
```

这里要强调的是：在 JavaScript 中，数组的索引是从 0 开始的，而不是从 1 开始的。也就是说，myArr[1]=1、myArr[2]=2、myArr[3]=3、myArr[4]=4。

上述 3 种创建 Array 对象的方法有如下区别：

① 使用第 1 种方法创建 Array 对象时，元素的个数是不确定的，用户可以在赋值时任意定义。

② 使用第 2 种方法创建 Array 对象时，由于指定了数组的长度，因此在对数组赋值时，元素个数不能超过其指定的长度。

③ 使用第 3 种方法创建 Array 对象时，数组长度由数组元素的个数决定。

(2) 数组赋值。

对数组元素赋值共有两种方法：

- 在创建 Array 对象时直接赋值。
- 利用 Array 对象的元素下标对数组进行赋值。

① 在创建 Array 对象时直接赋值。

语法如下所示：

```
var 数组名 = new Array(元素 1,元素 2, … ,元素 n);
```

② 利用 Array 对象的元素下标对数组进行赋值。

这个方法可以随时向 Array 对象中输入元素值，或者是修改数组中的任意元素值。

语法如下所示：

```
var 数组名 = new Array();
数组名[0] = 元素 1;
数组名[1] = 元素 2;
…
数组名[n] = 元素(n-1);
```

(3) 数组元素的获取。

在 JavaScript 中获取数组某一项的值都是通过数组元素的下标来获取。

示例代码如下所示：

```
<html>
<head>
    <title></title>
    <script type = "text/javascript">
        //创建数组
        var arr = new Array("中国","广东","广州","天河","暨大");
        //利用 for 循环获取所有数组元素
        for(var i = 0;i < arr.length;i++)
        {
            document.write(arr[i] + "<br/>");
        }
    </script>
</head>
<body>
</body>
</html>
```

通过 IE 查看该 HTML，效果如图 6-23 所示。这里 arr.length 表示获取数组 arr 的长度。

图 6-23　数组赋值

（4）Array 对象的属性和方法。

① Array 对象属性。

在 Array 对象中有 3 个属性，分别是 length、constructor 和 prototype。在初学者阶段，仅掌握 length 这个属性就可以了。

语法如下所示：

```
数组名.length;
```

length 属性用于获取数组的长度。

示例代码如下所示：

```
<html>
<head>
    <title></title>
    <script type="text/javascript">
        //创建数组
    var arr1  =  new Array();
    var arr2 = new Array(1,2,3,4,5,6);
    //输出数组长度
    document.write(arr1.length + "<br/>");
    document.write(arr2.length + "<br/>");
    </script>
</head>
<body>
</body>
</html>
```

通过 IE 查看该 HTML，效果如图 6-24 所示。

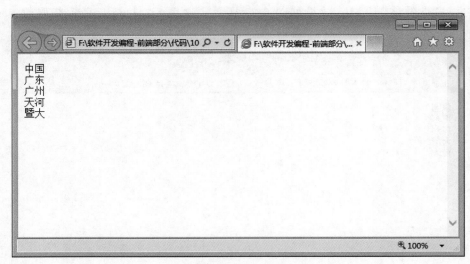

图 6-24　Array 属性

② Array 对象方法。

Array 对象常用方法如表 6-8 所示。

表 6-8　Array 对象常用方法

方　　法	说　　明
slice()	获取数组中的某段数组元素
unshift()	在数组开头添加元素
push()	在数组末尾添加元素
shift()	删除数组中的第一个元素
pop()	删除数组中的最后一个元素
toString()	将数组转换为字符串
join()	将数组元素连接成字符串
concat()	多个数组连接为字符串
sort()	数组元素正向排序
reverse()	数组元素反向排序

- slice()方法。

在 JavaScript 中,可以使用 Array 对象的 slice()方法来获取数组中的某段数组元素。

slice 就是“切片”的意思。

语法如下所示:

```
数组对象.slice(start,end);
```

参数 start 和 end 都是整数。其中,参数 start 是必选项,表示开始元素的位置,是从 0 开始计算的。参数 end 是可选项,表示结束元素的位置,也是从 0 开始计算的。

使用 slice 方法获取数组中的某段数组元素,其实是获取。

示例代码如下所示:

```
<html>
<head>
    <title></title>
    <script type="text/javascript">
        //创建数组的同时对元素赋值
        var arr = new Array("html","CSS","JavaScript","jQuery","Ajax");
        document.write(arr.slice(2,4));
    </script>
</head>
<body>
</body>
</html>
```

通过 IE 查看该 HTML，效果如图 6-25 所示。

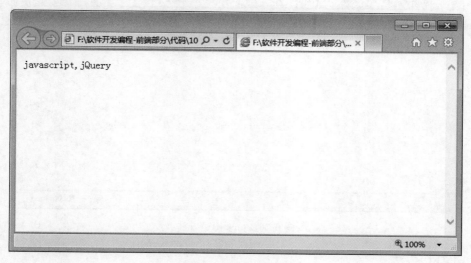

图 6-25 slice()方法

- unshift()方法。

在 JavaScript 中，可以使用 Array 对象的 unshift()方法在数组开头添加元素，并返回该数组。

语法如下所示：

```
数组对象.unshift(新元素 1,新元素 2, … ,新元素 n);
```

“新元素 1，新元素 2，…，新元素 n”是可选项，表示在数组开头添加的新元素。

示例代码如下所示：

```
<html>
<head>
    <title></title>
    <script type="text/javascript">
        //创建数组的同时对元素赋值
        var arr = new Array("html", "CSS", "JavaScript");
```

```
        document.write("原数组元素：" + arr);
        document.write("<br/>");
        arr.unshift("jQuery", "Ajax");
        document.write("添加新元素后的数组元素：" +arr);
    </script>
</head>
<body>
</body>
</html>
```

通过IE查看该HTML，效果如图6-26所示。

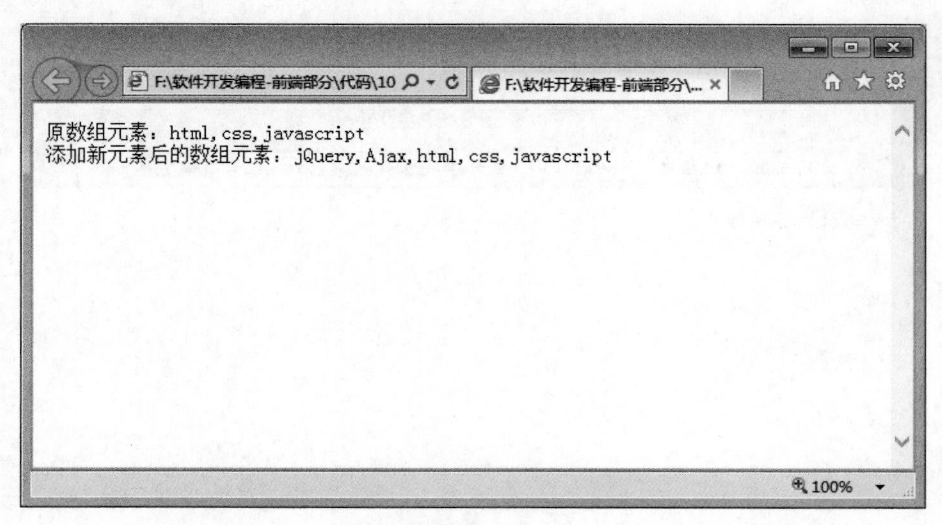

图6-26　unshift()方法

- push()方法。

在JavaScript中，可以使用Array对象的push()方法向数组的末尾追加一个或多个元素，并且返回新的长度。记住，push()方法是在数组的末尾添加元素，而不是在中间插入元素。

语法如下所示：

```
数组对象.push(新元素1,新元素2, …,新元素n);
```

"新元素1,新元素2,…,新元素n"是可选项，表示要添加到数组末尾的元素。

push()方法可以把新的元素按照顺序添加到数组对象中去，它直接修改数组对象，而不是创建一个新的数组。push()方法和pop()方法使用数组提供的先进后出的功能。

示例代码如下所示：

```
<html>
<head>
    <title></title>
    <script type = "text/javascript">
```

```
        //创建数组的同时对元素赋值
        var arr = new Array("html", "CSS", "JavaScript");
        document.write("原有数组元素:" + arr);
        document.write("<br/>");
        arr.push("jQuery", "Ajax");
        document.write("现有数组元素:" + arr);
    </script>
</head>
<body>
</body>
</html>
```

通过 IE 查看该 HTML，效果如图 6-27 所示。

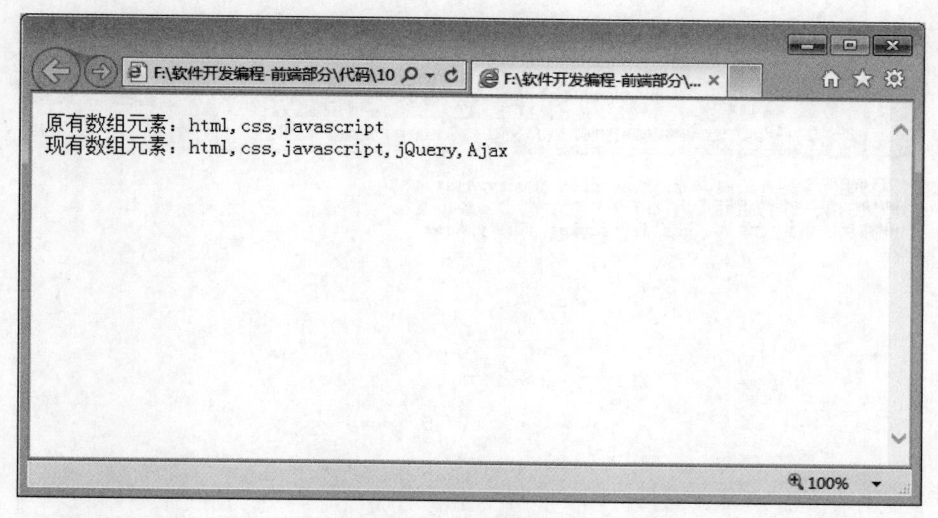

图 6-27　push()方法

- shift()方法。

在 JavaScript 中，可以使用 Array 对象的 shift()方法来删除数组中第一个元素，并且返回第一个元素的值。

语法如下所示：

```
数组对象.shift();
```

shift()方法与 pop()方法类似。其中 unshift()方法用于在数组开头添加元素，shift()方法用于删除数组开头的第一个元素。

注意，shift()方法不创建新的数组，而是直接修改原来的数组对象。如果数组为空，那么 shift()方法将不会进行任何操作，并且返回 undefined 值。

示例代码如下所示：

```
<html xmlns="http://www.w3.org/1999/xhtml">
<head>
    <title></title>
```

```
    <script type="text/javascript">
        //创建数组的同时对元素赋值
        var arr = new Array("html", "CSS", "JavaScript", "jQuery", "Ajax");
        document.write("原数组元素为:" + arr);
        document.write("<br/>");
        document.write("删除的第一个数组元素为:" + arr.shift());
        document.write("<br/>");
        document.write("删除后的数组元素为:" + arr);
    </script>
</head>
<body>
</body>
</html>
```

通过 IE 查看该 HTML，效果如图 6-28 所示。

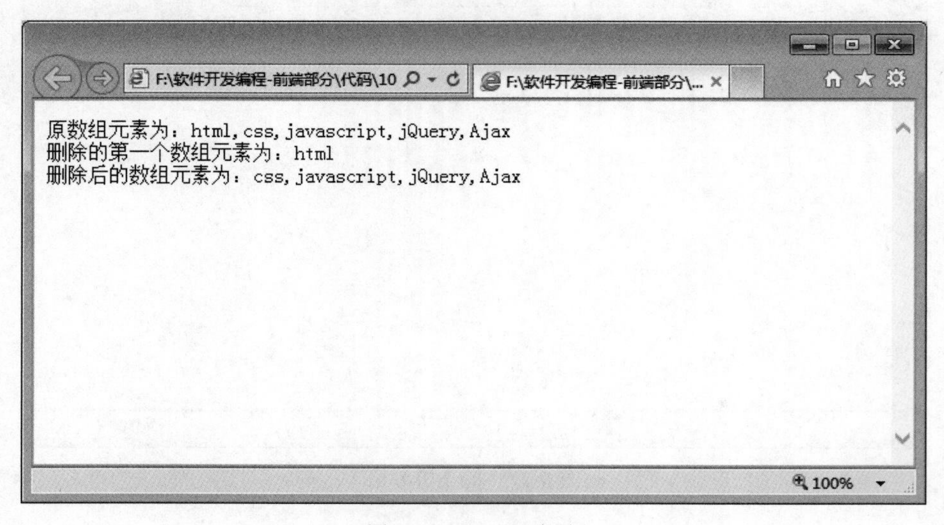

图 6-28　shift()方法

• pop()方法。

在 JavaScript 中，可以使用 Array 对象的 pop()方法删除并返回数组中的最后一个元素。

语法如下所示：

```
数组对象.pop();
```

pop()方法将删除数组对象的最后一个元素，并且把数组长度减 1，返回它删除的该元素的值。如果数组已经为空，则 pop()方法不改变数组，并返回 undefined 值。

示例代码如下所示：

```
<html xmlns="http://www.w3.org/1999/xhtml">
<head>
    <title></title>
    <script type="text/javascript">
```

```
        //创建数组的同时对元素赋值
        var arr = new Array("中国","广东","广州","天河","暨大");
        document.write("数组中原有元素:" + arr);
        document.write("<br/>");
        document.write("删除的数组最后一个元素是:" + arr.pop());
        document.write("<br/>");
        document.write("数组中现有元素:" + arr);
    </script>
</head>
<body>
</body>
</html>
```

通过 IE 查看该 HTML,效果如图 6-29 所示。

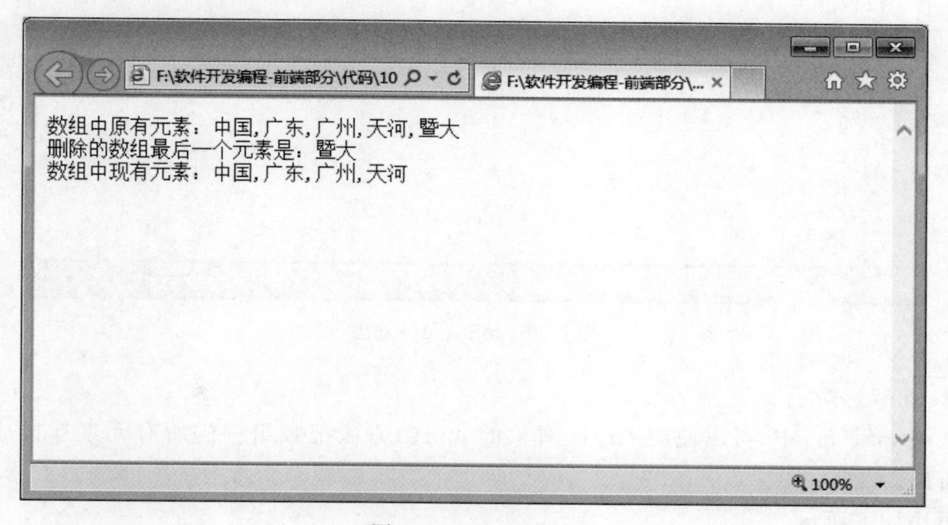

图 6-29　pop()方法

- toString()方法。

在 JavaScript 中,可以使用 Array 对象的 toString()方法将数组转换为字符串,并返回结果。

语法如下所示:

```
数组对象.toString();
```

示例代码如下所示:

```
<html>
<head>
    <title></title>
    <script type = "text/javascript">
        //创建数组的同时对元素赋值
        var arr = new Array("HTML","CSS","JavaScript","jQuery","Ajax");
        document.write(arr.toString());
```

```
    </script>
</head>
<body>
</body>
</html>
```

通过 IE 查看该 HTML，效果如图 6-30 所示。

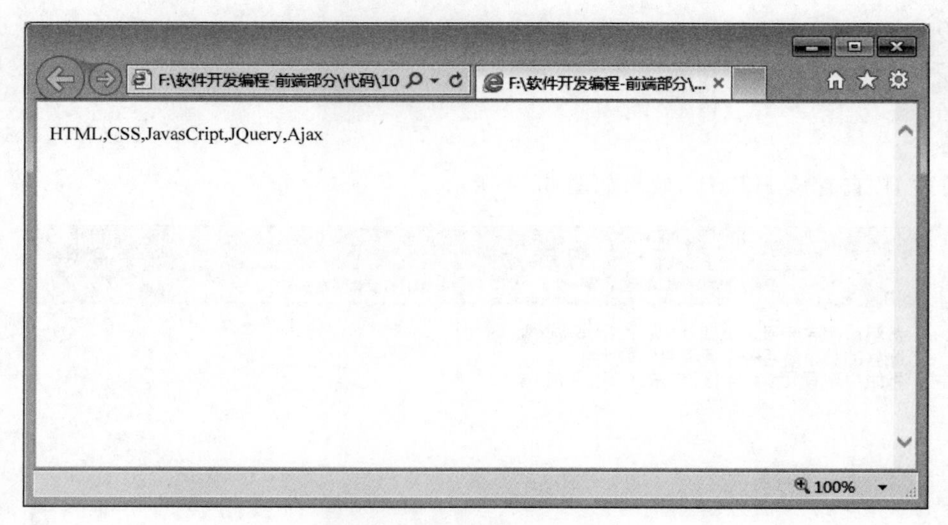

图 6-30　toString()方法

- join()方法。

在 JavaScript 中，可以使用 Array 对象的 join()方法把数组中的所有元素连接成为一个字符串。

语法如下所示：

```
数组对象.join("分隔符");
```

其中分隔符是可选项，用于指定要使用的分隔符。如果省略该参数，则 JavaScript 默认采用英文逗号作为分隔符。

示例代码如下所示：

```
<html>
<head>
    <title></title>
    <script type="text/javascript">
        //创建数组的同时对元素赋值
        var arr = new Array("HTML","CSS","JavaScript");
        //没有使用分隔符的 join()方法
        document.write(arr.join() + "<br/>");
        //使用分隔符的 join()方法
        document.write(arr.join("*"));
    </script>
```

```
</head>
<body>
</body>
</html>
```

通过 IE 查看该 HTML，效果如图 6-31 所示。

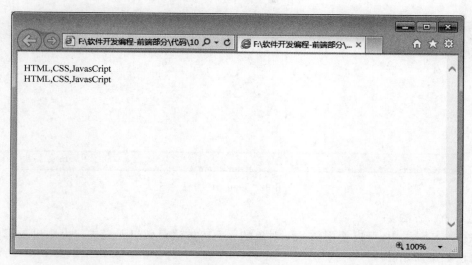

图 6-31　join()方法

- concat()方法。

在 JavaScript 中，可以使用 Array 对象的 concat()方法连接两个或多个数组。该方法不会改变现有的数值，而仅仅会返回被连接数组的一个副本。

concat，就是“合并”的意思。

语法如下所示：

```
数组 1.concat(数组 2,数组 3,…,数组 n);
```

示例代码如下所示：

```
<html>
<head>
    <title></title>
    <script type="text/javascript">
        //创建数组的同时对元素赋值
        var arr1 = new Array("HTML,"CSS","JavaScript");
        var arr2 = new Array("北京","广州","上海");
        var arr3 = new Array("中国","美国","俄罗斯");
        document.write(arr1.concat(arr2,arr3));
    </script>
</head>
<body>
</body>
</html>
```

通过 IE 查看该 HTML，效果如图 6-32 所示。

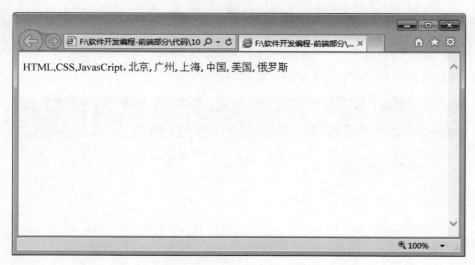

图 6-32　concat()方法

- sort()方法。

在 JavaScript 中，可以使用 Array 对象的 sort()方法对数组元素进行大小比较排序。语法如下所示：

```
数组对象.sort(函数名);
```

其中“函数名”用来确定元素顺序的函数的名称，如果这个参数被省略，那么元素将按照 ASCII 字符顺序进行升序排序。

示例代码如下所示：

```
<html>
<head>
    <title></title>
    <script type="text/javascript">
        //升序比较函数
        function asc(a,b){
            return a - b;
        }
        //降序比较函数
        function des(a,b){
            return b - a;
        }
        //创建数组的同时对元素赋值
        var arr = new Array(3,9,1,12,50,21);
        document.write("排序前的数组元素" + arr.join(","));
        document.write("<br/>");
        arr.sort(asc);
        document.write("升序后的数组元素" + arr.join(","));
        document.write("<br/>");
        arr.sort(des);
```

```
        document.write("降序后的数组元素" + arr.join(","));
    </script>
</head>
<body>
</body>
</html>
```

通过 IE 查看该 HTML，效果如图 6-33 所示。

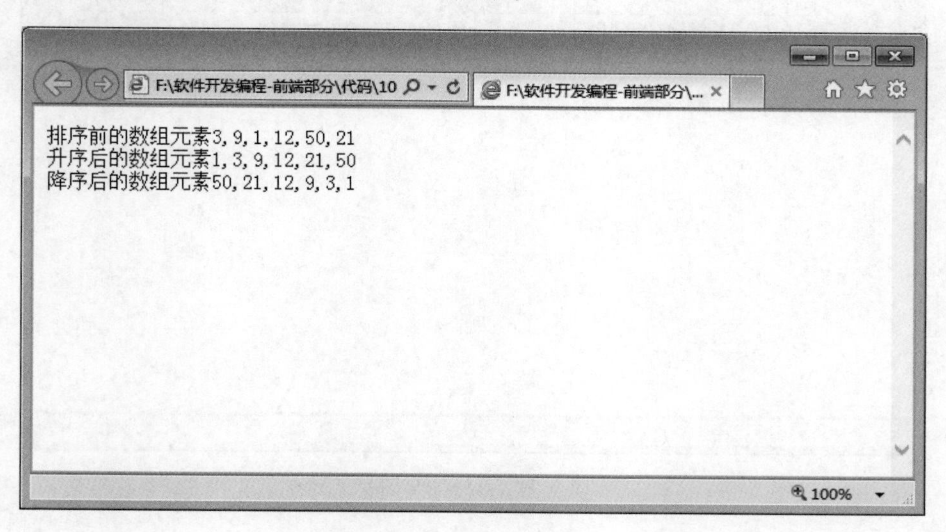

图 6-33 sort()方法

- reverse()方法。

在 JavaScript 中，可以使用 Array 对象的 reverse()方法将数组中的元素反向排列。注意，reverse()是一种“排列”方法，而不是“排序”方法。

reverse 就是“反向”的意思。

语法如下所示：

```
数组对象.reverse();
```

reverse()方法会改变原来的数组，而不是创建新的数组。

示例代码如下所示：

```
<html>
<head>
    <title></title>
    <script type="text/javascript">
        //创建数组的同时对元素赋值
        var arr = new Array(3,1,2,5,4);
        document.write("原数组元素:" + arr);
        document.write("<br/>");
        document.write("反向排列后的数组元素:" + arr.reverse());
    </script>
```

```
</head>
<body>
</body>
</html>
```

通过 IE 查看该 HTML，效果如图 6-34 所示。

图 6-34　reverse()方法

2）字符串对象

字符串是 JavaScript 中的一种基本数据类型，而字符串对象则封装了一个字符串，并且提供了许多操作字符串的方法，例如，分割字符串、改变字符串的大小写、操作子字符串等。

（1）length 属性。

在 JavaScript 中，对于字符串来说，要掌握的属性只有一个，那就是 length 属性。可以通过 length 属性来获取字符串的长度。

语法如下所示：

```
字符串名.length;
```

length 属性很简单，但是在字符串操作中经常要用到。

示例代码如下所示：

```
<head>
    <title></title>
    <script type="text/javascript">
        var str = "I love lvye!";
        document.write("字符串长度是:" + str.length);
    </script>
</head>
<body>
</body>
</html>
```

通过 IE 查看该 HTML,效果如图 6-35 所示。

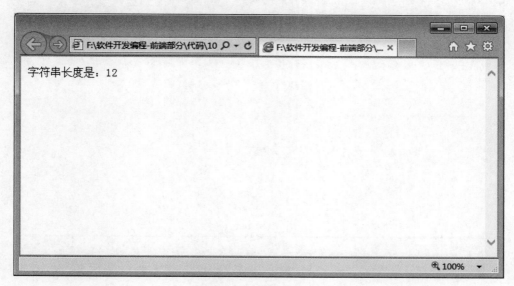

图 6-35　length 属性

(2) match()方法。

在 JavaScript 中,使用 match()方法可以从字符串内索引指定的值,或者找到一个或多个正则表达式的匹配。

语法如下所示:

```
stringObject.match(字符串);        //匹配字符串
stringObject.match(正则表达式);    //匹配正则表达式
```

stringObject 指的是字符串对象。match()方法类似于 indexOf()方法,但是它返回的是指定的值,而不是字符串的位置。

示例代码如下所示:

```
<html>
<head>
    <title></title>
    <script type="text/javascript">
        var str = "Hello World!";
        document.write(str.match("world") + "<br/>");
        document.write(str.match("World") + "<br/>");
        document.write(str.match("worlld") + "<br/>");
        document.write(str.match("world!"));
    </script>
</head>
<body>
</body>
</html>
```

通过 IE 查看该 HTML,效果如图 6-36 所示。

图 6-36　match()方法

（3）search()方法。

在 JavaScript 中，search() 方法用于检索字符串中指定的子字符串，或检索与正则表达式相匹配的子字符串。

语法如下所示：

```
stringObject.search(字符串);      //检索字符串
stringObject.search(正则表达式);  //检索正则表达式
```

stringObject 指的是字符串对象。search()方法返回的是子字符串的起始位置，如果没有找到任何匹配的子串，则返回－1。

示例代码如下所示：

```
<html>
<head>
    <title></title>
    <script type="text/javascript">
        var str = "Hello World!";
        document.write(str.match("world") + "<br/>");
        document.write(str.match("World") + "<br/>");
        document.write(str.match("worlld") + "<br/>");
        document.write(str.match("world!"));
    </script>
</head>
<body>
</body>
</html>
```

通过 IE 查看该 HTML，效果如图 6-37 所示。

图 6-37 search() 方法

(4) indexOf()方法。

在 JavaScript 中,可以使用 indexOf() 方法返回某个指定的字符串值在字符串中首次出现的位置。

语法如下所示:

```
stringObject.indexOf(字符串);
```

stringObject 表示字符串对象。indexOf()方法与 search()方法和 match()方法类似,不同的是,indexOf()方法返回的是字符串的位置,而 match()方法返回的是指定的字符串。

示例代码如下所示:

```
<html>
<head>
    <title></title>
    <script type = "text/javascript">
        var str = "Hello World!";
        document.write(str. indexOf ("world") + "<br/>");
        document.write(str. indexOf ("World") + "<br/>");
        document.write(str. indexOf ("worlld") + "<br/>");
        document.write(str. indexOf ("world!"));
    </script>
</head>
<body>
</body>
</html>
```

通过 IE 查看该 HTML,效果如图 6-38 所示。

(5) replace()方法。

在 JavaScript 中,replace()方法常常用于在字符串中用一些字符替换另一些字符,或者替换一个与正则表达式匹配的子串。

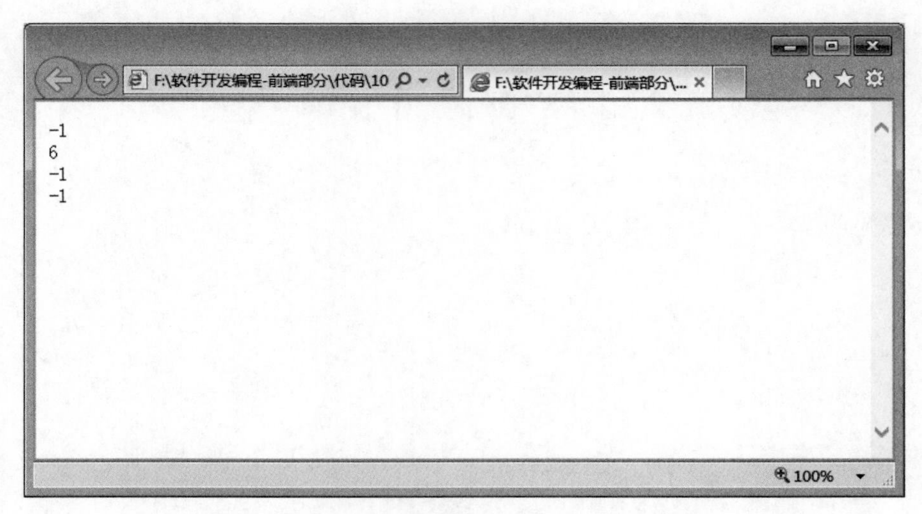

图 6-38　indexOf()方法

语法如下所示：

```
stringObject.replace(原字符,替换字符);
stringObject.replace(正则表达式,替换字符);     //匹配正则表达式
```

示例代码如下所示：

```
<html>
<head>
    <title></title>
    <script type="text/javascript">
        var str  = "I love JavaScript!";
        var str_new = str.replace("JavaScript","lvyestudy");
        document.write(str_new);
    </script>
</head>
<body>
</body>
</html>
```

通过 IE 查看该 HTML，效果如图 6-39 所示。

（6）charAt()方法。

在 JavaScript 中，可以使用 charAt()方法来获取字符串中的某一个字符。

语法如下所示：

```
stringObject.charAt(n);
```

string. Object 表示字符串对象。n 是数字，表示字符串中第几个字符。注意，字符串中第一个字符的下标是 0，第二个字符的下标是 1，以此类推。

示例代码如下所示：

图 6-39　replace()方法

```
<html>
<head>
    <title></title>
    <script type = "text/javascript">
        var str = "Hello lvye!";
        document.write(str.charAt(0) + "<br/>");
        document.write(str.charAt(4));
    </script>
</head>
<body>
</body>
</html>
```

通过 IE 查看该 HTML,效果如图 6-40 所示。

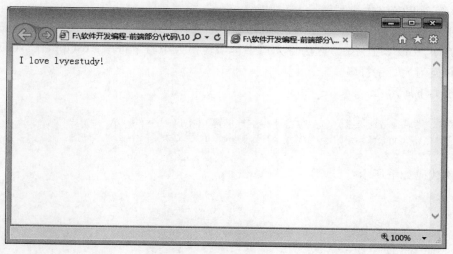

图 6-40　chartAt()方法

(7) 字符串英文大小写转换。

在 JavaScript 中,使用 toLowerCase()和 toUpperCase()这两种方法来转换字符串的大小写。其中,toLowerCase()方法将大写字符串转换为小写字符串;toUpperCase()将小写字符串转换为大写字符串。

语法如下所示:

```
字符串名.toLowerCase();    //将大写字符串转换为小写字符串
字符串名.toUpperCase();    //将小写字符串转换为大写字符串
```

示例代码如下所示:

```
<html>
<head>
    <title></title>
    <script type="text/javascript">
        var str = "Hello lvye!";
        document.write(str.toLowerCase() + "<br/>");
        document.write(str.toUpperCase());
    </script>
</head>
<body>
</body>
</html>
```

通过 IE 查看该 HTML,效果如图 6-41 所示。

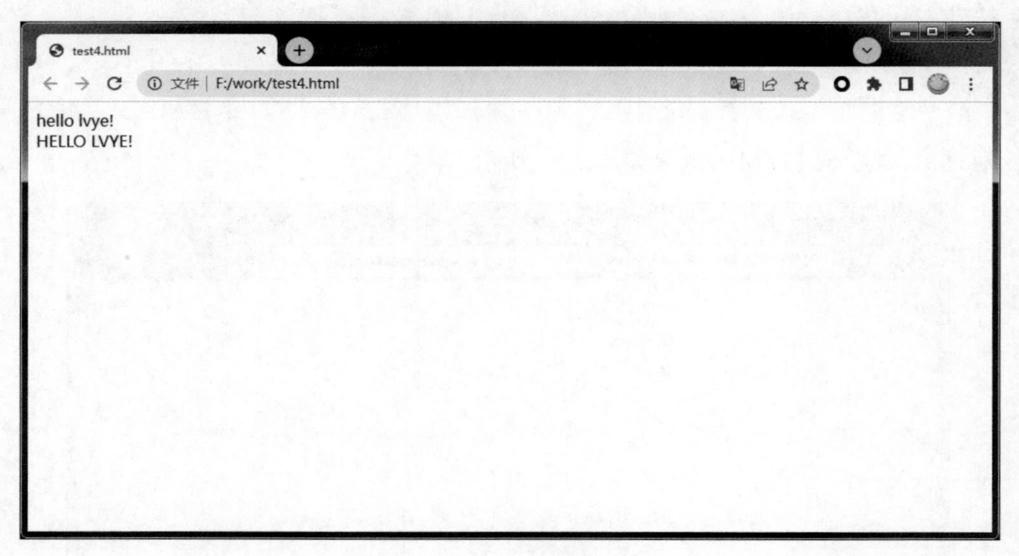

图 6-41　字符串英文大小写转换

(8) 连接字符串。

在 JavaScript 中,可以使用 concat()方法来连接两个或多个字符串。

语法如下所示:

```
字符串 1.concat(字符串 2,字符串 3, … ,字符串 n);
```

concat()方法将“字符串 2,字符串 3,…,字符串 n”按照顺序连接到字符串 1 的尾部,并返回连接后的字符串。

示例代码如下所示:

```
<html xmlns="http://www.w3.org/1999/xhtml">
<head>
    <title></title>
    <script type="text/javascript">
        var str1 = "毛扇指千阵,";
        var str2 = "铁马踏冰河,";
        var str3 = "黄沙破楼兰.";
        var str4 = str1 + str2 + str3;
        var str5 = str1.concat(str2,str3);
        document.write(str4 + "<br/>");
        document.write(str5);
    </script>
</head>
<body>
</body>
</html>
```

通过 IE 查看该 HTML,效果如图 6-42 所示。

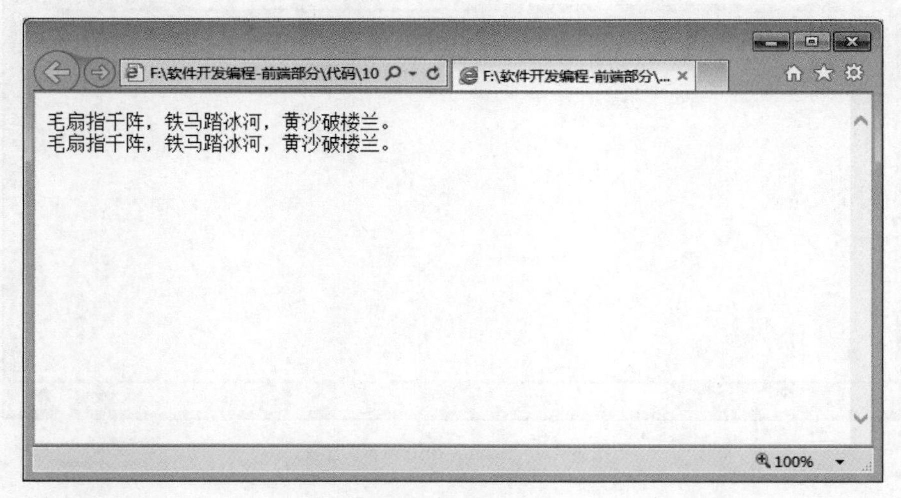

图 6-42　concat()方法

(9) 比较字符串。

在 JavaScript 中,可以使用 localeCompare()方法用本地特定的顺序来比较两个字符串。

语法如下所示:

```
字符串 1.localeCompare(字符串 2);
```

比较完成后，返回值是一个数字。

① 如果字符串 1 小于字符串 2，则返回小于 0 的数字。

② 如果字符串 1 大于字符串 2，则返回数字 1。

③ 如果字符串 1 等于字符串 2，则返回数字 0。

示例代码如下所示：

```
<html xmlns = "http://www.w3.org/1999/xhtml">
<head>
    <title></title>
    <script type = "text/javascript">
        var str1 = "JavaScript";
        var str2 = "Java Script";
        var str3 = str1.localeCompare(str2);
        document.write(str3);
    </script>
</head>
<body>
</body>
</html>
```

通过 IE 查看该 HTML，效果如图 6-43 所示。

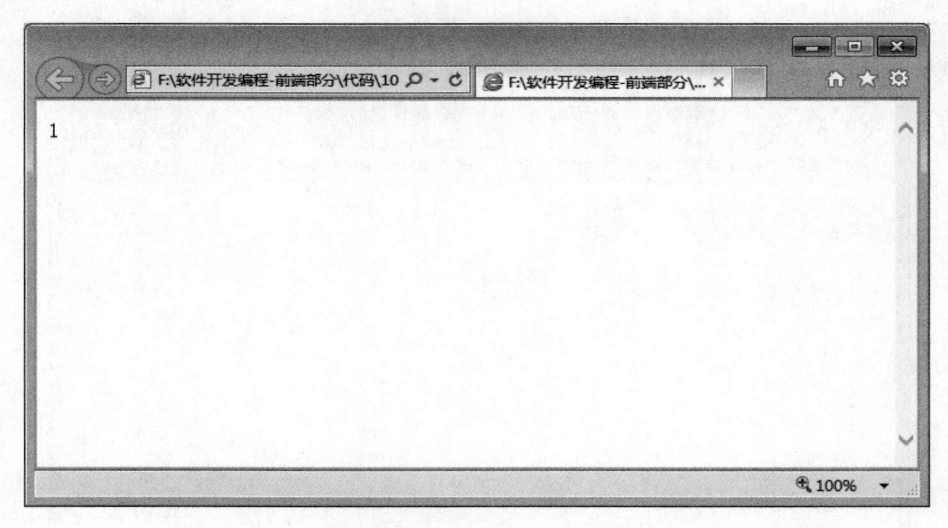

图 6-43　localeCompare()方法

(10) split()方法。

在 JavaScript 中，可以使用 split()方法把一个字符串分割成字符串数组。

语法如下所示：

```
字符串.split(分割符);
```

分割符可以是一个字符、多个字符或一个正则表达式。分割符并不作为返回数组元素的一部分。

示例代码如下所示：

```
<html>
<head>
    <title></title>
    <script type="text/javascript">
        var str  ="I love lvyestudy!";
        var arr = new Array();
        arr = str.split(" ");
        document.write(arr);
    </script>
</head>
<body>
</body>
</html>
```

通过 IE 查看该 HTML，效果如图 6-44 所示。

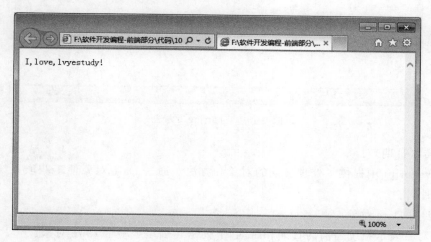

图 6-44 split()方法

(11) 从字符串提取字符串。

在 JavaScript 中，可以使用 substring()方法来提取字符串中的某一部分字符串。

语法如下所示：

```
字符串.substring(开始位置,结束位置);
```

开始位置是一个非负的整数，表示从哪个位置开始提取。结束位置也是一个非负的整数，表示在哪里结束提取。

示例代码如下所示：

```
<html>
<head>
    <title></title>
    <script type="text/javascript">
      var str1 = "我爱学习 JavaScript 课程";
```

```
        var str2 = str1.substring(4,17);
        document.write(str2);
    </script>
</head>
<body></body>
</html>
```

通过 IE 查看该 HTML，效果如图 6-45 所示。

图 6-45　substring()方法

3）Date（日期）对象

在 JavaScript 中提供了处理日期的对象和方法。通过 Date 对象便于获取系统时间，并设置新的时间。

（1）创建 Date 对象。

Date 对象表示系统当前的日期和时间，下列语句创建了一个 Date 对象：

```
var myDate = new Date();
```

此外，在创建 Date 对象时可以指定具体的日期和时间，语法格式如下：

```
var myDate = new Date('MM/dd/yyyy HH:mm:ss');
```

其中，

- MM：表示月份，其范围为 0（一月）～11（十二月）。
- dd：表示日，其范围为 1～31。
- yyyy：表示年份，4 位数，如 2010。
- HH：表示小时，其范围为 0（午夜）～23（晚上 11 点）。
- mm：表示分钟，其范围为 0～59。
- ss：表示秒，其范围为 0～59。

例如：

```
var myDate = new Date('9/25/2010 18:36:42');
```

（2）Date 对象的方法。

Date 对象提供了获取和设置日期或时间的方法，如表 6-9 所示。

表 6-9　Date 对象的方法

方　法	说　明
getDate()	返回在一个月中的哪一天(1～31)
getDay()	返回在一个星期中的哪一天(0～6)，其中星期天为 0
getHours()	返回在一天中的哪一个小时(0～23)
getMinutes()	返回在一小时中的哪一分钟(0～59)
getMonth()	返回在一年中的哪一月(0～11)
getSeconds()	返回在一分钟中的哪一秒(0～59)
getFullYear()	以 4 位数字返回年份，如，2010
setDate()	设置月中的某一天(1～31)
setHours()	设置小时数(0～23)
setMinutes()	设置分钟数(0～59)
setSeconds()	设置秒(0～59)
setFullYear()	以 4 位数字设置年份

示例代码如下所示：

```
<script language = "JavaScript">
var date = new Date();
    document.write(date.getYear() + "年"
          + date.getMonth() + "月"
        + date.getDate() + "日");
    document.write('<br/>');
    document.writeln(date.getHours() + "时"
              + date.getMinutes() + "分"
              + date.getSeconds() + "秒");
</script>
```

上述代码中，使用 Date 对象提供的方法输出了系统当前的日期和时间，输出结果如下所示：

```
2010 年 9 月 25 日
14 时 33 分 38 秒
```

示例代码如下所示：

```
<html>
<head>
    <title>数字时钟</title>
    <script language = "JavaScript">
        function displayTime()
```

```
        {
            //定义对象
            var today = new Date();
            //获取当前日期
            var hours = today.getHours();
            var minutes = today.getMinutes();
            var seconds = today.getSeconds();
            //将分秒格式化
            minutes = fixTime(minutes);
            seconds = fixTime(seconds);
            var time = hours + ":" + minutes + ":" + seconds;
            document.getElementById("txt").innerHTML = time;
            setTimeout('displayTime();',1000);
        }
        //将小于 10 的数字前面加 0
        function fixTime(time)
        {
            if (time < 10)
            {
                time = "0" + time;
            }
            return time;
        }
    </script>
</head>
<body onload = displayTime()>
 <div id = "txt"></div>
</body>
</html>
```

上述代码中，使用 Date 对象的属性和方法实现了一个动态的数字时钟，并显示在页面中的 div 中。setTimeout()方法可以在指定时间后调用 JavaScript 代码，例如：

```
setTimeout('displayTime();', 1000);
```

上面的代码会在 1 秒后调用 displayTime()函数。

网页数字时钟运行结果如图 6-46 所示。

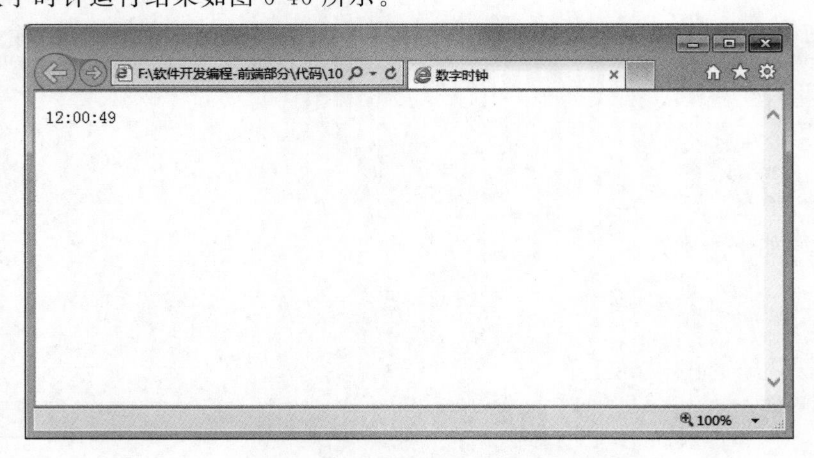

图 6-46　数字时钟

4）Math（数学）对象

Math 对象提供了一组在进行数学运算时非常有用的属性和方法。

（1）Math 对象的属性。

Math 对象的属性是一些常用的数学常数，如表 6-10 所示。

表 6-10 Math 对象的常用属性

Math 对象的属性	说　明
E	自然对数的底
LN2	2 的自然对数
LN10	10 的自然对数
LOG2E	底数为 2，真数为 E 的对数
LOG10E	底数为 10，真数为 E 的对数
PI	圆周率的值
SORT1_2	0.5 的平方根
SORT2	2 的平方根

示例代码如下所示：

```
< script language = "JavaScript">
function CalCirArea(r)
    {
    var x = Math.PI;
    var CirArea = x * r * r;
    document.write("半径为\"" + r + "\"的圆的面积为:" + CirArea);
    }
 var r = 2;
 CalCirArea(r);
</script >
```

上述代码中，使用了 Math 对象的 PI 属性，用以计算圆的半径。

页面上输出的结果如下：

```
半径为"2"的圆的面积为:12.566370614359172
```

（2）Math 对象的方法。

Math 对象的方法是数学中常用的函数，就像“内置函数”一样，无须定义即可直接调用。在 JavaScript 中，Math 对象的常用方法如表 6-11 所示。

表 6-11 Math 对象的常用方法

Math 对象的方法	说　明
sin()/cos()/tan()	分别用于计算数字的正弦/余弦/正切值
asin()/acos()/atan()	分别用于返回数字的反正弦/反余弦/反正切值
abs()	取数值的绝对值，返回数值对应的正数形式
ceil()	返回大于或等于数字参数的最小整数，对数字进行上舍入
floor()	返回小于或等于数字参数的最大整数，对数字进行下舍入

续表

Math 对象的方法	说　明
exp()	返回 E(自然对数的底)的 x 次幂
log()	返回数字的自然对数
pow()	返回数字的指定次幂
random()	返回一个[0,1)的随机小数
sqrt()	返回数字的平方根

- random()方法。

在 JavaScript 中，可以使用 Math 对象的 random()方法返回 0～1 的一个随机数。语法如下所示：

```
Math.random();
```

random()方法是没有参数的，直接调用即可。random()方法返回值是 0～1 的一个伪随机数。

示例代码如下所示：

```
<html>
<head>
    <title></title>
    <script type="text/javascript">
        document.write("第 1 个随机数是:" + Math.random() + "<br/>");
        document.write("第 2 个随机数是:" + Math.random() + "<br/>");
        document.write("第 3 个随机数是:" + Math.random());
    </script>
</head><body></body></html>
```

通过 IE 查看该 HTML，效果如图 6-47 所示。

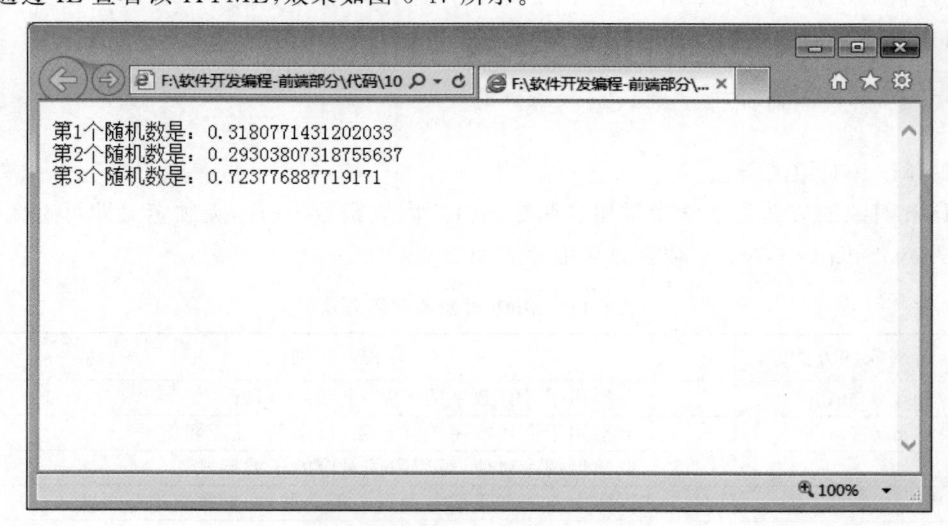

图 6-47　random()方法

- max()方法和 min()方法。

在 JavaScript 中,可以使用 Math 对象的 max()方法返回多个数中的最大值,也可以使用 Math 对象的 min()方法返回多个数中的最小值。

语法如下所示:

```
Math.max(数 1,数 2,…,数 n);
Math.min(数 1,数 2,…,数 n);
```

示例代码如下所示:

```
<html>
<head>
    <title></title>
    <script type="text/javascript">
        var num1 = 4;
        var num2 = -5;
        var num3 = 0.6;
       document.write("4、-5 和 0.6 这三个数最大是:" + Math.max(num1, num2,
     num3) + "<br/>");
        document.write("4、-5 和 0.6 这三个数最小是:" + Math.min(num1, num2,
num3));
    </script>
</head>
<body>
</body>
</html>
```

通过 IE 查看该 HTML,效果如图 6-48 所示。

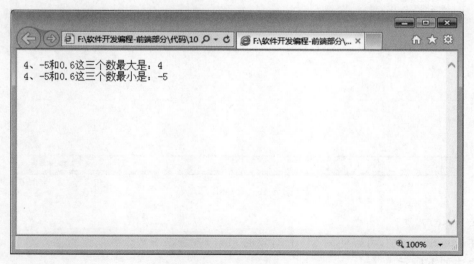

图 6-48 max()方法和 min()方法

- round()方法。

round()方法用于对浮点数进行四舍五入,返回舍入后的整数。

语法如下所示：

```
Math.round(浮点数);
```

参数 x 必须是数字。该方法对 x 进行四舍五入取整。

对于 0.5，该方法将进行上舍入，例如 3.5 将舍入为 4，而−3.5 将舍入为−3。

示例代码如下所示：

```
<html>
<head>
    <title></title>
    <script type="text/javascript">
        document.write("0.5 取整后为:" + Math.round(0.5) + "<br/>");
        document.write("0.49 取整后为:" + Math.round(0.49) + "<br/>");
        document.write("-2.4 取整后为:" + Math.round(-2.4) + "<br/>");
        document.write("-2.6 取整后为:" + Math.round(-2.6));
    </script>
</head>
<body>
</body>
</html>
```

通过 IE 查看该 HTML，效果如图 6-49 所示。

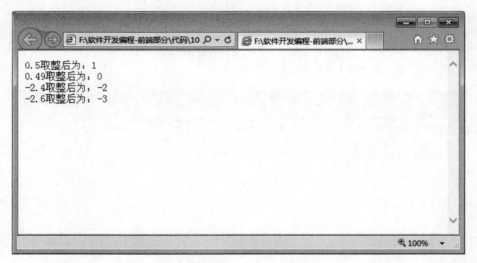

图 6-49 round()方法

- abs()方法。

在 JavaScript 中，可以使用 Math 对象的 abs()方法来求一个数的绝对值。

语法如下所示：

```
Math.abs(x);
```

示例代码如下所示：

```
<html>
<head>
    <title></title>
    <script type="text/javascript">
        document.write("4 的绝对值是" + Math.abs(4) + "<br/>");
        document.write("-4 的绝对值是" + Math.abs(-4));
    </script>
</head>
<body>
</body>
</html>
```

通过 IE 查看该 HTML,效果如图 6-50 所示。

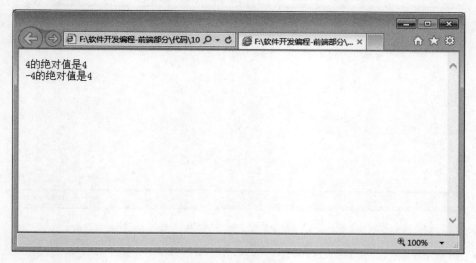

图 6-50 abs()方法

- sqrt()方法。

在 JavaScript 中,可以使用 Math 对象的 sqrt()方法返回一个数的平方根。

语法如下所示:

```
Math.sqrt(x);
```

参数 x 为必选项,且必须是大于或等于 0 的数。计算结果的返回值是参数 x 的平方根。如果 x 小于 0,则返回 NaN。

示例代码如下所示:

```
<html>
<head>
    <title></title>
    <script type="text/javascript">
        var num1 = 4;
        var num2 = 0.16;
        var num3 = -2;
```

```
            document.write("4 的平方根是:" + Math.sqrt(num1) + "<br/>");
            document.write("0.16 的平方根是:" + Math.sqrt(num2) + "<br/>");
            document.write("-2 的平方根是:" + Math.sqrt(num3));
        </script>
    </head>
    <body>
    </body>
    </html>
```

通过 IE 查看该 HTML,效果如图 6-51 所示。

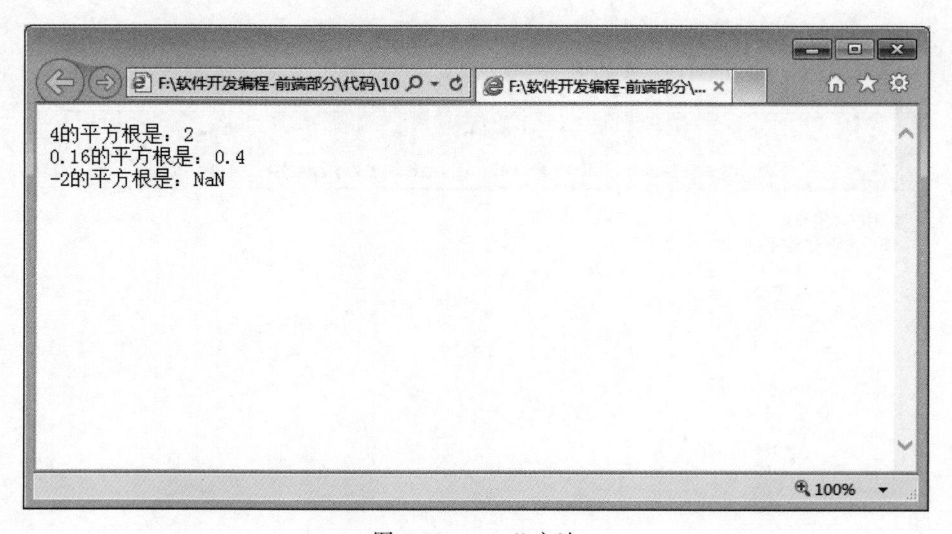

图 6-51 sqrt()方法

• pow()方法。

在 JavaScript 中,可以使用 Math 对象的 pow()方法求一个数的多次幂。

语法如下所示:

```
Math.pow(x,y);
```

x 是底数,且必须是数字。y 是幂数,且必须是数字。如果结果是虚数或负数,则该方法将返回 NaN。如果由于指数过大而引起浮点溢出,则该方法将返回 Infinity。

示例代码如下所示:

```
<html>
<head>
    <title></title>
    <script type="text/javascript">
        document.write("0 的 0 次幂为:" + Math.pow(0, 0) + "<br/>");
        document.write("0 的 1 次幂为:" + Math.pow(0, 1) + "<br/>");
        document.write("1 的 10 次幂为:" + Math.pow(1, 10) + "<br/>");
        document.write("2 的 4 次幂为:" + Math.pow(2, 4) + "<br/>");
        document.write("2 的 -4 次幂为:" + Math.pow(2, -4));
    </script>
```

```
</head>
<body>
</body>
</html>
```

通过 IE 查看该 HTML，效果如图 6-52 所示。

图 6-52 pow()方法

3. 自定义对象

在 JavaScript 中，除了使用 String、Date、Array 等对象之外，还可以创建自己的对象。对象是一种特殊的数据类型，并拥有一系列的属性和方法。

1）原型

在 JavaScript 中，所有的对象都拥有只读的 prototype(原型)属性，通过 prototype 可以为新创建对象或已有对象(如 String)添加新的属性和方法。

语法如下所示：

```
object.prototype.name = value;
```

其中，

- object：被扩展的对象，如 String 对象。
- prototype：对象的原型。
- name：需要扩展的属性或方法，如果是属性，则 value 为特定的属性值；如果是方法，则 value 是方法的引用。

示例代码如下所示：

```
<html>
<head>
<title>prototype 用法 </title>
</head>
<body>
```

```
<script language = "JavaScript">
    // 判断字符串是否以指定的字符串结束
        String.prototype.endsWith = function(str) {
        return this.substr(this.length - str.length) == str;
        }
    // 判断字符串是否以指定的字符串开始
        String.prototype.startsWith = function(str) {
        return this.substr(0, str.length) == str;
        }
    //判断字符串是否以"start"开始
    var str = "start the game ; the game is end";
        if(str.startsWith("start")){
        document.write("该字符串以 start 开始<br>");
    }
    if(str.endsWith("end")){
    document.write("该字符串以 end 结束<br>");
    }
</script>
</body>
</html>
```

通过 IE 查看该 HTML，效果如图 6-53 所示，使用 prototype 属性对 String 对象进行了扩展，将两个匿名函数分别赋予 endsWith 和 startsWith，从而使得 String 对象拥有了 endsWith 和 startsWith 方法。

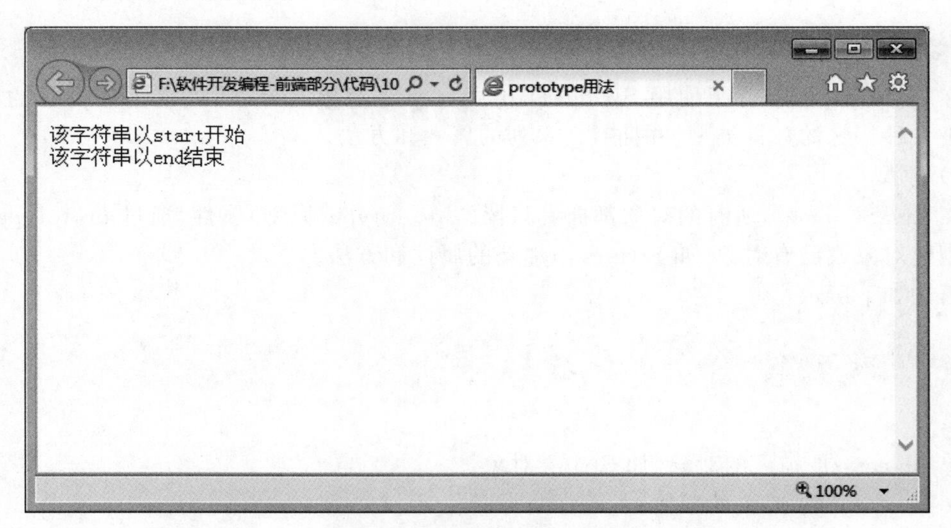

图 6-53　prototype(原型)属性

2）对象创建

JavaScript 对象的创建主要有 4 种方式：

- JSON 方式。
- 构造函数方式。
- 原型方式。
- 混合方式。

(1) JSON 方式。

JSON(JavaScript Object Notation)是一种轻量级的数据交换格式,非常适合于服务器与 JavaScript 的交互。通过使用 JSON 方式可以在 JavaScript 代码中创建对象,也可以在服务器端程序中按照 JSON 格式创建字符串,在 JavaScript 中把该字符串解析成 JavaScript 对象。

JSON 格式的对象语法格式如下:

```
{
//对象内的属性语法(属性名与属性值是成对出现的)
    propertyName:value,
//对象内的函数语法(函数名与函数内容是成对出现的)
    methodName:function(){...}
};
```

其中,

propertyName:属性名称,每个属性名后跟一个":",再跟一个值,该值可以是字符串、数值、对象等类型,并且每个"propertyName:value"对以","分隔。

methodName:方法名称,每个方法名后跟一个":",再跟一个匿名函数。

一个对象以"{"开始,以"}"结束,大括号必不可少。

对于 JSON 格式的 JavaScript 对象有两种创建方式:一种是直接在 JavaScript 代码中创建;另一种是通过 eval()函数把 JSON 格式的字符串解析成 JavaScript 对象。

① 创建 JSON 格式的对象。

示例代码如下所示:

```
<html>
<head>
    <title>创建 JSON 对象</title>
    <script language="JavaScript">
        var user = {
                name:"张三",
                age:23,
                address:
                {
                    city:"青岛",zip:"266071"
                },
                email:"iteacher@haiersoft.com.cn",
                showInfo:function(){
                    document.write("姓名:" + this.name + "<br/>");
                    document.write("年龄:" + this.age + "<br/>");
                    document.write("地址:" + this.address.city + "<br/>");
                    document.write("邮编:" + this.address.zip + "<br/>");
                    document.write("E-mail:" + this.email + "<br/>");
            }
        };
        user.showInfo();
    </script>
</head>
```

```
<body></body>
</html>
```

通过IE查看该HTML，效果如图6-54所示，利用JSON方式创建了一个JSON格式的JavaScript对象，然后对该对象赋予变量user，该对象共有4个属性和1个名为showInfo()的方法，其中address属性值也是一个JSON格式的对象。代码中的this用于指代当前对象。

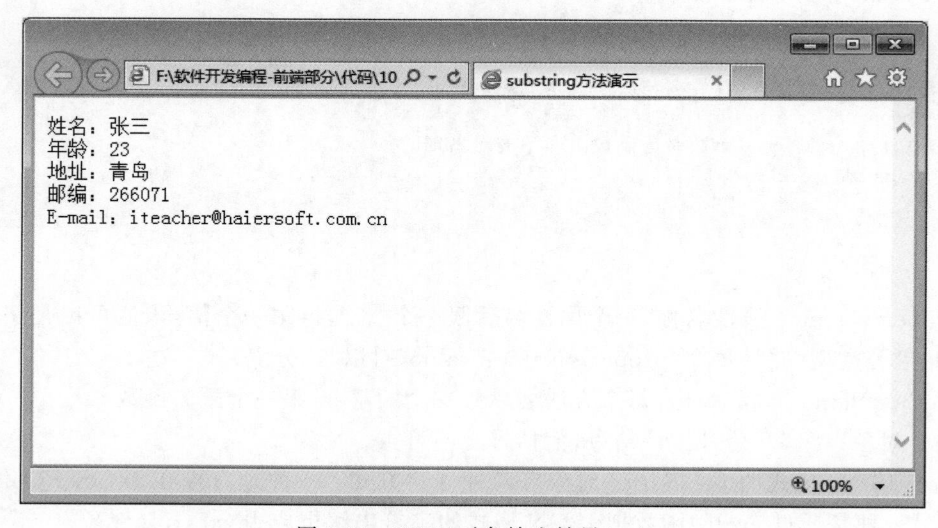

图6-54 JSON对象输出结果（一）

② 使用eval函数解析JSON格式的字符串。

示例代码如下所示：

```
<html>
<head>
 <title>substring 方法演示</title>
 <script language = "JavaScript">
     var user = '{name:"张三",age:23,'
              + 'address:{city:"青岛",zip:"266071"},'
              + 'email:"iteacher@haiersoft.com.cn",'
              + 'showInfo:function(){'
              + 'document.write("姓名:" + this.name + "<br/>");'
              + 'document.write("年龄:" + this.age + "<br/>");'
              + 'document.write("地址:" + this.address.city + "<br/>");'
              + 'document.write("邮编:" + this.address.zip + "<br/>");'
              + 'document.write("E-mail:" + this.email + "<br/>");} }';
     var u = eval('(' + user + ')')
     u.showInfo();
 </script>
</head>
<body></body>
</html>
```

通过IE查看该HTML，效果如图6-55所示。在上述代码中，把JSON格式对象改造成字符串的形式，即user变量是一个JSON格式的字符串，然后通过eval()函数把该字符串解析成 JavaScript 对象，并调用其 showInfo()方法，其运行结果与如图 6-55 所示的运行结果完全相同。

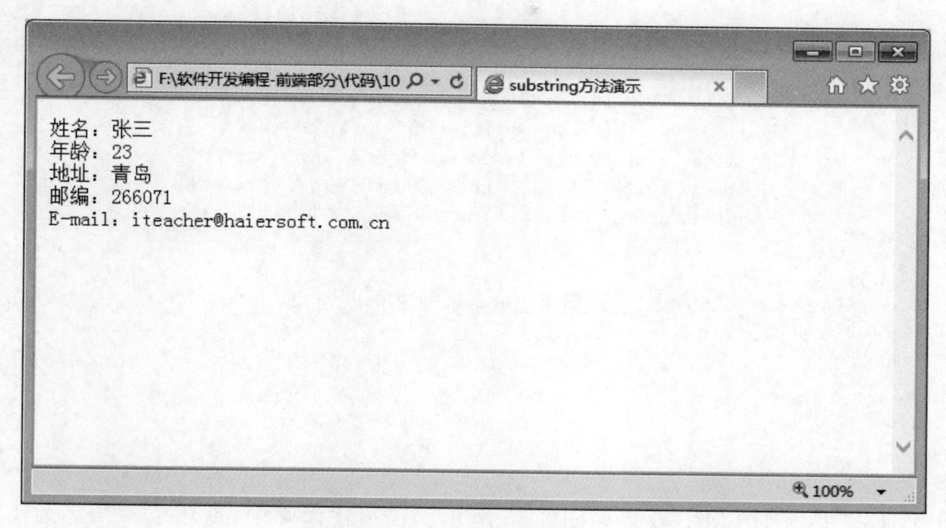

图 6-55 JSON 对象输出结果(二)

(2) 构造函数方式。

编写一个构造函数，通过 new 来调用构造函数也可以创建对象。构造函数可以带有参数。

语法如下所示：

```
function funcName() {
this.property = value;
    …其他属性;
    this.methodName = function() {…};
    …其他方法
}
```

- 构造函数 funcName 内的属性(property)或者方法(methodName)前必须加上 this 关键字。
- 函数体内的内容与值用等号分隔，成对出现。
- 构造函数包含的变量、属性或者方法之间以分号分隔。
- 方法需要写在构造函数体之内。

示例代码如下所示：

```
<html>
<head>
    <title>substring 方法演示</title>
    <script language="JavaScript">
        function User(){
            this.name = "张三";
            this.age = 23;
            this.address =
```

```
            {
                city:"青岛",zip:"266071"
            };
            this.email = "iteacher@haiersoft.com.cn";
            this.showInfo = function(){
                document.write("姓名:" + this.name + "<br/>");
                document.write("年龄:" + this.age + "<br/>");
                document.write("地址:" + this.address.city + "<br/>");
                document.write("邮编:" + this.address.zip + "<br/>");
                document.write("E-mail:" + this.email + "<br/>");
            }
        };
        var user = new User(); //利用构造函数创建 User 对象
        user.showInfo();
    </script>
</head>
<body></body>
</html>
```

通过 IE 查看该 HTML，效果如图 6-56 所示。在上述代码中，创建了一个名为 User 的构造函数，该函数中包括 4 个属性和 1 个方法，通过 new 调用构造函数的方式创建了一个名为 user 的 User 类型对象，然后调用 showInfo()方法打印相关信息。

图 6-56　JSON 对象输出结果(三)

(3) 原型方式。

通过原型的方式也可以创建对象，原型的语法格式在前面已有介绍，此处不再赘述。

示例代码如下所示：

```
<html>
<head>
    <title>原型方式创建对象</title>
    <script language="JavaScript">
```

```
        function User(){
        };
        User.prototype.name = "张三";
        User.prototype.age = 23;
        User.prototype.address =
        {
            city:"青岛",zip:"266071"
        };
        User.prototype.email = "iteacher@haiersoft.com.cn";
        User.prototype.showInfo = function(){
            document.write("姓名:" + this.name + "<br/>");
            document.write("年龄:" + this.age + "<br/>");
            document.write("地址:" + this.address.city + "<br/>");
            document.write("邮编:" + this.address.zip + "<br/>");
            document.write("E-mail:" + this.email + "<br/>");
        }
        var user = new User();
        user.showInfo();
</script>
</head>
<body></body>
</html>
```

通过 IE 查看该 HTML，效果如图 6-57 所示。这里首先创建了一个空的构造函数，然后通过原型的方式添加了属性和方法。

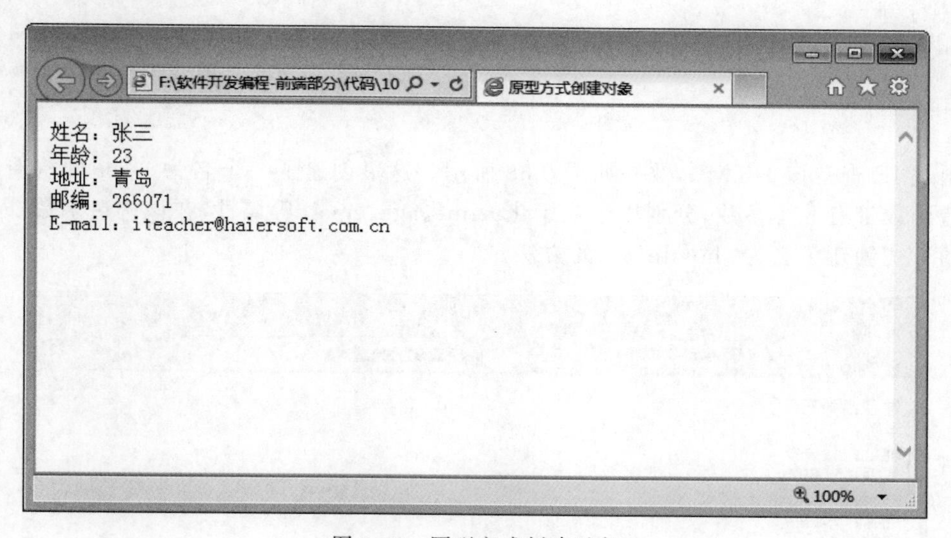

图 6-57 原型方式创建对象

(4) 混合方式。

在实际应用中，通常采用构造函数和原型两者混合的方式来创建 JavaScript 对象。

示例代码如下所示：

```
<html>
<head>
```

```
        <title>混合方式创建对象</title>
        <script language="JavaScript">
            function User(name,age,email){
                this.name = name;
                this.age = age;
                this.email = email;
                this.address =
                {
                    city:"青岛",zip:"266071"
                };
            };
            User.prototype.showInfo = function(){
                document.write("姓名:" + this.name + "<br/>");
                document.write("年龄:" + this.age + "<br/>");
                document.write("地址:" + this.address.city + "<br/>");
                document.write("邮编:" + this.address.zip + "<br/>");
                document.write("E-mail:" + this.email + "<br/>");
            }
            var user1 = new User("张三",23,"zhangsan@163.com");
            var user2 = new User("李四",24,"lisi@163.com");
            user2.address.city = "济南";
            user2.address.zip = "123456";
            user1.showInfo();
            user2.showInfo();
        </script>
    </head>
    <body></body>
    </html>
```

通过 IE 查看该 HTML，效果如图 6-58 所示。这里创建了一个名为 User 的构造函数，该构造函数带有 3 个参数，分别用于初始化 name、age、email 等属性，在该构造函数外，利用原型的方式创建了名为 showInfo()的方法。

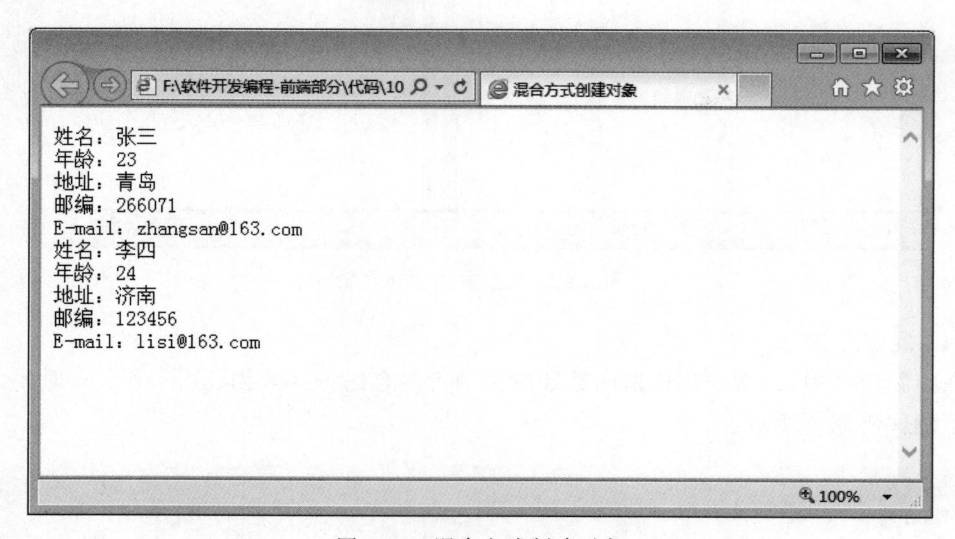

图 6-58　混合方式创建对象

6.2.3　案例实现

1. 案例分析

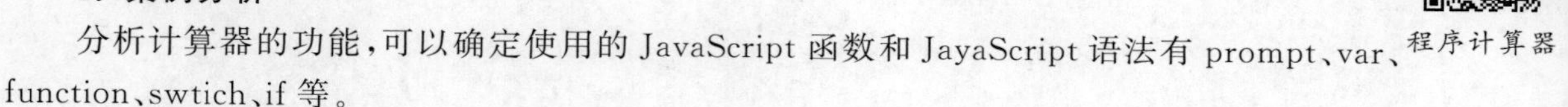

分析计算器的功能，可以确定使用的 JavaScript 函数和 JayaScript 语法有 prompt、var、function、swtich、if 等。

程序计算器

2. 代码实现

```
<script language="JavaScript">
//第一个操作数
var oper1 = prompt("输入操作数","");
//第二个操作数
var oper2 = prompt("输入被操作数","");
//输入运算符号
var operator = prompt("输入运算符(+,-,*,/)","");
//先进行数值转换
parseV();
//结果
var result;
switch (operator)
    {
case"+":
    //调用加法函数
    result = doSum(oper1,oper2);
    alert(oper1 + "+" + oper2 + "=" + result);
    break;
case"-":
    //调用减法函数
    result = doSubstract(oper1,oper2);
    alert(oper1 + "-" + oper2 + "=" + result);
    break;
case"*":
    //调用乘法函数
    result = doMultiply(oper1,oper2);
    alert(oper1 + "*" + oper2 + "=" + result);
    break;
case"/":
    //调用除法函数
    if(oper2 == 0){
        alert("0 不能作除数!");
        break;
    }
    result = doDivide(oper1,oper2);
    alert(oper1 + "/" + oper2 + "=" + result);
    break;
default:
    alert("输入的运算符不合法!");
    }
//验证是否为数字,并转换成数字
    function parseV(){
    if(isNaN(oper1)||isNaN(oper2)){
    alert("输入的数字不合法!");
```

```
        }else{
        oper1 = parseFloat(oper1);
        oper2 = parseFloat(oper2);
        }
        }
    //加法运算
        function doSum(oper1,oper2){
        return oper1 + oper2;
        }
    //减法运算
        function doSubstract(oper1,oper2){
        return oper1 - oper2;
        }
    //乘法运算
        function doMultiply(oper1,oper2){
        return oper1 * oper2;
        }
    //除法运算
        function doDivide(oper1,oper2){
        return oper1/oper2;
        }
</script>
```

3. 运行效果

运行效果如图 6-59 所示。

此网页显示

9*8=72

确定

图 6-59　案例实现

本章小结

本章的主要知识点如下：

- JavaScript 语言同其他编程语言一样，有其自身的数据类型、表达式、算术运算符以及基本语句结构。
- JavaScript 中有字符串类型、数值型、布尔型、对象型、null 和 undefined 等基本数据类型。
- 变量是指程序中一个已经命名的存储单元，其主要作用是为操作提供存放数据的容器。
- JavaScript 是一种弱类型的语言，变量在定义时不必指明具体类型，对于同一变量可以赋予不同类型的变量值。
- JavaScript 中根据变量的作用域可以分为全局变量和局部变量两种。
- JavaScript 中的注释分为单行注释和多行注释两种方式。
- JavaScript 中运算符主要分为算术运算符、比较运算符、赋值运算符、逻辑运算符和条件运算符 5 类。

- JavaScript 常用的程序控制结构包括分支结构、迭代结构和转移语句。
- JavaScript 中有两种函数即内置的系统函数和用户自定义函数。
- JavaScript 对象是由属性和方法构成的。
- 常用的 JavaScript 对象有 Array、String、Date 和 Math 等。
- 数组是常用的一种数据结构，可用来存储一系列的数据。
- 字符串对象封装了一个字符串类型的值，并且提供了相应的操作字符串的方法。
- Date 日期对象可用来获取系统时间，并设置新的时间。
- Math 对象提供了一些用于数学运算的属性和方法。
- 根据 JavaScript 的对象扩展机制，用户可以自定义 JavaScript 对象。
- 原型(prototype)是一种创建对象属性和方法的方式，所有的 JavaScript 对象都拥有只读的 prototype 属性。
- JSON 是一种轻量级的数据交换格式，非常适合于服务器与 JavaScript 之间的数据交互。
- 对象的创建主要有 4 种方式：JSON 方式、构造函数方式、原型方式和混合方式。

第 7 章

CHAPTER 7

JavaScript 高级应用

7.1 DOM 操作

7.1.1 案例描述

在浏览网页时，经常遇到如图 7-1 所示的功能——在单击小图的时候下面的大图会随之变化，下面就来实现这个功能。

图 7-1 类选图功能

7.1.2 知识引入

1. DOM 概述及简介

DOM 全拼为 Document Object Model(文档对象模型)。1998 年，W3C 发布了第一级的 DOM 规范。这个规范允许访问和操作 HTML 页面中的每一个单独的元素。所有的浏览器都执行了该标准。DOM 可被 JavaScript 用来读取、改变 HTML、XHTML 以及 XML 文档。

DOM 采用树形结构作为分层结构，以树节点形式表示页面中各种元素或内容。

```
<html>
<head>
    <title>天信通<title>
<body>
    <h1>青岛天信通</h1>
    <a href="...">青岛天信通官网</a>
</body>
</html>
```

上面这个 HTML 文档使用 DOM 树形结构解析，如图 7-2 所示。

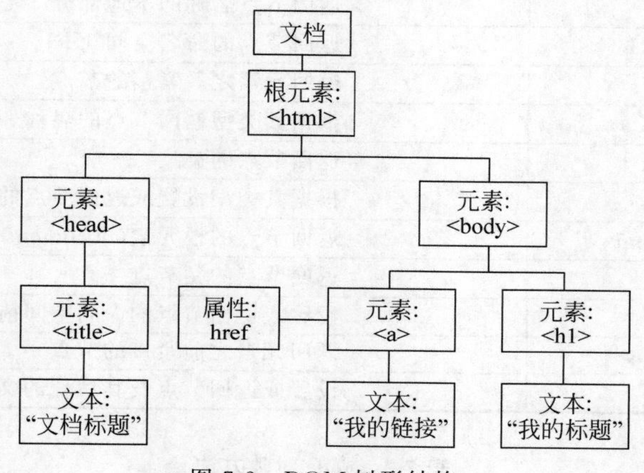

图 7-2 DOM 树形结构

在 DOM 中，每一个元素都被看成一个节点，每一个节点就是一个"对象"。也就是说，在操作元素时，把每一个元素节点看成一个对象，然后使用这个对象的属性和方法进行相关操作。

下面介绍几个关于节点的概念。

(1) 根节点。

在 HTML 文档中，html 就是根节点。

(2) 父节点。

一个节点之上的节点就是该节点的父节点，例如，h1 的父节点就是 body，body 的父节点就是 html。

(3) 子节点。

一个节点之下的节点就是该节点的子节点，例如，h1 就是 body 的子节点。

(4) 兄弟节点。

如果多个节点在同一层次，并拥有相同的父节点，那么这几个节点就是兄弟节点。

例如，h1 和 a 就是兄弟节点，因为它们拥有相同的父节点 body。

2. DOM 对象

DOM 是以层次结构组织的节点或信息片断的集合。DOM 是给 HTML 与 XML 文件使用的一组 API。DOM 的本质是建立网页与脚本语言或程序语言沟通的桥梁。

1) node 对象

node 对象代表文档树中的一个单独的节点。这里的节点可以是元素节点、属性节点、文本节点以及所有其他类型的节点。node 对象属性如表 7-1 所示，node 对象方法如表 7-2 所示。

表 7-1　node 对象属性

属　性	说　明
baseURI	返回节点的绝对基准 URI
childNodes	返回节点的子节点的节点列表
firstChild	返回节点的第一个子节点
lastChild	返回节点的最后一个子节点
localName	返回节点名称的本地部分
namespaceURI	返回节点的命名空间 URI
nextSibling	返回元素之后紧接的节点
nodeName	根据其类型返回节点的名称
nodeType	返回节点的类型
nodeValue	根据其类型设置或返回节点的值
ownerDocument	返回节点的根元素(document 对象)
parentNode	返回节点的父节点
prefix	设置或返回节点的命名空间前缀
previousSibling	返回元素之前紧接的节点
textContent	设置或返回节点及其后代的文本内容

表 7-2　node 对象方法

方　法	说　明
appendChild()	把新的子节点添加到节点的子节点列表末尾
cloneNode()	克隆节点
compareDocumentPosition()	比较两个节点的文档位置
getFeature(feature,version)	返回 DOM 对象，此对象可执行带有指定特性和版本的专门的 API
getUserData(key)	返回与节点上键关联的对象。此对象必须首先通过使用相同的键调用 setUserData 来设置到此节点
hasAttributes()	如果节点拥有属性，则返回 ture，否则返回 false
hasChildNodes()	如果节点拥有子节点，则返回 true，否则返回 false
insertBefore()	在已有的子节点之前插入一个新的子节点
isDefaultNamespace(URI)	返回指定的 namespaceURI 是否为默认值
isEqualNode()	检查两个节点是否相等
isSameNode()	检查两个节点是否为同一节点
isSupported(feature,version)	返回指定的特性是否在此节点上得到支持
lookupNamespaceURI()	返回匹配指定前缀的命名空间 URI
lookupPrefix()	返回匹配指定命名空间 URI 的前缀
normalize()	把节点(包括属性)下的所有文本节点放置到一个标准的格式中，其中只有结构(比如元素、注释、处理指令、CDATA 区段以及实体引用)来分隔 Text 节点，例如，既没有相邻的 Text 节点，也没有空的 Text 节点

续表

方　法	说　明
removeChild()	删除子节点
replaceChild()	替换子节点
setUserData(key,data,handler)	把对象关联到节点上的键

在 DOM 中，要遍历 HTML 文档树，可以通过使用 parentNode、firstChild、lastChild、previousSibling 和 nextSibling 等属性来实现。

示例代码如下所示：

```
<html>
<head>
    <title></title>
</head>
<body>
    <div id="main">
        <div id="div1">欢迎来到天信通实训学院</div>
        <ul id="list">
            <li>HTML</li>
            <li>CSS</li>
            <li>JavaScript</li>
        </ul>
        <p id="p1">欢迎下次光临</p>
    </div>
    <script type="text/javascript">
        var e = document.getElementById("list");
        if (e.parentNode) {
            alert("该节点有父节点");
        }
    </script>
</body>
</html>
```

通过 IE 查看该 HTML，效果如图 7-3 所示。

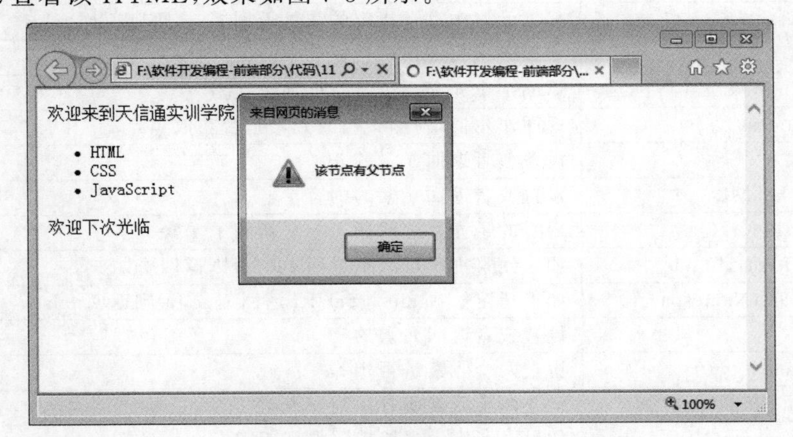

图 7-3　遍历树节点

2）HTML Element 对象

在 HTML DOM 中，Element 对象表示 HTML 元素。

Element 对象可以拥有类型为元素节点、文本节点、注释节点的子节点。Element 对象属性和方法如表 7-3 所示。

表 7-3 Element 对象属性和方法

属性/方法	说　明
element. accessKey	设置或返回 accesskey 一个元素
element. addEventListener()	向指定元素添加事件句柄
element. appendChild()	为元素添加一个新的子元素
element. attributes	返回一个元素的属性数组
element. childNodes	返回元素的一个子节点的数组
element. classlist	返回元素的类名，作为 DOMTokenList 对象
element. className	设置或返回元素的 class 属性
element. clientHeight	在页面上返回内容的可视高度(不包括边框、边距或滚动条)
element. clientWidth	在页面上返回内容的可视宽度(不包括边框、边距或滚动条)
element. cloneNode()	克隆某个元素
element. compareDocumentPosition()	比较两个元素的文档位置
element. contentEditable	设置或返回元素的内容是否可编辑
element. dir	设置或返回一个元素中的文本方向
element. firstChild	返回元素的第一个子节点
element. focus()	设置文档或元素获取焦点
element. getAttribute()	返回指定元素的属性值
element. getAttributeNode()	返回指定属性节点
element. getElementsByTagName()	返回指定标签名的所有子元素集合
element. getElementsByClassName()	返回文档中所有指定类名的元素集合，作为 NodeList 对象
element. getFeature()	返回指定特征的执行 API 对象
element. getUserData()	返回一个元素中关联键值的对象
element. hasAttribute()	如果元素中存在指定的属性返回 true，否则返回 false
element. hasAttributes()	如果元素有任何属性返回 true，否则返回 false
element. hasChildNodes()	返回一个元素是否具有任何子元素
element. hasFocus()	返回布尔值，检测文档或元素是否获取焦点
element. id	设置或者返回元素的 id
element. innerHTML	设置或者返回元素的内容
element. insertBefore()	现有的子元素之前插入一个新的子元素
element. isContentEditable	如果元素内容可编辑返回 rue，否则返回 false
element. isDefaultNamespace()	如果指定了 namespaceURI 返回 true，否则返回 false
element. id	设置或者返回元素的 id
element. isEqualNode()	检查两个元素是否相等
element. isSameNode()	检查两个元素所有相同节点
element. isSupported()	如果在元素中支持指定特征返回 true

续表

属性/方法	说明
element. lang	设置或者返回一个元素的语言
element. lastChild	返回的最后一个子元素
element. namespaceURI	返回命名空间的 URI
element. nextSibling	返回该元素紧跟的一个节点
element. nodeName	返回元素的标签名(大写)
element. nodeType	返回元素的节点类型
element. nodeValue	返回元素的节点值
element. normalize()	使得此成为一个"normal"的形式,其中只有结构(如元素,注释,处理指令,CDATA 节和实体引用)隔开 Text 节点,即元素(包括属性)下面的所有文本节点,既没有相邻的文本节点,也没有空的文本节点
element. offsetHeight	返回,任何一个元素的高度包括边框和填充,但不是边距
element. offsetWidth	返回元素的宽度,包括边框和填充,但不是边距
element. offsetLeft	返回当前元素的相对水平偏移位置的偏移容器
element. offsetParent	返回元素的偏移容器
element. offsetTop	返回当前元素的相对垂直偏移位置的偏移容器
element. ownerDocument	返回元素的根元素(文档对象)
element. parentNode	返回元素的父节点
element. previousSibling	返回某个元素界面紧接的元素
element. querySelector()	返回匹配指定 CSS 选择器元素的第一个子元素
document. querySelectorAll()	返回匹配指定 CSS 选择器元素的所有子元素节点列表
element. removeAttribute()	从元素中删除指定的属性
element. removeAttributeNode()	删除指定属性节点并返回移除后的节点
element. removeChild()	删除一个子元素
element. removeEventListener()	移除由 addEventListener()方法添加的事件句柄
element. replaceChild()	替换一个子元素
element. scrollHeight	返回整个元素的高度(包括带滚动条的隐蔽的地方)
element. scrollLeft	返回当前视图中的实际元素的左边缘和左边缘之间的距离
element. scrollTop	返回当前视图中的实际元素的顶部边缘和顶部边缘之间的距离
element. scrollWidth	返回元素的整个宽度(包括带滚动条的隐蔽的地方)
element. setAttribute()	设置或者改变指定属性并指定值
element. setAttributeNode()	设置或者改变指定属性节点
element. setIdAttribute()	设置或者改变指定属性并指定值以便指定 ID 位置
element. setIdAttributeNode()	设置或者改变指定属性节点以便指定 ID 位置
element. setUserData()	在元素中为指定键值关联对象
element. style	设置或返回元素的样式属性
element. tabIndex	设置或返回元素的标签顺序
element. tagName	作为一个字符串返回某个元素的标签名(大写)
element. textContent	设置或返回一个节点和它的文本内容
element. title	设置或返回元素的 title 属性
element. toString()	一个元素转换成字符串
nodelist. length	返回节点列表的节点数目

示例代码如下所示：

```
<html>
<body>
<p>该实例中,在文档加载后获取焦点:</p>
<input type="text" id="myText" value="文本域">
<script>
window.onload = function() {
  document.getElementById("myText").focus();
};
</script>
</body>
</html>
```

通过 IE 查看该 HTML,效果如图 7-4 所示,在文档加载后获取焦点。

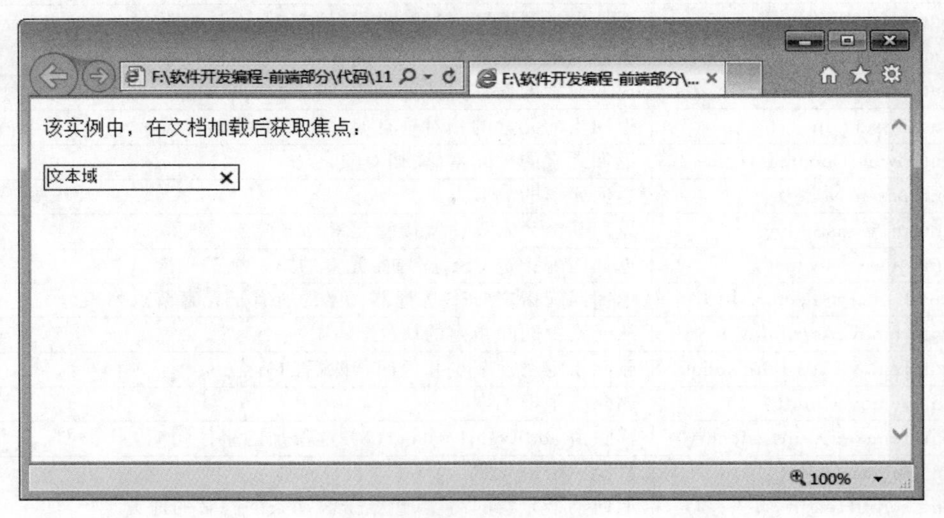

图 7-4　focus()

3）HTMLDocument 对象

Document 对象是指在浏览器窗口中显示的 HTML 文档。Document 对象作为 Window 对象包含下的一个对象,可以利用 window. document 访问当前文档的属性和方法。如果当前窗体中包含框架对象,则可以使用表达式 window. frames(n). document 来访问框架对象中显示的 Document 对象,式中的"n"表示框架对象在当前窗口的索引号。

（1）Document 对象的属性。

Document 对象的主要属性及说明如表 7-4 所示。

表 7-4　Document 对象的属性

属性	说　明
bgColor	设置或获取表明对象的背景颜色的值
fgColor	设置或获取文档的前景(文本)颜色的值
linkColor	设置或获取对象文档链接的颜色

续表

属性	说　明
body	提供对< body >元素的直接访问。对于定义了框架集的文档，该属性引用最外层的< frameset >
cookie	设置或返回与当前文档有关的所有 cookie
domain	返回当前文档的域名
lastModified	返回文档被最后修改的日期和时间
referrer	返回载入当前文档的 URL
title	返回当前文档的标题
URL	返回当前文档的 URL

下面重点介绍 Document 对象中常用的属性。

① linkColor、bgColor 和 fgColor 属性。

linkColor 用于设置当前文档中超链接显示的颜色。

该属性使用格式如下：

```
window.document.linkcolor = "red";
```

bgColor 和 fgColor 分别用来读取或设置 document 对象所代表的文档的背景和前景颜色，使用方法和 linkColor 的方法相同。

② cookie 属性。

cookie 是一段信息字符串，由浏览器保存在客户端的 cookie 文件中，它包含了客户端的状态信息，这些信息服务器都可以访问到。

该属性是一个可读可写的字符串，可使用该属性对当前文档的 cookie 进行读取、创建、修改和删除操作。

该属性使用格式如下：

```
document.cookie = sCookie;
```

其中，sCookie 是要保存的 cookie 值，由以下几部分组成：

- 键值对(name-value)——每个 cookie 都有一个包含实际信息的键值对。当需要读取 cookie 的信息时，可以通过搜索该名字来读取。
- expires(过期时间)——每个 cookie 都有一个过期时间，当超过这个时间时，cookie 就会被回收。如果没有设定时间，那么当浏览器被关掉后立即过期。过期时间是 UTC(格林尼治)时间格式，可用 Date.toGMTString()方法来创建此格式的时间。
- domain(域)。每个 cookie 可以包含域(此处可以理解为域名)。域负责告诉浏览器哪个域的 cookie 应被上传。如果不指定域，则域值就是设定此 cookie 的页面的域。
- path(路径)。路径是标识 cookie 可活动的位置。如果想要 cookie 只在/test 目录下的页面有效，就把路径设置为"/test"。通常路径被设置为"/"时，就代表在整个域下都有效。

示例代码如下所示：

```
<html>
<head>
<title>统计用户访问次数</title>
<script language = "JavaScript">
//设置 Cookie
function setCookie(name,value,expires,path,domain)
{
//当前 Cookie,并把 value 进行编码
var currentCookie = name + " = " + escape(value);
//过期时间
var expDate = (expires == null)?'':(';expires = ' + expires.toGMTString());
//路径
var cPath = (path == null)?'':(';path = ' + path);
//域名
var cDomain = (domain == null)?'':(';domain = ' + domain);
//设定 Cookie 值
currentCookie = currentCookie + expDate + cPath + cDomain;
if(currentCookie.length <= 4000)
{
document.cookie = currentCookie;
}else if(confirm("cookie 的最大为 4K,当前值将要被截断"))
{
document.cookie = currentCookie;
}
}
//根据名称获取 Cookie 的 value
function getCookie(name)
{
//设定前缀
var prefix = name + " = ";
var startIndex = document.cookie.indexOf(prefix);
if(startIndex == -1)
{
return null;
}
//按照字符串格式,查找第一次出现";"的位置
var endIndex = document.cookie.indexOf(";",startIndex + prefix.length);
if(endIndex == -1)
{
endIndex = document.cookie.length;
}
//得到 name 对应的 value
var value = document.cookie.substring(startIndex + prefix.length,endIndex);
//进行解码后,返回该 value 对应的值
return unescape(value);
}
//访问次数
var visits = getCookie("counter");
if(!visits)
{
visits = 1;
}else
{
```

```
visits = parseInt(visits) + 1;
}
var now = new Date();
//设置过期时间为 2 天
now.setTime(now.getTime() + 2 * 24 * 60 * 60 * 1000);
//设置 Cookie
setCookie("counter",visits,now);
//打印次数
document.write("<font size = '5'> Welcome,您是第" + visits + "次访问本站!</font>");
</script>
</head>
<body>
</body>
</html>
```

上述代码中定义了 setCookie()函数和 getCookie()函数,其中,setCookie()根据给定的参数设定 cookie,在 IE 下该 cookie 信息的默认保存路径是:

C:\Documents and Settings\Administrator\Local Settings\Temporary Internet Files

getCookie()函数用于检索用户的 cookie 信息,通过传递 name 值获得 name 对应的 value 值。

通过 IE 查看该 HTML,并在网页上刷新 2 次,效果如图 7-5 所示。

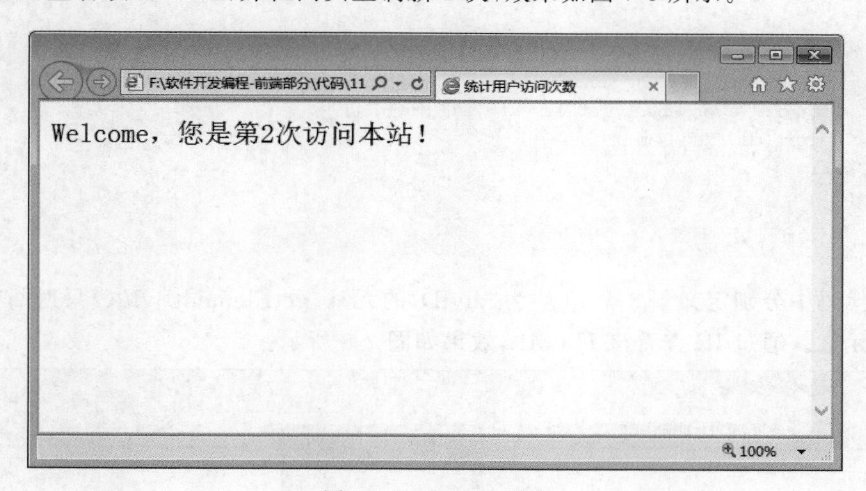

图 7-5 cookie 的用法

(2) Document 对象的方法。

Document 对象方法众多,其方法及说明如表 7-5 所示。

表 7-5 Document 对象的方法

方 法	说 明
getElementById()	返回对拥有指定 id 的第一个对象的引用
getElementsByName()	返回带有指定名称的对象集合
getElementsByTagName()	返回带有指定标签名的对象集合
write()	向文档写 HTML 表达式或 JavaScript 代码
writeln()	等同于 write() 方法,不同的是在每个表达式之后写一个换行符

① write()和 writeln()方法。

这两个方法都用于将一个字符串写入当前文档中。如果是一般文本，那么将在页面显示；如果是 HTML 标签，那么将被浏览器解释。两者唯一的区别是，writeln()方法在输出字符串后会自动加入一个回车符。

② getElementById()方法。

getElementById()方法是通过元素的 ID 访问该元素，这是一种访问页面元素的方法，在 JavaScript 的代码中应用广泛，在本书的前面章节中多次用到该方法。

示例代码如下所示：

```
<html>
<head>
<meta http-equiv="Content-Type" content="text/html; charset=gb2312" />
<title>getElementById 示例</title>
</head>
<body>
    <input type="text" id="divId"></input>
    <div id="divId">
        <p>第一个 div</p>
    </div>
    <div id="divId">
        <p>第二个 div</p>
    </div>
    <script type="text/javascript">
        var div = document.getElementById('divId');
        alert(div.nodeName);
    </script>
</body>
</html>
```

上述代码中分别定义了 3 个 id 均为"divID"的元素，getElementById()只返回第一个符合条件的元素。通过 IE 查看该 HTML，效果如图 7-6 所示。

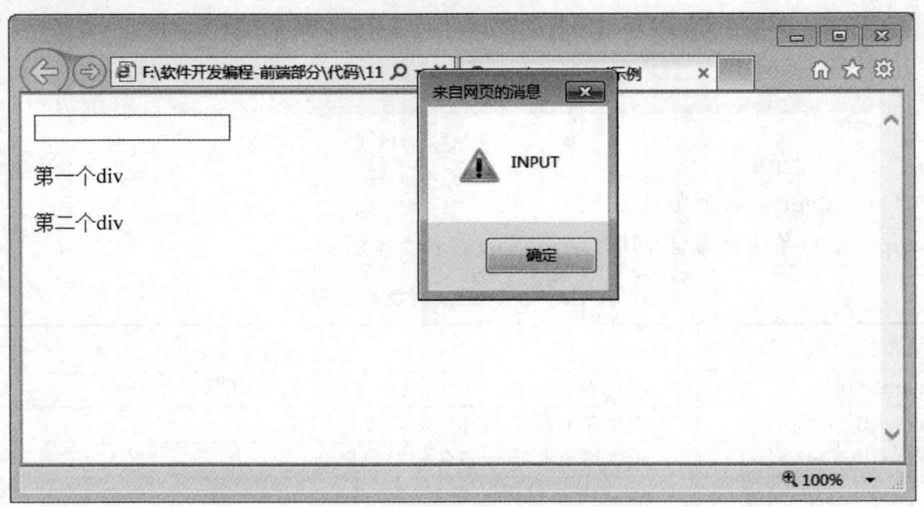

图 7-6　getElementById()方法演示

③ getElementsByName(name)方法。

getElementsByName()方法用于返回指定名称的元素集合。

示例代码如下所示：

```
<head>
<meta http-equiv="Content-Type" content="text/html; charset=gb2312" />
<title>getElementsByName 示例</title>
</head>
<body>
    <div name ="div">div1:
            <input type="text" name="text" value="a" />
    </div>
    <div name ="div">div2:
            <input type="text" name="text" value="b" />
    </div>
    <div name ="div">div3:
        <input type="text" name="text" value="c" />
    </div>
<script type="text/javascript">
    var div = document.getElementsByName('div');
    var text = document.getElementsByName('text');
    document.write("div 的个数为:" + div.length + "<br>" + "text 的个数为:
" + text.length);
</script>
</body>
</html>
```

上述代码中，分别定义了 3 个 div 元素，且每个 div 中都包含一个 text 元素，通过 getElementsByName()方法返回的个数分别为 0 和 3。注意，div 元素是没有 name 属性的，所以即使人为加上 name 属性，getElementsByName()也无法取得 3 个 div 元素。通过 IE 查看该 HTML，效果如图 7-7 所示。

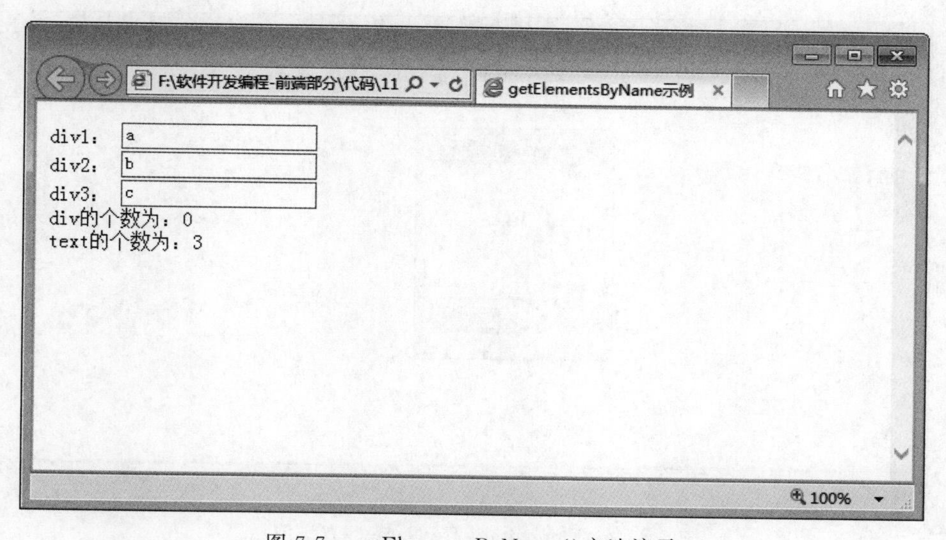

图 7-7 getElementsByName()方法演示

④ getElementsByTagName()方法。

getElementsByTagName()方法用于返回指定标签名称(tagName)的标签集合，当参数值为“*”时返回当前页面中所有的标签元素。

示例代码如下所示：

```
<html>
<head>
    <title>getElementsByTagName 方法示例</title>
    <script type="text/javascript">
        function test()
        {
            //获取 tagName 为 body 的元素
            var myTag = document.getElementsByTagName("body");
            var myBody = myTag.item(0);
            //获取 body 中的 p 元素
            var myBodyTag = myBody.getElementsByTagName("p");
            //获取第 2 个 p 元素
            var myPTag = myBodyTag.item(1);
            //输出 p 元素的值
            alert(myPTag.firstChild.nodeValue);
        }
    </script>
</head>
<body onLoad="test();">
    <p>Hi</p>
    <p>Hello</p>
</body>
</html>
```

上述代码通过 getElementsByTagName()方法获取页面中的第 2 个 p 元素并将其内容输出。通过 IE 查看该 HTML，效果如图 7-8 所示。

图 7-8　getElementsByTagName()方法演示

3. DOM 节点操作

关于 DOM 节点常用操作如下：

- 创建节点。
- 插入节点。
- 删除节点。
- 复制节点。
- 替换节点。

1）创建节点

在 JavaScript 中，创建新节点都是先用 document 对象中的 createElement() 和 createTextNode()这两种方法创建一个元素节点，再通过 appendChild()、insertBefore()等方法把新元素节点插入现有的元素节点。

语法如下所示：

```
var e = document.createElement("元素名");          //创建元素节点
var t = document.createTextNode("元素内容");       //创建文本节点
e.appendChild(t);
```

示例代码如下所示：

```
<html>
<head>
    <title></title>
</head>
<body>
    <script type="text/javascript">
        var e = document.createElement("h1");
        var txt = document.createTextNode("天信通");
        e.appendChild(txt); //把元素内容插入元素中去
        document.body.appendChild(e);
    </script>
</body>
</html>
```

这里使用 document.createElement()方法创建了 h1 元素，但是此时 h1 元素是没有内容；然后使用 document.createTextNode()方法创建了一个"文本节点"。之后只有使用 appendChild()方法向 h1 标签中插入文本节点，h1 元素才有内容。最后使用"document.body.appendChild(e);"把新创建的输入到 HTML 文档中。通过 IE 查看该 HTML，效果如图 7-9 所示。

2）插入节点

在 JavaScript 中，插入节点有两种方法：

（1）appendChild()。

在 JavaScript 中，可以使用 appenChild()方法把新的节点插入到当前节点的"内部"。

语法如下所示：

图 7-9 创建节点

```
obj.appendChild(new);
```

其中，参数 obj 表示当前节点，new 表示新节点。

示例代码如下所示：

```
<html>
<head>
    <title></title>
    <script type="text/javascript">
        function insert() {
            var e = document.createElement("li");
            var str = document.getElementById("txt").value; //获取文本框的值
            var txt = document.createTextNode(str);
            e.appendChild(txt);
            var list = document.getElementById("list");
            list.appendChild(e);
        }
    </script>
</head>
<body>
    <ul id="list">
        <li>HTML</li>
        <li>CSS</li>
        <li>JavaScript</li>
    </ul>
    列项文本:<input id="txt" type="text"/><br />
    <input type="button" value="插入新项" onclick="insert()" />
</body>
</html>
```

通过 IE 查看该 HTML，效果如图 7-10 所示。

在文本框中输入列表项文本“HTML5”，然后单击“插入新项”按钮，浏览器预览效果如图 7-11 所示。

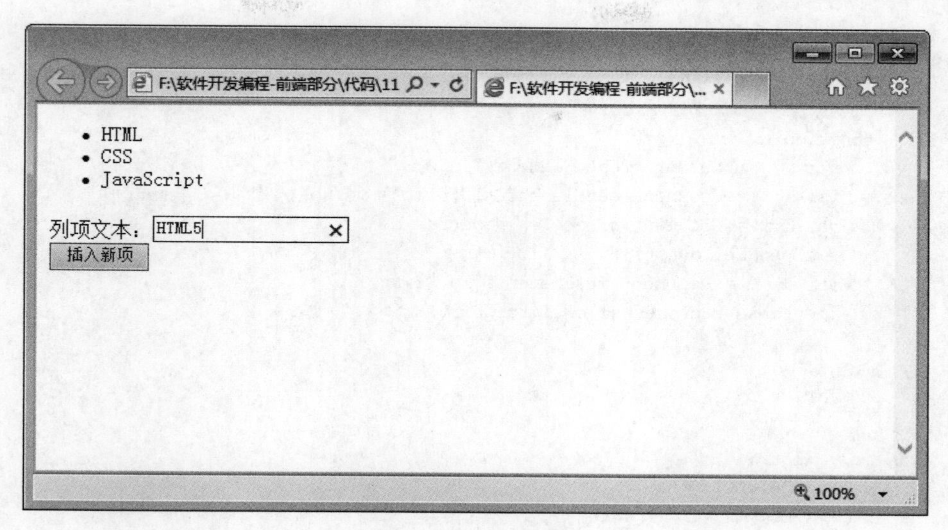

图 7-10 插入节点

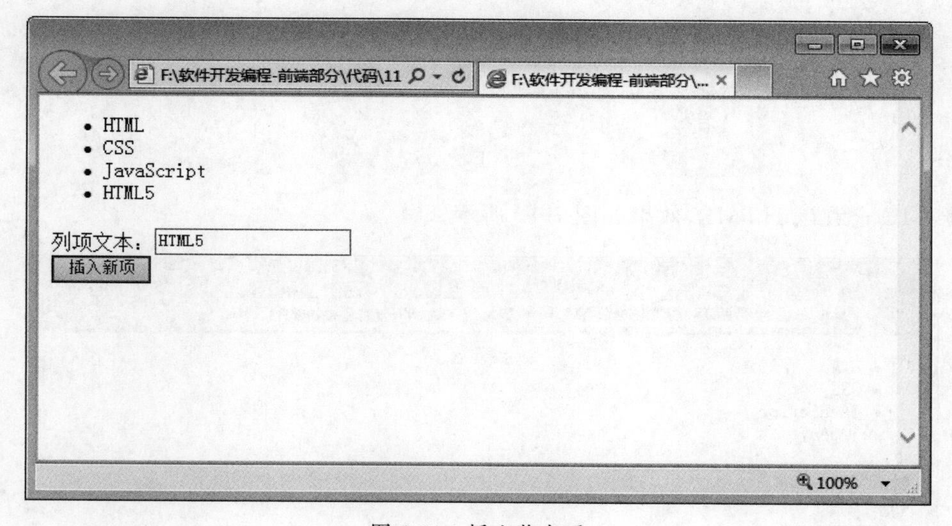

图 7-11 插入节点后

(2) insertBefore()。

在 JavaScript 中,可以使用 insertBefore()方法将新的子节点添加到当前节点的“末尾”。

语法如下所示：

```
obj.insertBefore(new,ref);
```

其中,参数 obj 表示父节点；new 表示新的子节点；ref 指定一个节点,在这个节点前插入新的节点。

示例代码如下所示：

```
<html>
<head>
```

```
        <title></title>
        <link href = "StyleSheet.CSS" rel = "stylesheet" type = "text/CSS" />
        <script type = "text/javascript">
            function insert() {
                var e = document.createElement("li");
                var str = document.getElementById("txt").value; //获取文本框的值
                var txt = document.createTextNode(str);
                e.appendChild(txt);
                var list = document.getElementById("list");
                list.insertBefore(e,list.firstChild);
            }
        </script>
    </head>
    <body>
        <ul id = "list">
            <li>HTML</li>
            <li>CSS</li>
            <li>JavaScript</li>
            <li>jQuery</li>
        </ul>
        列项文本:<input id = "txt" type = "text"/><br />
        <input type = "button" value = "插入新项" onclick = "insert()"/>
    </body>
</html>
```

通过 IE 查看该 HTML，效果如图 7-12 所示。

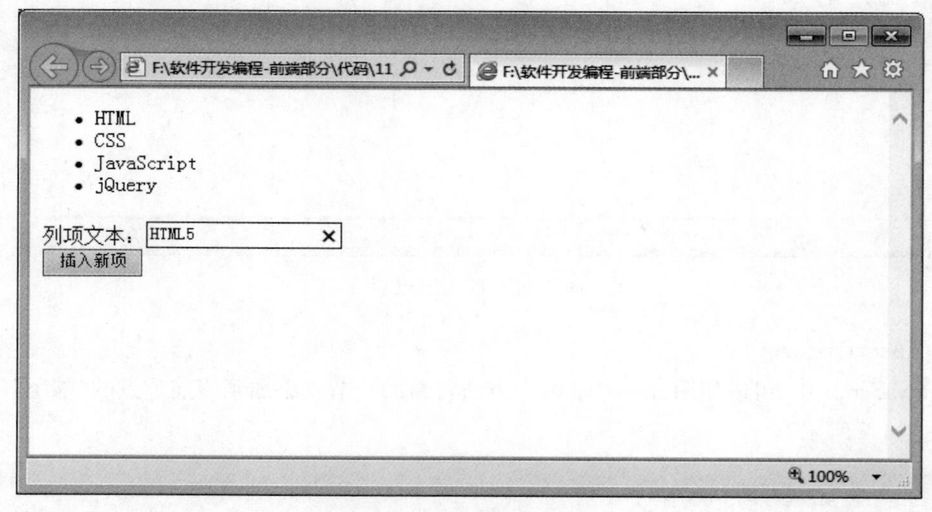

图 7-12　插入节点

在文本框中输入列表项文本“HTML5”，然后单击“插入新项”按钮，浏览器预览效果如图 7-13 所示。

3）删除节点

在 JavaScript 中，可以使用 removeChild()方法来删除当前节点下的某个子节点。

语法如下所示：

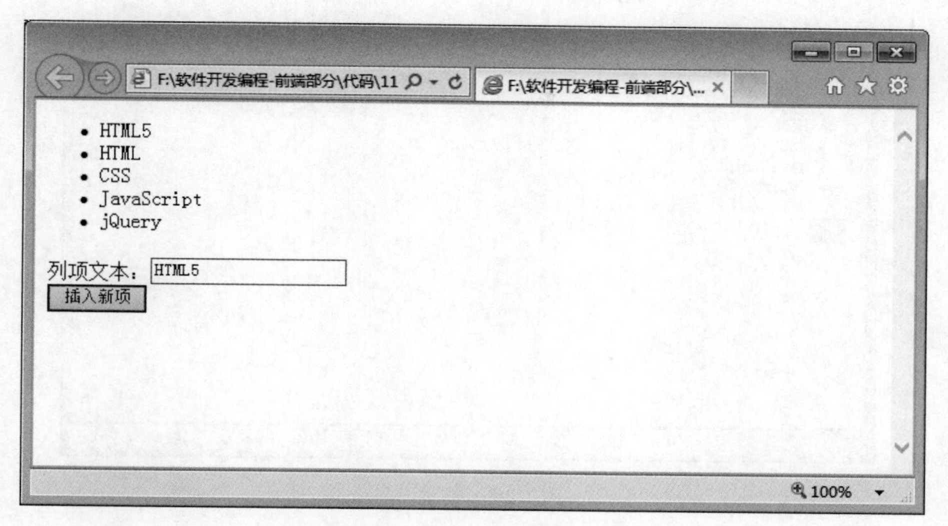

图 7-13 插入节点后的效果

```
obj.removeChild(oldChild);
```

其中，参数 obj 表示当前节点，而参数 oldChild 表示需要当前节点内部的某个子节点。

示例代码如下所示：

```
<html>
<head>
    <title></title>
    <script type="text/javascript">
        //定义删除函数
        function del() {
            var e = document.getElementById("list");
            //判断元素节点 e 是否有子节点
            if (e.hasChildNodes) {
                e.removeChild(e.lastChild); //删除 e 元素的最后一个子节点
            }
        }
    </script>
</head>
<body>
    <ul id="list">
        <li>HTML</li>
        <li>CSS</li>
        <li>JavaScript</li>
        <li>jQuery</li>
        <li>ASP.NET</li>
    </ul>
    <input type="button" value="删除" onclick="del()"/></div>
</body>
</html>
```

通过 IE 查看该 HTML，效果如图 7-14 所示。

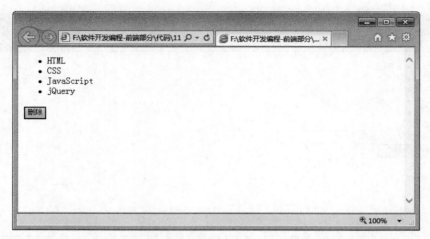

图 7-14　删除节点

4）复制节点

在 JavaScript 中，可以使用 cloneNode()方法来实现复制节点。

语法如下所示：

```
obj.cloneNode(bool);
```

其中，参数 obj 表示被复制的节点，而参数 bool 是一个布尔值，取值如下：

(1) 1 或 true——表示复制节点本身以及复制该节点下的所有子节点。

(2) 0 或 false——表示仅仅复制节点本身，不复制该节点下的子节点。

示例代码如下所示：

```
<html>
<head>
    <title></title>
    <script type = "text/javascript">
        function add() {
           var e = document.getElementById("list");
           document.body.appendChild(e.cloneNode(1));
        }
    </script>
</head>
<body>
    <ul id = "list">
        <li>HTML</li>
        <li>CSS</li>
        <li>JavaScript</li>
        <li>jQuery</li>
        <li>ASP.NET</li>
    </ul>
    <input type = "button" value = "添加" onclick = "add()" />
</body>
</html>
```

通过IE查看该HTML，效果如图7-15所示，在单击“添加”按钮之后，就会在body元素内把整个列表复制并插入。

图7-15 复制节点

5）替换节点

在JavaScript中，可以使用replaceChild()方法来实现替换节点。

语法如下所示：

```
obj.replaceChild(new,old);
```

其中，参数obj表示被替换节点的父节点；new表示替换后的新节点；old表示需要被替换的旧节点。

示例代码如下所示：

```
<html>
<head>
    <title></title>
    <script type="text/javascript">
        function replace() {
            //获取两个文本框的值
            var tag = document.getElementById("tag").value;
            var txt = document.getElementById("txt").value;
            //获取p元素
            var lvye = document.getElementById("lvye");
            //根据两个文本框的值创建新节点
            var e = document.createElement(tag);
            var t = document.createTextNode(txt);
            e.appendChild(t);
            document.body.replaceChild(e,lvye);}
    </script>
</head>
<body>
```

```
    <p id = "lvye">天信通学院</p>
    <hr />
    输入标签:< input id = "tag" type = "text"/>< br />
    输入文本:< input id = "txt" type = "text"/>< br />
    < input type = "button" value = "替换" onclick = "replace()" />
</body>
</html>
```

通过 IE 查看该 HTML，效果如图 7-16 所示。

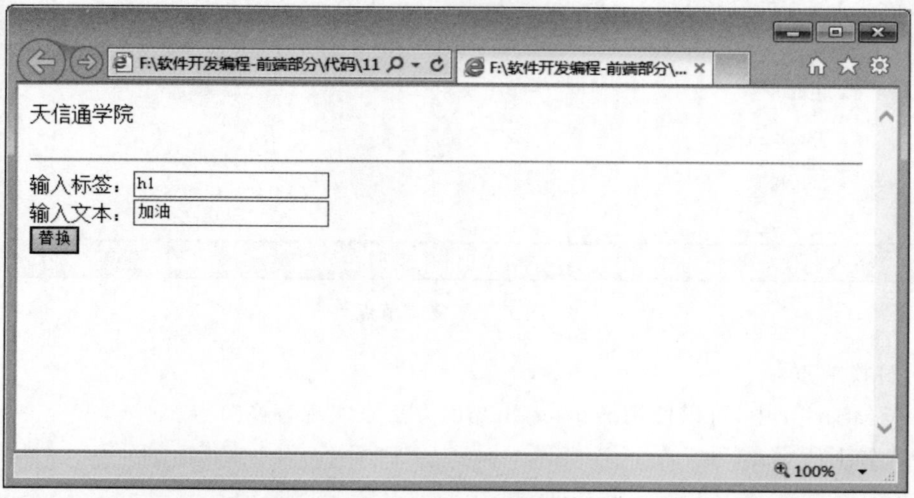

图 7-16　替换节点

在第 1 个文本框输入“h1”，第 2 个文本框输入字符串“加油”，然后单击“替换”按钮，浏览器预览效果如图 7-17 所示。

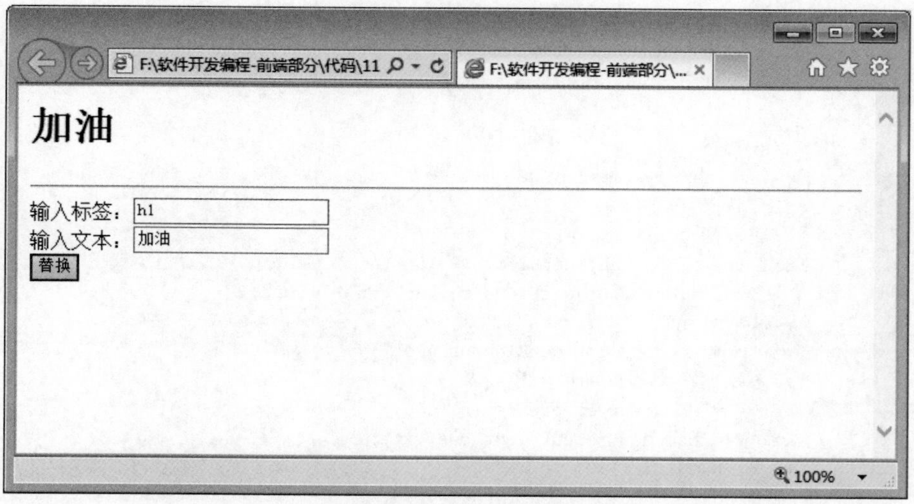

图 7-17　替换节点后的效果

4. JavaScript 操作 CSS

在 JavaScript 中，使用 DOM 中的 style 对象来进行元素的 CSS 操作。

语法如下所示：

```
obj.style.属性名;
```

obj 指的是 DOM 对象，也就是通过 document.getElementById()等获取到的 DOM 元素节点对象。

属性名为 CSS 属性名。有一点大家要非常清楚：这里的属性名命名方式是驼峰式。

示例代码如下所示：

```
<html>
<head>
    <title></title>
    <script type="text/javascript">
        function change() {
            var e = document.getElementById("lvye");
            e.style.color = "red";
            e.style.border = "1px solid gray";
        }
    </script>
</head>
<body>
    <h1 id="lvye">天信通</h1>
    <input type="button" value="改变样式" onclick="change()"/>
</body>
</html>
```

通过 IE 查看该 HTML，效果如图 7-18 所示。

图 7-18　改变样式(1)

单击“改变样式”按钮后，浏览器预览效果如图 7-19 所示。

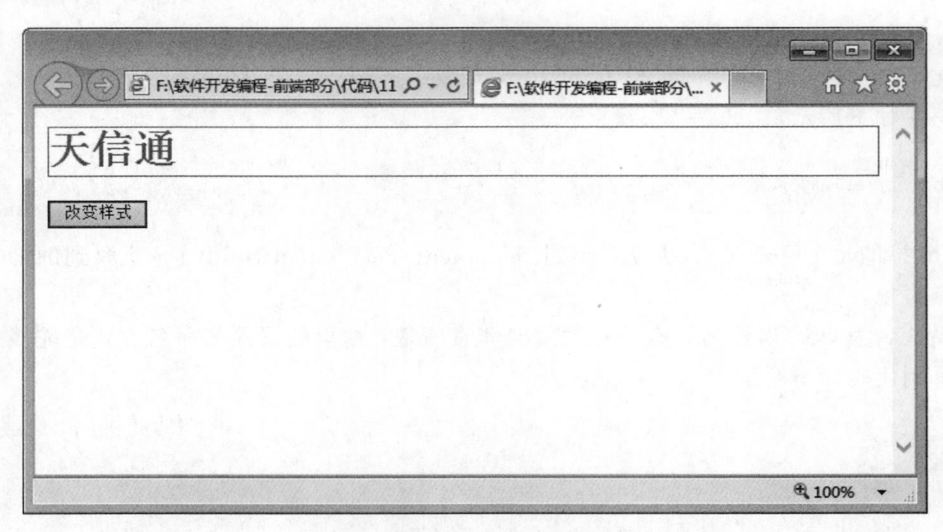

图 7-19　改变样式(2)

花画廊

7.1.3　案例实现

1. 案例分析

对图 7-1 进行分析，结果如图 7-20 所示。

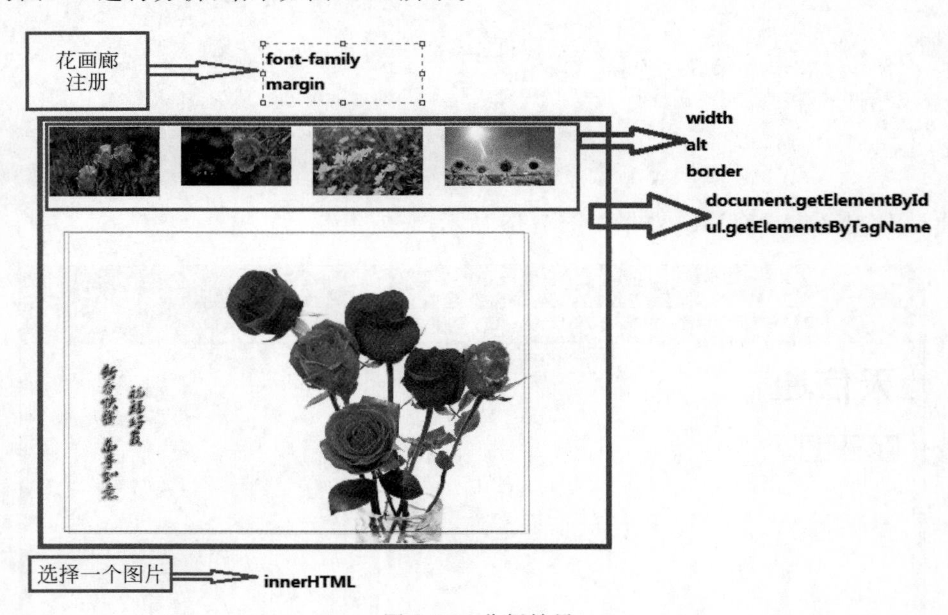

图 7-20　分析结果

2. 代码实现

1）HTML 页面

```
<h2>
    花画廊
</h2>
```

```
<a href = "#">注册</a>
<ul id = "imagegallery">
    <li>
        <a href = "image/1.jpg" title = "花 A">
            <img src = "image/1.jpg" width = "100" alt = "花 1"/>
        </a>
    </li>
    <li>
        <a href = "image/2.jpg" title = "花 B">
            <img src = "image/2.jpg" width = "100" alt = "花 2"/>
        </a>
    </li>
    <li>
        <a href = "image/3.jpg" title = "花 C">
            <img src = "image/3.jpg" width = "100" alt = "花 3"/>
        </a>
    </li>
    <li>
        <a href = "image/4.jpg" title = "花 D">
            <img src = "image/4.jpg" width = "100" alt = "花 4"/>
        </a>
    </li>
</ul>
<div style = "clear:both"></div>
<img id = "image" src = "image/5.jpg" width = "450px"/>
<p id = "des">选择一个图片</p>
```

2）CSS 页面

```
<style type = "text/CSS">
    body {
        font-family: "Helvetica", "Arial", serif;
        color: #333;
        margin: 1em 10%;
    }
    h1 {
        color: #333;
        background-color: transparent;
    }
    a {
        color: #c60;
        background-color: transparent;
        font-weight: bold;
        text-decoration: none;
    }
    ul {
        padding: 0;
    }
    li {
        float: left;
        padding: 1em;
        list-style: none;
    }
    #imagegallery {
        list-style: none;
```

```
        }
        #imagegallery li {
            margin: 0px 20px 20px 0px;
            padding: 0px;
            display: inline;
        }
        #imagegallery li a img {
            border: 0;
        }
    </style>
```

3）JavaScript 页面

```
//需求:
    //(1)单击小图片,改变下面的大图片的 src 属性值,让其赋值为 a 链接中的 href 属性值.
    //(2)让 p 标签的 innnerHTML 属性值,变成 a 标签的 title 属性值.
    //1.获取事件源和相关元素
    //利用元素获取其下面的标签.
    var ul = document.getElementById("imagegallery");
    var aArr = ul.getElementsByTagName("a"); //获取 ul 中的超链接<a>
    // console.log(aArr[0]);
    var img = document.getElementById("image");
    var des = document.getElementById("des");
    //2.绑定事件
    //以前是一个一个绑定,但是现在是一个数组.我们用 for 循环绑定
    for (var i = 0; i < aArr.length; i++) {
        aArr[i].onclick = function () {
            //3.【核心代码】书写事件驱动程序:修改属性值
            img.src = this.href;   //this 指的是函数调用者,和 i 并无关系,所以不会出错.
            //img.src = aArr[i].href; 注意,上面这一行代码不要写成这样
            des.innerHTML = this.title;
            return false;                    //return false 表示:阻止继续执行下面的代码.
        }
    }
```

3. 运行效果

花画廊页面效果如图 7-21 所示。

图 7-21　花画廊页面

7.2 BOM操作和事件的引入

7.2.1 案例描述

浏览网页的时候有很多种按钮，单击时会出现各种效果，本节案例将在运用之前计算器功能的基础上，实现按钮单击，制作一个网页计算器，效果如图7-22所示。

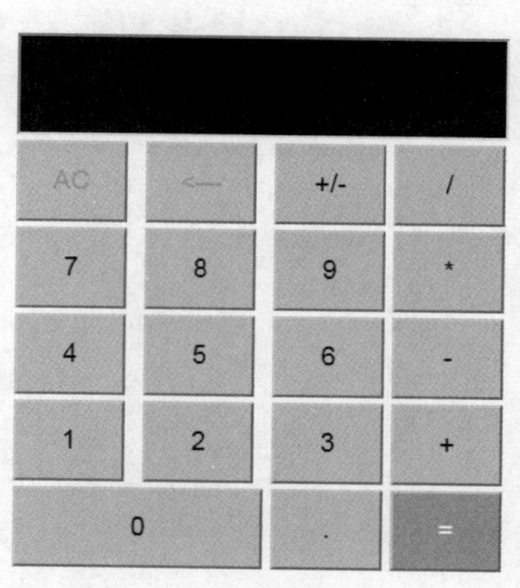

图7-22 网页计算器

7.2.2 知识引入

1. BOM对象

BOM是Browser Object Model的缩写，简称浏览器对象模型，BOM提供了独立于浏览器显示内容而与浏览器窗口进行交互的对象。BOM主要用于管理浏览器窗口之间的通信，由一系列相关的对象构成，并且每个对象都提供了很多方法与属性。通过BOM可以了解与浏览器窗口交互的一些对象：可以移动、调整浏览器大小的window对象；可以获取浏览器、操作系统与用户屏幕信息的navigator与screen对象；可以用于导航的location对象与history对象；可以使用document作为访问HTML文档的入口，管理框架的frames对象等。其核心对象是window。

1）window对象

在浏览器中，window对象是所有对象的根对象，只要打开了浏览器窗口，不管该窗口中是否有打开的网页，当遇到body、frameset或frame元素时，都会自动创建window对象的实例。该对象封装了当前浏览器的环境信息。此外，一个window对象中可能包含几个frame（框架）对象，那么浏览器将为每一个框架创建一个window对象，同时也为原始文档（包含frameset或frame的文档）创建一个window对象，该window对象是其他window对象的父对象。

（1）window对象的属性。

window对象的主要属性及说明如表7-6所示。

表7-6 Window对象的属性

属性	说　明
name	可读写属性，表示当前窗口的名称
parent	只读属性，如果当前窗口有父窗口，则表示当前窗口的父窗口对象
opener	只读属性，表示产生当前窗口的窗口对象
self	只读属性，表示当前窗口对象
top	只读属性，表示最上层窗口对象
defaultstatus	可读写属性，表示在浏览器的状态栏中默认显示的内容
status	可读写属性，表示在浏览器的状态栏中显示的内容

如表 7-6 所示，defaultstatus 和 status 属性值是状态条上按照事件发生的顺序显示的状态信息，其中，defaultstatus 是状态条上的默认信息，而 status 是用户自定义的状态信息。

示例代码如下所示：

```
<html>
<head>
 <title>Window 对象状态信息</title>
 <script type="text/javascript">
      window.defaultStatus = "欢迎访问百度主页";
      function changeStatus()
      {
          window.status = "单击进入百度网站";
      }
</script>
</head>
<body>
 <p align="center">
 <font size="5" color="red"><strong>http://www.baidu.com</strong>
</font>
 </p>
 <p align="center">
      <a href="http://www.baidu.com" onMouseOver = "changeStatus();return
true">
      单击进入百度网站
</a>
 </p>
</body>
</html>
```

通过 IE 查看该 HTML，效果如图 7-23 所示。window 对象的默认状态栏信息为“欢迎访问百度主页”，当在鼠标指针移动到超链接上时，状态栏的信息通过函数 changeStatus 被设置成“单击进入百度网站”。

图 7-23　window 对象默认状态信息效果

（2）window 对象的方法。

window 对象方法众多，window 对象的方法及说明如表 7-7 所示。

表 7-7 Window 对象的方法

方法	说明
alert()	显示带有一段消息和一个确认按钮的警告框
blur()	把键盘焦点从顶层窗口移开
clearInterval()	取消由 setInterval()设置的计时器
clearTimeout()	取消由 setTimeout()方法设置的计时器
close()	关闭浏览器窗口
confirm()	显示带有一段消息以及确认按钮和取消按钮的对话框
createPopup()	创建一个 pop-up 窗口
focus()	把键盘焦点给予一个窗口
moveBy()	相对窗口的当前坐标将它移动指定的像素
moveTo()	把窗口的左上角移动到一个指定的坐标
open()	打开一个新的浏览器窗口或查找一个已命名的窗口
print()	打印当前窗口的内容
prompt()	显示可提示用户输入的对话框
resizeBy()	按照指定的像素调整窗口的大小
resizeTo()	把窗口的大小调整到指定的宽度和高度
scrollBy()	按照指定的像素值来滚动内容
scrollTo()	把内容滚动到指定的坐标
setInterval()	按照指定的周期(以毫秒计)来调用函数或计算表达式
setTimeout()	在指定的毫秒数后调用函数或计算表达式

下面重点介绍 window 对象中常用的方法。

① open()方法。

open()方法用来打开一个新窗口，其语法格式如下：

```
window.open(url,name,features,replace);
```

其中，

- url：可选字符串，通过该参数，可以在新窗口中显示对应的网页内容。如果省略该参数，或者参数值为空字符串，则新窗口不会显示任何文档。
- name：可选字符串，该参数是一个由逗号分隔的特征列表，其中包括数字、字母和下画线，该参数声明了新窗口的名称。这个名称可以用作标签< a >和< form >的属性 target 的值。如果该参数指定了一个已经存在的窗口，那么 open()方法就不再创建一个新窗口，而只是返回对指定窗口的引用。在这种情况下，features 参数将被忽略。
- features：可选字符串，该参数是一个由逗号分隔的特征列表，声明了新窗口要显示的标准浏览器的特征。如果省略该参数，那么新窗口将具有所有标准特征。
- replace：可选布尔值。规定了装载到窗口的 URL 是在窗口的浏览历史中创建一个新条目，还是替换浏览历史中的当前条目。replace 的值如果为 true，则 URL 替换浏览历史中的当前条目；如果为 false，则 URL 在浏览历史中创建新的条目。

由上述介绍可知，open()方法中的 features 参数表示新建窗口的特征，窗口特征的详细说明如表 7-8 所示。

表 7-8 窗口特征

属性	说　明
channelmode	是否使用 channel 模式显示窗口，默认为 no，可选值为 yes|no|1|0
directories	是否添加目录按钮。默认为 yes，可选值为 yes|no|1|0
fullscreen	是否使用全屏模式显示浏览器，默认是 no。处于全屏模式的窗口必须同时处于 channel 模式，可选值为 yes|no|1|0
height	文档显示区的高度，单位是像素
left	x 坐标，单位是像素
location	是否显示地址字段，默认是 yes，可选值为 yes|no|1|0
menubar	是否显示菜单栏，默认是 yes，可选值为 yes|no|1|0
resizable	是否可调节尺寸，默认是 yes，可选值为 yes|no|1|0
scrollbars	是否显示滚动条，默认是 yes，可选值为 yes|no|1|0
status	是否添加状态栏，默认是 yes，可选值为 yes|no|1|0
titlebar	是否显示标题栏，默认是 yes，可选值为 yes|no|1|0
toolbar	是否显示浏览器的工具栏，默认是 yes，可选值为 yes|no|1|0
top	y 坐标，单位是像素
width	文档显示区的宽度，单位是像素

示例代码如下所示：

```
<html>
<head>
 <title>window 对象的 Open 方法</title>
 <script language = "JavaScript">
     function OpenNewWin()
     {
         window.open("top.html","a",
                "height = 200, width = 200, status = yes, toolbar = no, menuba = no, location =
no, resizable = yes");
        }
 </script>
</head>
<body>
 <p>单击按钮，打开一个新的窗口</p>
     <input type = "button" value = "新建窗口" onClick = "OpenNewWin()"/>
</body>
</html>
```

通过 IE 查看该 HTML，在弹出的网页中单击“新建窗口”按钮，可以看到 open ()方法效果如图 7-24 所示。当单击“新建窗口”按钮时，会触发按钮的 onClick 事件；然后系统调用 OpenNewWin()函数进行事件处理，使用 open()方法创建了一个宽度为 200、高度为 200，有状态栏，没有地址栏、工具栏、菜单栏，并且可以调节尺寸大小的新窗口，并把 newWindow.html 网页的内容显示在该窗口中。

② setTimeout()和 clearTimeout()方法。

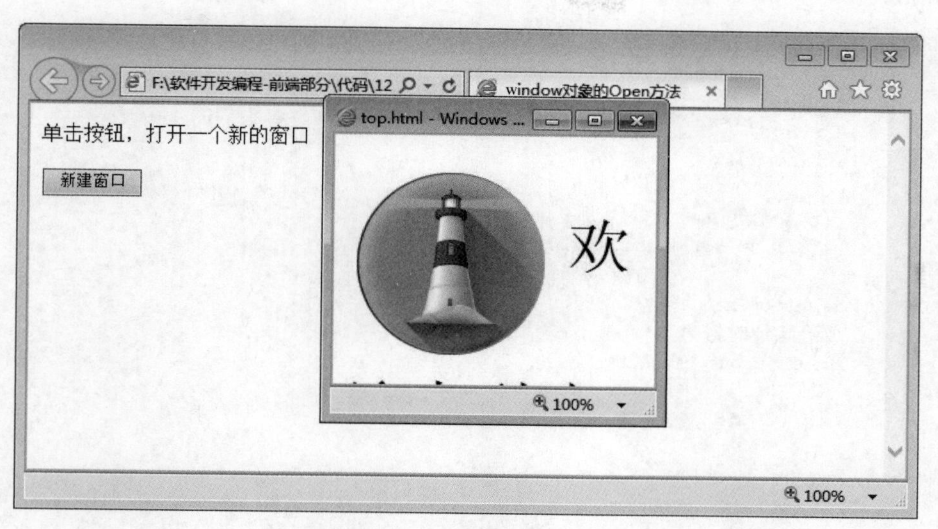

图 7-24 open()方法演示结果

setTimeout()方法用来设置一个计时器，该计时器以毫秒为单位，当所设置的时间到时，会自动调用一个函数，该方法有返回值，代表一个计时器对象。其语法格式如下：

```
setTimeout(funcName,millisec);
```

其中，

- funcName：必选项。要调用的函数名。
- millisec：必选项。在执行被调用函数前需等待的毫秒数。

注意：setTimeout()只调用一次 funcName()函数。如果要多次调用，则可以使用 setInterval()或者让 funcName()函数自身再次调用 setTimeout()。

clearTimeout()方法用于取消由 setTimeout()方法设置的计时对象。其语法格式如下：

```
clearTimeout(timeout);
```

其中，

timeout：必选项。是 setTimeout()返回的 timeout 对象，表示要取消的延迟执行函数。

示例代码如下所示：

```
<html>
<head>
 <title>setTimeout 方法</title>
<script type="text/javascript">
     //图片数组
     var imgArray = new Array("水果.jpg","button3.jpg","button1.png");
     //计时器对象
     var timeout;
     //图片索引
```

```
        var n = 0;
        function ChangeImg(){
            document.getElementById('myImg').src = imgArray[n];
            n++;
            if(n>=3){
                n=0;}
            //设置延迟时间为2秒,并返回计时器对象
            timeout = setTimeout("ChangeImg()",2000);
        }
        function stopChange(){
            //清除计时器对象
            clearTimeout(timeout);
        }
    </script>
    </head>
    <body>
    <div align="center">
        <input type="button" value="分时显示" onClick="ChangeImg()"/>
     
        <input type="button" value="停止显示" onClick="stopChange()"/>
    <br/>
    <br/>
    <img id ="myImg" name="myImg" src="水果.jpg" width="240px"
    height="320px"/>
    </div>
    </body>
    </html>
```

在上述代码中，定义了ChangeImg()和stopChange()两个函数，其中，ChangeImg()函数的作用是每隔2秒按顺序显示图片，通过IE查看该HTML，效果如图7-25所示，stopChange()函数的作用是清除setTimeout()设置的计时器对象。

图7-25 setTimeout()/clearTimeout()用法

在图7-25中，当单击“分时显示”按钮时，图片每隔2秒按顺序显示一张图片；当单击“停止显示”按钮时，图片不再分时显示。

③ setInterval()和clearInterval()方法。

setInterval()方法可按照指定的周期(以毫秒计)来调用函数或计算表达式。其语法格式如下：

```
setInterval(funcName,millisec);
```

其中，

- funcName：必选项。要调用的函数名。
- millisec：必选项。周期性调用funcName函数的时间间隔，以毫秒计。

clearInterval()方法用来取消由setInterval()方法设置的计时对象。其语法格式如下：

```
clearInterval(timeout);
```

其中，

- timeout：必选项。由setInterval()返回的timeout对象，表示要取消的延迟执行函数。

示例代码如下所示：

```
<html>
<head>
 <title>SetInterval 方法</title>
<script type="text/javascript">
    //图片数组
var imgArray = new Array("水果.jpg","button3.jpg","button1.png");
    //设定计时器对象
    var timeout;
    //图片索引
    var n = 0;
    function ChangeImg()
    {
        document.getElementById('myImg').src = imgArray[n];
        n++;
        if(n>=3){
            n=0;
        }
    }
    function stopChange()
    {
        //清楚计时器对象
        clearInterval(timeout);
    }
    function startChange()
    {
        //设置延迟时间为2秒,并返回计时器对象
        timeout = setInterval("ChangeImg()",2000);;
    }
</script>
</head>
```

```
<body>
  <div align="center">
      <input type="button" value="分时显示" onClick="startChange()"/>
  
      <input type="button" value="停止显示" onClick="stopChange()"/>
 <br/>
 <br/>
 <img id ="myImg" name="myImg" src="水果.jpg" width="240px"
 height="320px"/>
 </div>
 </body>
 </html>
```

在上述代码中，定义了 ChangeImg()、stopChange()和 startChange()三个函数。其中：ChangeImg()函数的作用是按顺序显示图片；startChange()的作用是设置定时器，周期性地每隔 2s 调用 ChangeImg()函数；stopChange()函数的作用是清除 startChange()设置的计时器对象。由代码可知，setInterval()不需要像 setTimeout()那样进行递归调用。

2）navigator 对象

navigator 是一个独立的对象，用于提供用户所使用的浏览器以及操作系统等信息。navigator 对象的主要属性及说明如表 7-9 所示。

表 7-9　navigator 属性说明

属性	说　　明
appCodeName	返回浏览器的代码名
appMinorVersion	返回浏览器的次级版本
appName	返回浏览器的名称
appVersion	返回浏览器的平台和版本信息
browserLanguage	返回当前浏览器的语言
cookieEnabled	返回指明浏览器中是否启用 cookie 的布尔值
cpuClass	返回浏览器系统的 CPU 等级
onLine	返回指明系统是否处于脱机模式的布尔值
platform	返回运行浏览器的操作系统平台
systemLanguage	返回操作系统使用的默认语言
userAgent	返回由客户机发送到服务器的 user-agent 头部的值
userLanguage	返回操作系统的自然语言设置

示例代码如下所示：

```
<html>
<head>
 <title>navigator 对象的属性</title>
 <script language="JavaScript">
     var browser=navigator.appName;
     var platform=navigator.platform;
     document.write("浏览器名称："+ browser+"<br/>");
     document.write("操作系统平台："+ platform);
```

```
</script>
</head>
<body></body>
</html>
```

在上述代码中，通过 navigator 对象的 appName 和 platform 属性返回了当前 IE 浏览器的名称和当前操作系统的平台。通过 IE 查看该 HTML，效果如图 7-26 所示。

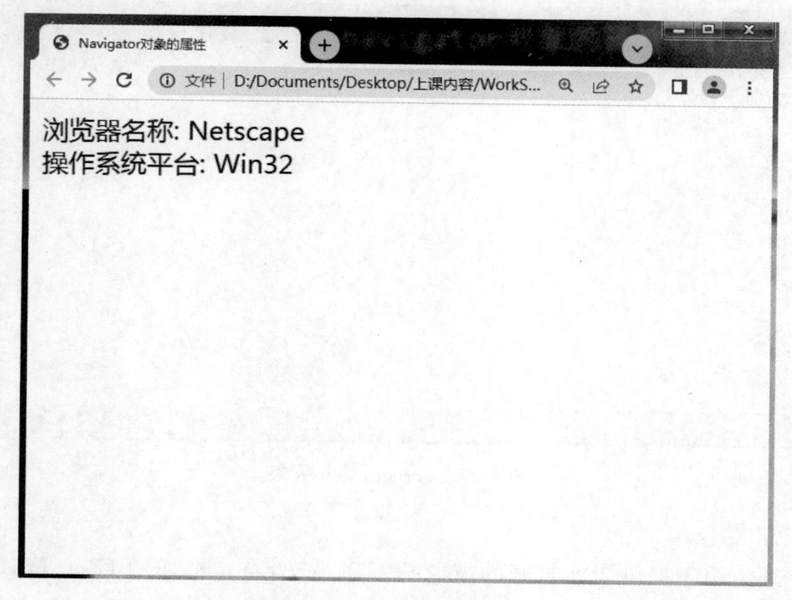

图 7-26 navigator 的效果

3）screen 对象

screen 对象包含有关客户端显示屏幕的信息。screen 对象属性及说明如表 7-10 所示。

表 7-10 screen 对象属性

属 性	说 明
availHeight	返回屏幕的高度（不包括 Windows 任务栏）
availWidth	返回屏幕的宽度（不包括 Windows 任务栏）
colorDepth	返回目标设备或缓冲器上的调色板的比特深度
height	返回屏幕的总高度
pixelDepth	返回屏幕的颜色分辨率（每像素的位数）
width	返回屏幕的总宽度

示例代码如下所示：

```
<html>
<head>
<title>屏幕总宽度</title>
</head>
<body>
```

```
<script>
document.write("总宽度：" + screen.width);
</script>
</body>
</html>
```

通过 IE 查看该 HTML，效果如图 7-27 所示。

图 7-27 screen 对象效果

4）location 对象

location 对象用于提供当前打开的窗口的 URL 或者特定框架的 URL 信息，location 对象是 window 对象的一部分，可通过 window. Location 属性对其进行访问，如表 7-11 所示为 location 对象属性表，如表 7-12 所示为 location 对象方法表。

表 7-11 location 对象属性

属　性	说　明
hash	返回一个 URL 的锚部分
host	返回一个 URL 的主机名和端口
hostname	返回 URL 的主机名
href	返回完整的 URL
pathname	返回的 URL 路径名
port	返回一个 URL 服务器使用的端口号
protocol	返回一个 URL 协议
search	返回一个 URL 的查询部分

表 7-12 location 对象方法表

方　法	说　明
assign()	载入一个新的文档
reload()	重新载入当前文档
replace()	用新的文档替换当前文档

示例代码如下所示：

```
<html>
<head>
<title>返回完整地址</title>
</head>
<body>
<script>
document.write(location.href);
</script>
</body>
</html>
```

通过 IE 查看该 HTML，效果如图 7-28 所示。这里使用 location.href 返回完整的文件地址。

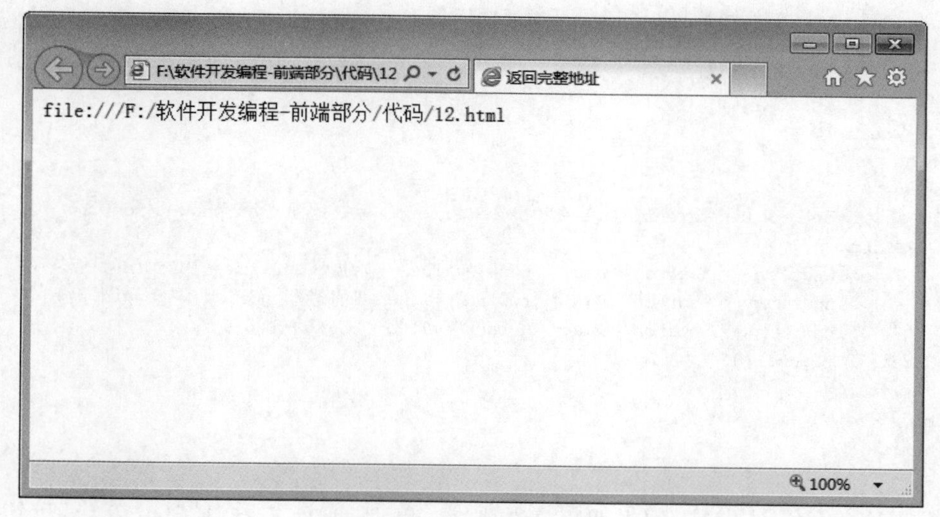

图 7-28 location 对象效果

5）history 对象

history 对象包含用户（在浏览器窗口中）访问过的 URL。该对象是 window 对象的一部分，可通过 window.history 属性对其进行访问。

history 对象的属性只有一个属性，length，该属性用来返回浏览器历史列表中的 URL 数量。

history 的主要方法及说明如表 7-13 所示。

表 7-13 history 对象的方法

方法	说明
back()	加载 history 列表中的前一个 URL
forward()	加载 history 列表中的后一个 URL
go()	加载 history 列表中的某个具体页面，具体使用方法是 history.go(n)，如果 n<0，则后退 n 个地址；反之则前进 n 个地址；如果 n=0，则刷新当前页面，相当于 location.reload()方法

示例代码如下所示：

```
<html>
<head>
    <title>history对象的属性和方法</title>
    <script language = "JavaScript">
        //后退
        function BackIE()
        {
            window.history.back();
        }
        //前进
        function FowardIE()
        {
            window.history.forward();
        }
        function GoBackIE()
        {
            window.history.go(2);
        }
    </script>
</head>
<body>
    <p><font color = "green" size = "3px"><strong>历史记录</strong></font></p>
    <form>
        <input type = "button" name = "back" value = "后退" onClick = "BackIE()" />
        <input type = "button" name = "foward" value = "前进" onClick = "FowardIE()" />
        <input type = "button" name = "goback" value = "Go 方法"
onClick = "GoBackIE()" />
    </form>
</body>
</html>
```

通过IE查看该HTML，效果如图7-29所示，单击“前进”“后退”“Go方法”按钮，可实现对历史记录的访问。

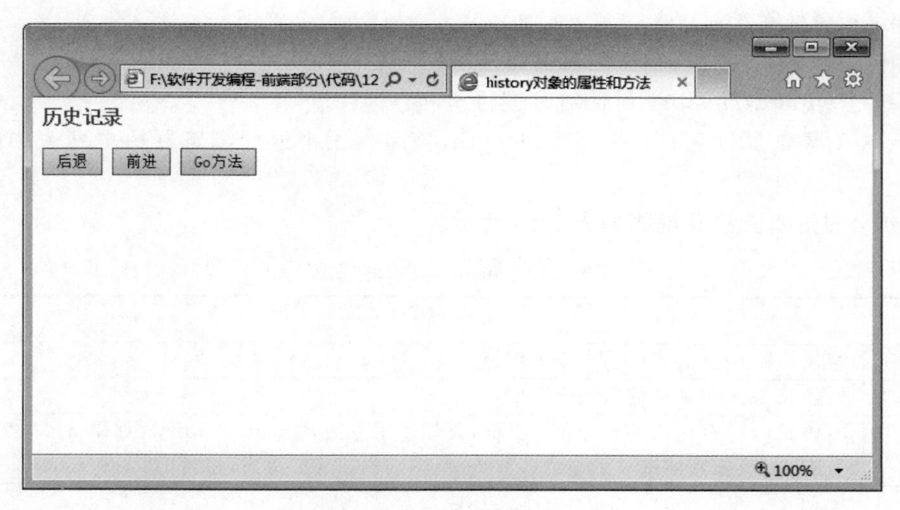

图7-29　历史记录

2. 事件的概念

当单击一个按钮的时候，会弹出一个对话框。在 JavaScript 中，“单击”被看作一个事件。在 JavaScript 中，事件往往是由页面上的一些动作引起的，例如，当用户按下鼠标该或者提交表单，甚至在页面移动鼠标时，都会出现事件。

JavaScript 的事件很多，包括 5 大部分：

- 鼠标事件。
- 键盘事件。
- 表单事件。
- 编辑事件。
- 页面相关事件。

1）JavaScript 事件调用方式

在 JavaScript 中，调用事件的方式有两种：

- 在< script >标签中调用事件。
- 在元素中调用事件。

下面详细介绍这两种 JavaScript 事件的调用方式。

(1) 在< script >标签中调用事件。

在< script >标签中调用事件，也就是在< script ></script >标签内部调用事件。

语法如下所示：

```
var 变量名 = document.getElementById("元素 id"); //获取某个元素,并赋值给某个变量
变量名.事件处理器 = function()
{
    …
}
```

示例代码如下所示：

```
< html >
< head >
    < title ></title >
</head >
< body >
    < input id = "btn" type = "button" value = "提交" />
    < script type = "text/javascript">
        var e = document.getElementById("btn");
        e.onclick = function () {
           alert("天信通培训");
        }
    </script >
</body >
</html >
```

通过 Chrome 查看该 HTML，效果如图 7-30 所示。在单击按钮之后，JavaScript 就会调用鼠标的单击(onclick)事件。

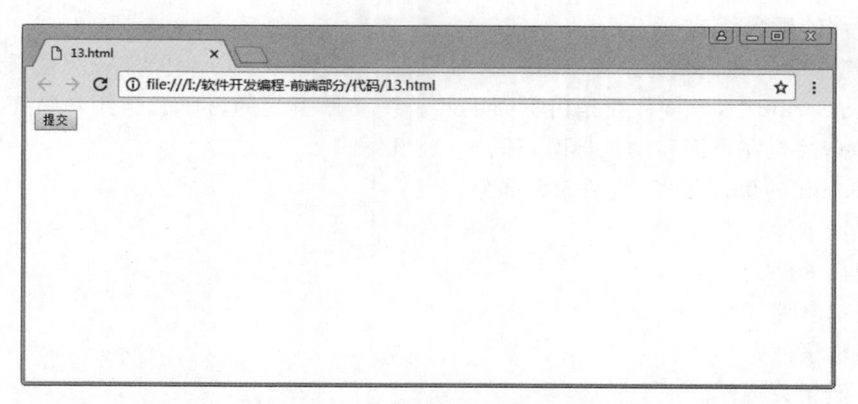

图 7-30　在 script 标签中调用事件

（2）在元素中调用事件。

在元素事件中引入 JS，就是指在元素的某一个属性中直接编写 JavaScript 程序或调用 JavaScript 函数，这个属性指的是元素的“事件属性”。

示例代码如下所示：

```
<html>
<head>
    <title></title>
    <script type="text/javascript">
        function alertMessage()
        {
            alert("青岛天信通");
        }
    </script>
</head>
<body>
    <input type="button" onclick="alertMessage()" value="按钮"/>
<body>
</html>
```

通过 Chrome 查看该 HTML，效果如图 7-31 所示。

图 7-31　在元素中调用事件

2）JavaScript 鼠标事件

在 JavaScript 中，常用的鼠标事件及说明如表 7-14 所示。

表 7-14 JavaScript 鼠标事件

事件	说明
onclick	鼠标单击事件
ondbclick	鼠标双击事件
onmouseove	鼠标移入事件
onmouseout	鼠标移出事件
onmousemove	鼠标移动事件
onmousedown	鼠标按下事件
onmouseup	鼠标松开事件

（1）鼠标单击事件。

在 JavaScript 中，鼠标单击事件是 onclick。

单击事件是 JavaScript 中最常用的事件。单击事件并不是只针对按钮，任何元素都可以为它添加单击事件。

示例代码如下所示：

```
<html>
<head>
    <title></title>
    <style type = "text/CSS">
        #btn
        {
            display:inline - block;
            width:80px;
            height:24px;
            line - height:24px;
            text - align:center;
            border - radius:3px;
            background - color:rgba(69,184,35,1.0);
            color:White;
            cursor:pointer;
        }
        #btn:hover
        {
            background - color:rgba(69,184,35,0.8);
        }
    </style>
</head>
<body>
    <div id = "btn">调试代码</div>
    <script type = "text/javascript">
        var e = document.getElementById("btn");
        e.onclick = function () {
            alert("我是个大美女?");
        }
```

```
    </script>
</body>
</html>
```

通过 Chrome 查看该 HTML，效果如图 7-32 所示。

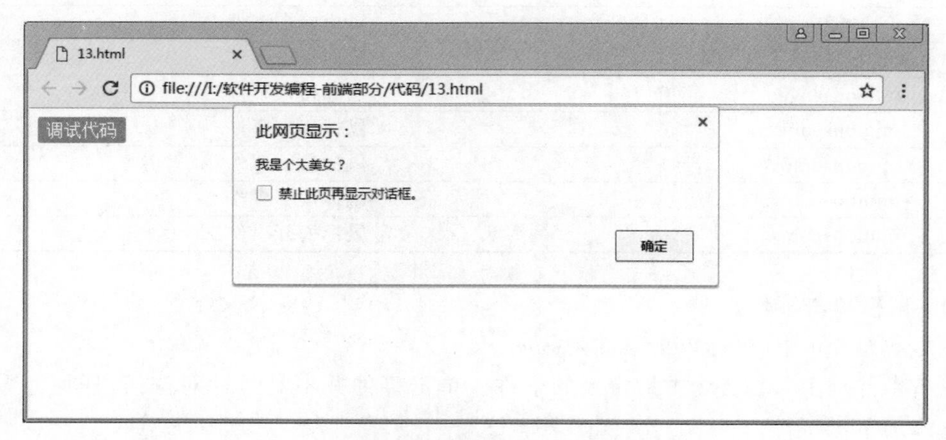

图 7-32　鼠标单击事件

（2）鼠标移入和移出事件。

在 JavaScript 中，鼠标移入和移出事件分别是 onmouseover 和 onmouseout。

onmouseover 和 onmouseout 这两个事件其实是好朋友关系，平常都形影不离。这两个事件是共同使用来分别控制鼠标"移入"和"移出"两种状态的。

示例代码如下所示：

```
<html>
<head>
    <title></title>
    <style type="text/CSS">
        #lvye
        {
            display:inline-block;
            border:1px dashed black;
        }
    </style>
</head>
<body>
    <h1 id="lvye">青岛天信通 </h1>
    <script type="text/javascript">
        var e = document.getElementById("lvye");
        e.onmouseover = function () {
            this.style.color = "red";
            this.style.borderColor = "red"
        }
        e.onmouseout = function () {
            this.style.color = "black";
            this.style.borderColor = "black"
```

```
        }
    </script>
</body>
</html>
```

通过 Chrome 查看该 HTML，效果如图 7-33 所示，鼠标移入时文字由黑色变成红色，鼠标移出时文字由红色变回黑色。

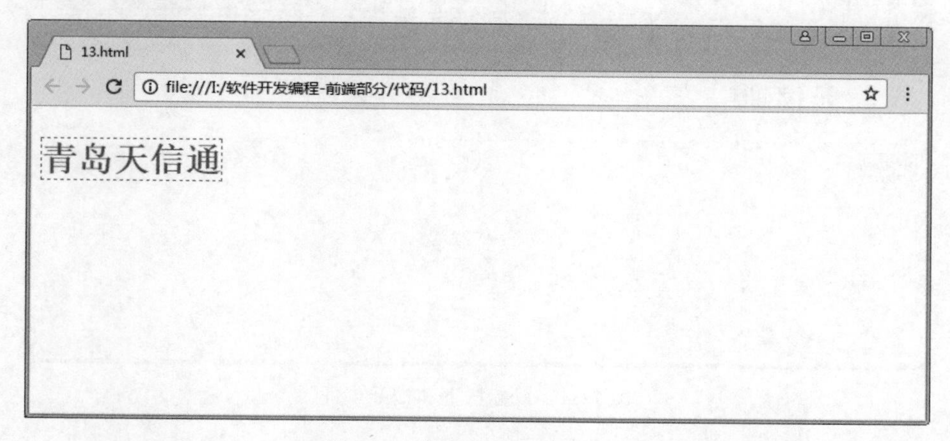

图 7-33 鼠标移入和移出事件

(3) 鼠标按下和松开事件。

在 JavaScript 中，鼠标的按下和松开事件分别是 onmousedown 和 onmouseup。onmousedown 表示鼠标按下的一瞬间所触发的事件，onmouseup 表示鼠标松开的一瞬间所触发的事件。

示例代码如下所示：

```
<html>
<head>
    <title></title>
</head>
<body>
    <div id = "main">
        <h1 id = "lvye">青岛天信通</h1>
        <hr />
        <input id = "btn" type = "button" value = "button" />
    </div>
    <script type = "text/javascript">
        var btn = document.getElementById("btn");
        var e = document.getElementById("lvye");
        btn.onmousedown = function () {
            e.style.color = "red";
        }
        btn.onmouseup = function () {
            e.style.color = "black";
        }
    </script>
```

```
</body>
</html>
```

通过 Chrome 查看该 HTML，鼠标按下和松开事件结果如图 7-34 所示。当鼠标按下时文字由黑色变成红色，当鼠标松开时文字由红色变回黑色。

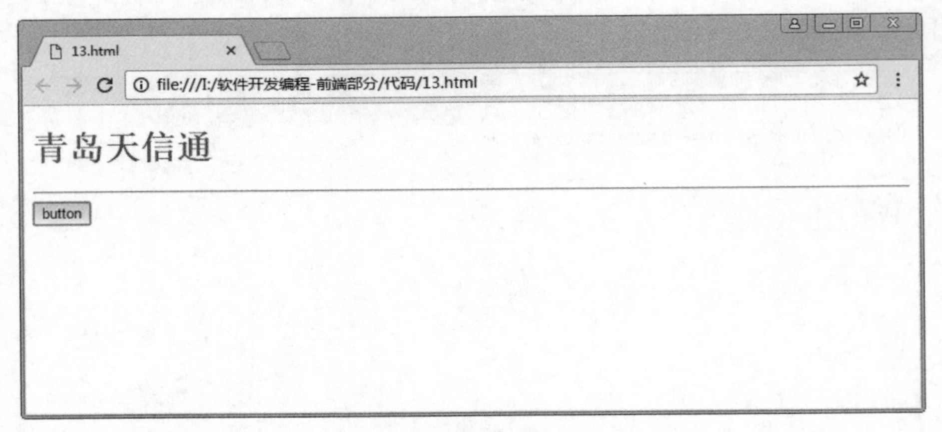

图 7-34　鼠标按下和松开事件

3）JavaScript 键盘事件

在 JavaScript 中，常用的键盘事件有 3 种：

- onkeypress 事件。
- onkeydown 事件。
- onkeyup 事件。

JavaScript 事件通过以下 3 个事件来捕获键盘事件：onkeydown、onkeypress 与 onkeyup。这 3 个事件的执行顺序如下：onkeydown → onkeypress → onkeyup。

（1）onkeypress 事件。

在 JavaScript 中，onkeypress 事件是在键盘上的某个键被按下到松开整个过程中触发的事件。

示例代码如下所示：

```
<html>
<head>
    <title></title>
    <script type="text/javascript">
        function refresh() {
            //判断是否按下 R 键
            if (window.event.keyCode == 82) {
                location.reload(); //刷新页面
            }
        }
        //调用函数
        document.onkeypress = refresh;
    </script>
```

```
</head>
<body>
    <div>欢迎来到青岛天信通</div>
</body>
</html>
```

通过 Chrome 查看该 HTML，效果如图 7-35 所示。

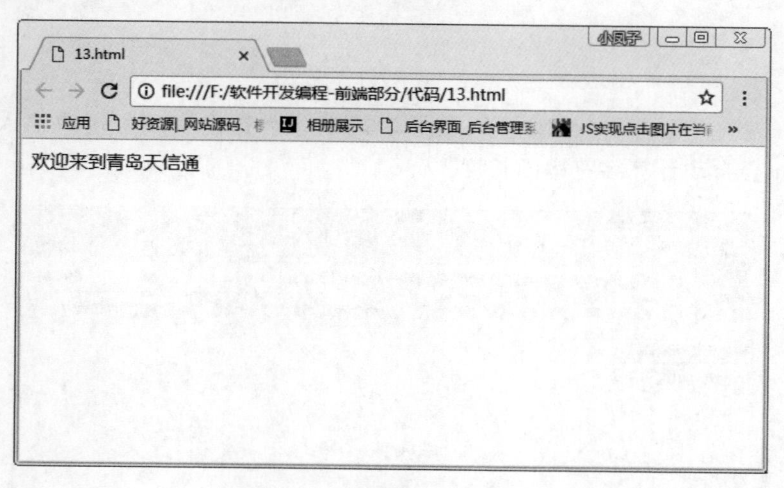

图 7-35 onkeypress 事件

（2）onkeydown 事件。

onkeydown 与 onkeypress 非常相似，也是在键盘的按键被按下时触发。但是这两个事件有以下两大区别：

① onkeypress 事件只在按下键盘的任一"字符键"（如 A～Z、数字键）时触发，单独按下"功能键"（如 F1～F12、Ctrl 键、Shift 键、Alt 键等）不会触发；而 onkeydown 无论是按下"字符键"还是"功能键"都会触发。

② 按下"字符键"会同时触发 onkeydown 和 onkeypress 这两个事件，但是这两个事件有一定顺序：onkeydown>onkeypress。

（3）onkeyup 事件。

在 JavaScript 中，onkeyup 事件是在键盘的某个键被按下之后松开的一瞬间触发的事件。

示例代码如下所示：

```
<html>
<head>
    <title></title>
</head>
<body>
    <input id="txt" type="text"/>
    <div>字符串长度为:<span id="num">0</span></div>
    <script type="text/javascript">
        //获取 DOM 元素节点
```

```
            var e = document.getElementById("txt");
            var n = document.getElementById("num");
            //定义文本框的 onkeyup 事件
            e.onkeyup = function () {
                var str = e.value.toString();
                n.innerHTML = str.length;
            }
        </script>
    </body>
    </html>
```

通过 Chrome 查看该 HTML，效果如图 7-36 所示。这里实现了用户输入字符串的同时，JavaScript 会自动计算字符串的长度。

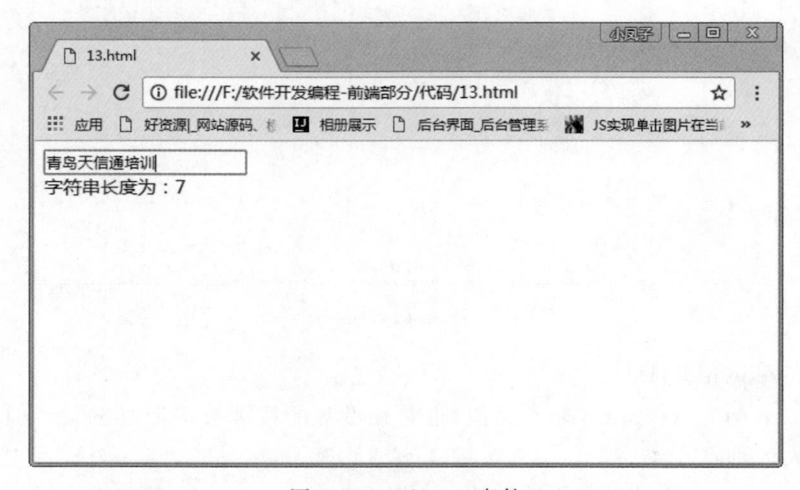

图 7-36　onkeyup 事件

4）JavaScript 表单事件

在 JavaScript 中，常用的表单事件有 4 种：

- onfocus 事件。
- onblur 事件。
- onchange 事件。
- onselect 事件。

（1）onfocus 和 onblur 事件。

onfocus 和 onblur 这两个事件往往都是配合使用的。例如，在用户在文本框输入信息时，将光标放在文本框中，文本框会获取焦点。当文本框失去光标时，文本框失去焦点。

onfocus 表示获取焦点触发的事件，onblur 表示失去焦点触发的事件。

具有获得焦点和失去焦点事件的元素有 3 个：

- 单行文本框 text。
- 多行文本框 textarea。
- 下拉列表 select。

示例代码如下所示：

```
<html>
<head>
    <title></title>
    <style type="text/CSS">
        #search
        {
            color:#bbbbbb;
        }
    </style>
</head>
<body>
    <input id="search" type="text" value="百度一下,你就知道"/><input id="Button1"
type="button" value="搜索" />
    <script type="text/javascript">
        //获取元素对象
        var e = document.getElementById("search");
        //获取字符串"百度一下,你就知道"
        var txt = e.value;
        //获取焦点事件
        e.onfocus = function () {
            if(e.value==txt)e.value = "";
        }
        //失去焦点事件
        e.onblur = function () {
            if (e.value == "") e.value = txt;
        }
    </script>
</body>
</html>
```

通过 Chrome 查看该 HTML,效果如图 7-37 所示。当文本框获取焦点时,文本框提示文字就会消失;当文本框失去焦点后,会判断是否已经输入字符串,如果没有,文本框提示文字会重新出现。

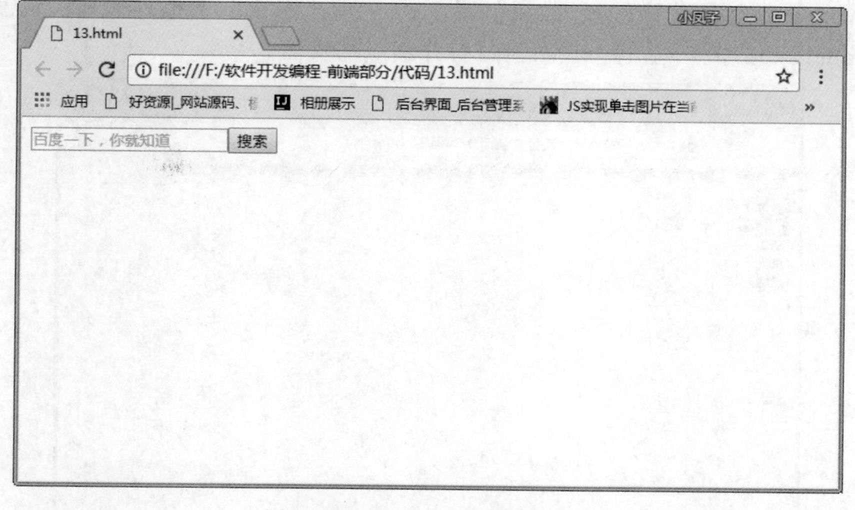

图 7-37 onfocus 和 onblur 事件

（2）onchange 事件。

在 JavaScript 中，当用户在单行文本框 text 和多行文本框 textarea 输入文本时，由于文本框内字符串的改变将会触发 onchange 事件。此外，在下拉列表 select 中一个选项的状态改变后也会触发 onchange 事件。

具有 onchange 事件的元素有 3 个：

- 单行文本框 text。
- 多行文本框 textarea。
- 下拉列表 select。

示例代码如下所示：

```
<html>
<head>
    <title></title>
    <script type="text/javascript">
        function jump(){
            var e = window.event;
            var obj = e.srcElement;
            var link = obj.options[obj.selectedIndex].value;
            window.open(link, "", "");}
    </script>
</head>
<body>
    <select id="list" onchange="jump()">
        <option value="http://wwww.baidu.com">百度</option>
        <option value="http://www.sina.com.cn">新浪</option>
        <option value="http://www.qq.com">腾讯</option>
        <option value="http://www.sohu.com">搜狐</option>
    </select>
</body>
</html>
```

通过 Chrome 查看该 HTML，效果如图 7-38 所示。当选取下拉列表框中的某一项时，就会执行 onchange 事件，然后会在新窗口打开相应的页面。

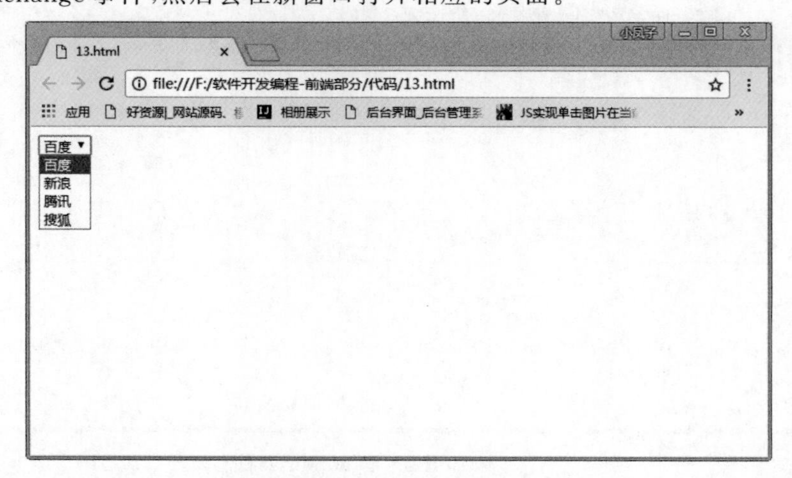

图 7-38 onchange 事件

(3) onselect 事件。

在 JavaScript 中,当用户选中单行文本框 text 或多行文本框 textarea 的文本时,会触发 onselect 事件。onselect 事件的具体过程是从鼠标按键被按下,到鼠标开始移动并选中内容的过程。这个过程并不包括鼠标按键的放开。

示例代码如下所示:

```
<html>
<head>
    <title></title>
    <link href="StyleSheet.CSS" rel="stylesheet" type="text/CSS" />
</head>
<body>
    <input id="txt1" type="text" value="欢迎来到绿叶学习网学习 JavaScript 入门教程"/>
<br />
    <textarea id="txt2" cols="20" rows="5">欢迎来到绿叶学习网学习 JavaScript 入门教程
</textarea>
    <script type="text/javascript">
        document.getElementById("txt1").onselect = function () {
            alert("你选中了单行文本框中的内容");
        }
        document.getElementById("txt2").onselect = function () {
            alert("你选中了多行文本框中的内容");
        }
    </script>
</body>
</html>
```

通过 Chrome 查看该 HTML,效果如图 7-39 所示。选中单行文本框 text 或多行文本框的内容时都会弹出相应的对话框。

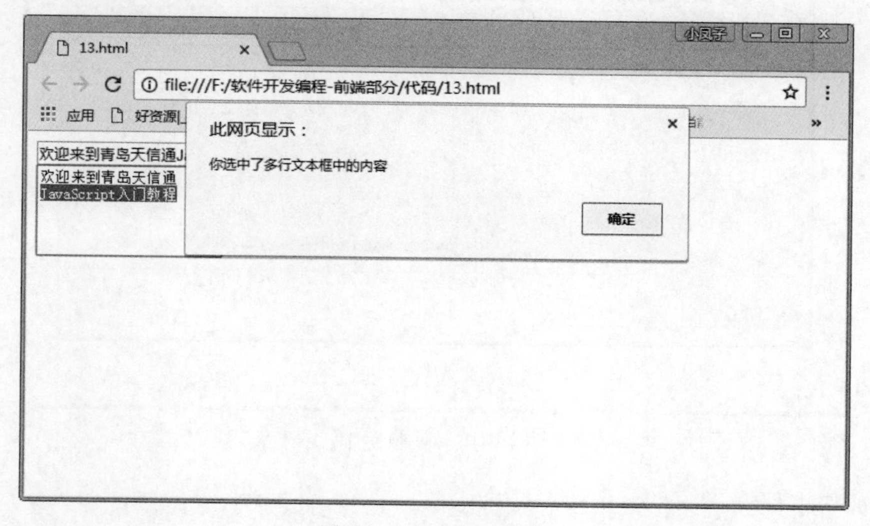

图 7-39 onselect 事件

5) JavaScript 编辑事件

在 JavaScript 中,常见的编辑事件有 3 种:

- 复制事件 oncopy。
- 剪切事件 oncut。
- 粘贴事件 onpaste。

(1) 复制事件。

在 JavaScript 中，在网页中复制内容时会触发复制事件 oncopy。可以通过 oncopy 事件来禁止用户复制网页内容。

示例代码如下所示：

```
<html>
<head>
<title></title>
</head>
<body>
<input type = "text" oncopy = "myFunction()" value = "尝试复制文本">
<p id = "demo"></p>
<script>
function myFunction() {
    document.getElementById("demo").innerHTML = "你复制了文本!"
}
</script>
</body>
</html>
```

通过 Chrome 查看该 HTML，效果如图 7-40 所示。当复制文本时，会弹出提示“你复制了文本”的对话框。

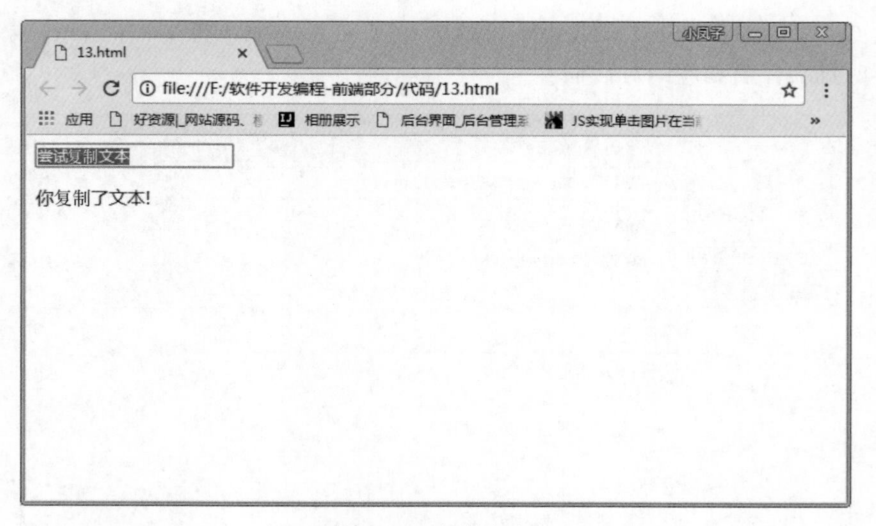

图 7-40　复制文本

(2) 剪切事件。

在 JavaScript 中，当网页文本框等被选中的内容被剪切时会触发剪切事件 oncut。

示例代码如下所示：

```
<html>
<head>
    <title></title>
</head>
<body>
    <textarea id="txt" cols="20" rows="5">4日,首批共享汽车终于在济南街头亮相了。不过
不是此前预告过的巴歌出行、易开出行,而是中冠出行.</textarea>
    <script type="text/javascript">
        var e = document.getElementById("txt");
        e.oncut = function () {
            alert("禁止剪切文本框内容!");
            return false;
        }
    </script>
</body>
</html>
```

通过 Chrome 查看该 HTML,效果如图 7-41 所示。当剪切文本时,会弹出提示"禁止剪切文本框内容!"的对话框。

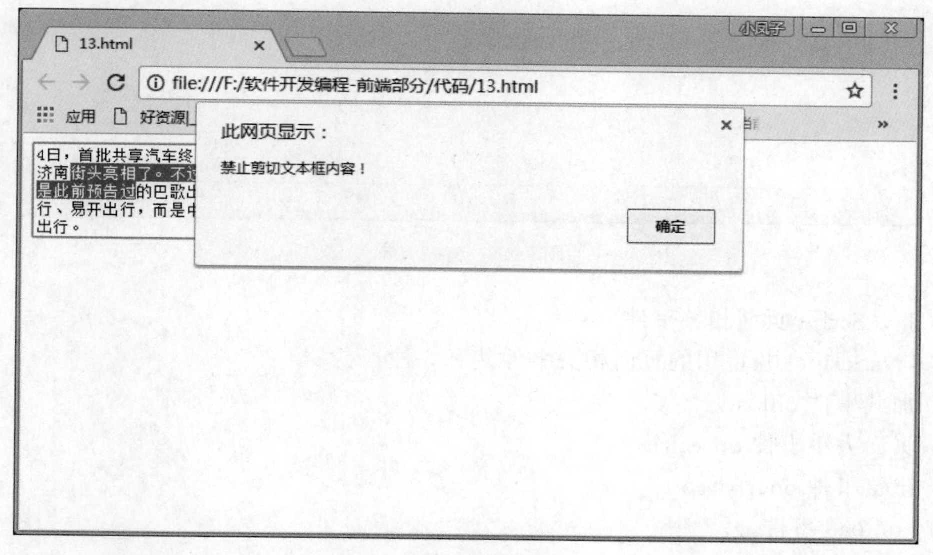

图 7-41 剪切文本

(3) 粘贴事件。

在 JavaScript 中,当向文本框等中粘贴内容时会触发粘贴事件 onpaste。

示例代码如下所示:

```
<html>
<head>
    <title></title>
</head>
<body>
    <textarea id="txt" cols="20" rows="5"></textarea>
```

```
    <script type="text/javascript">
        var e = document.getElementById("txt");
        e.onbeforepaste = function () {
            window.clipboardData.setData("text",""); //清空剪贴板
        }
    </script>
</body>
</html>
```

通过 IE 查看该 HTML,效果如图 7-42 所示。

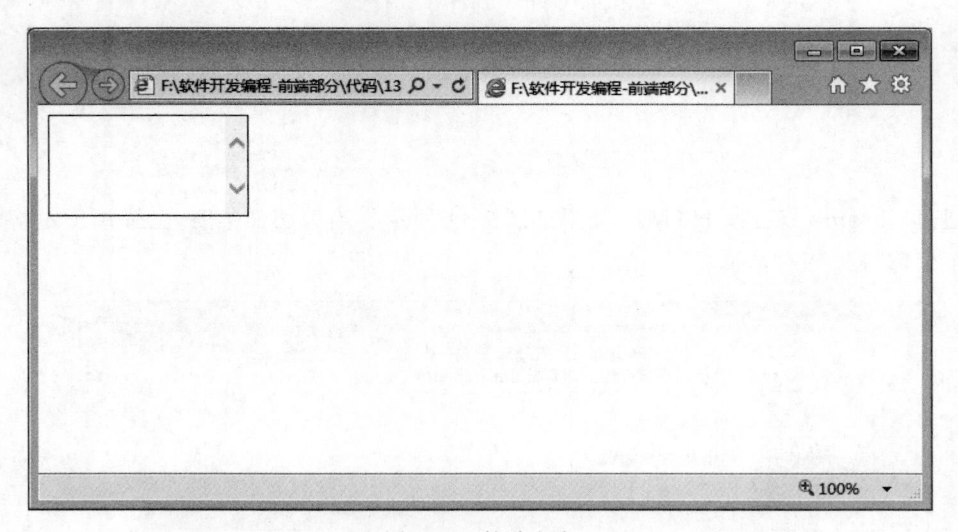

图 7-42　粘贴文本

6) JavaScript 页面相关事件

在 JavaScript 中,常用的页面相关事件共有 3 种:

- 加载事件 onload。
- 页面大小事件 onresize。
- 出错事件 onerror。

(1) onload 事件。

onload 事件表示在文档加载完毕再执行的事件。

示例代码如下所示:

```
<html>
<head>
    <title></title>
    <script type="text/javascript">
        window.onload = function () {
            var e = document.getElementById("btn");
            e.onclick = function () {
                alert("JavaScript");
            }
        }
```

```
    </script>
</head>
<body>
    <div id="main">
        <input id="btn" type="button" value="提交" />
    </div>
</body>
</html>
```

通过 IE 查看该 HTML，效果如图 7-43 所示。

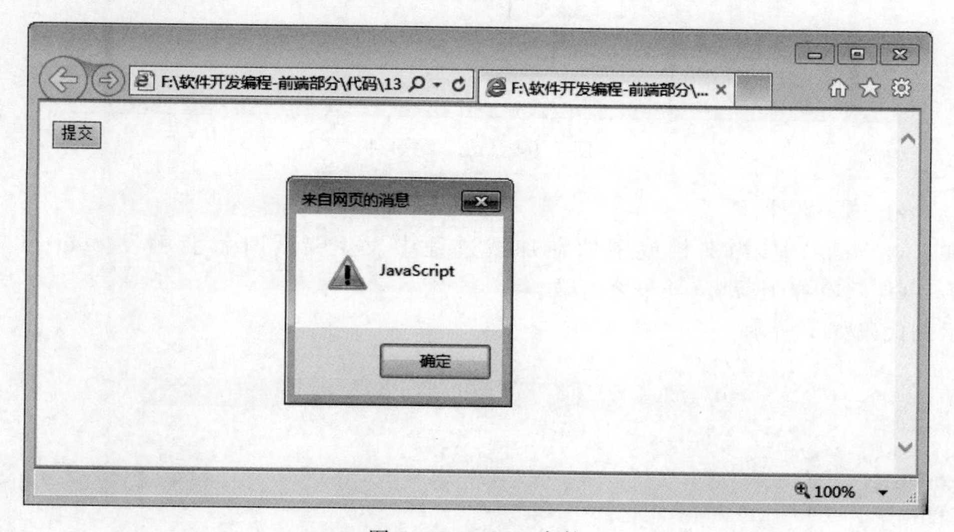

图 7-43 onload 事件

（2）onresize 事件。

在 JavaScript 中，改变页面大小的事件是 onresize。这个事件常用于固定浏览器的大小。

示例代码如下所示：

```
<html>
<head>
    <title></title>
    <script type="text/javascript">
        window.onresize = function () {
            alert("窗口大小被改变");
        }
    </script>
</head>
<body>
</body>
</html>
```

通过 IE 查看该 HTML，效果如图 7-44 所示。当窗口大小被改变时会弹出提示对话框。

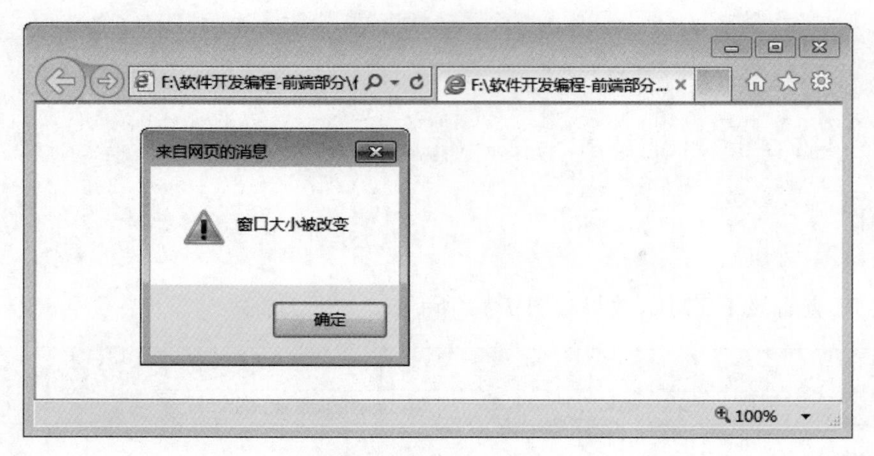

图 7-44　onresize 事件

(3) onerror 事件。

在 JavaScript 中，当文档或图像在加载过程中发生错误时就会触发 onerror 事件。onerror 事件只有在 IE 浏览器下才有效。

示例代码如下所示：

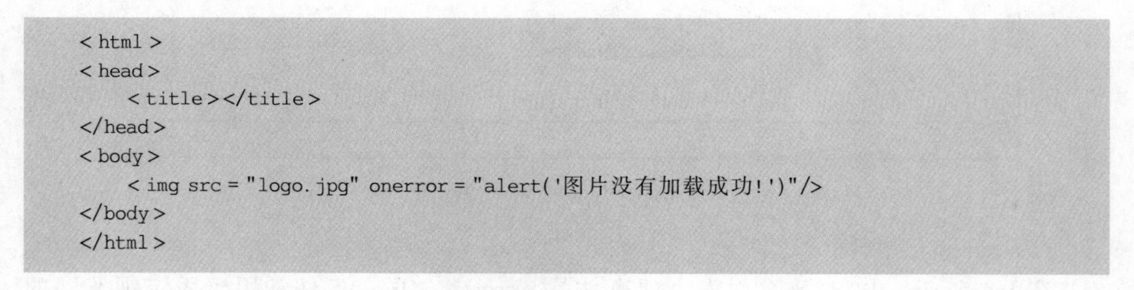

```
<html>
<head>
    <title></title>
</head>
<body>
    <img src="logo.jpg" onerror="alert('图片没有加载成功!')"/>
</body>
</html>
```

通过 IE 查看该 HTML，效果如图 7-45 所示。

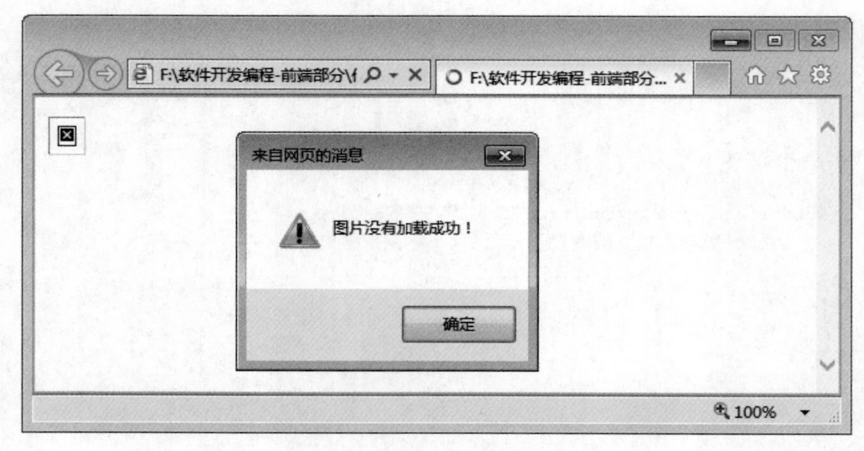

图 7-45　onerror 事件

7.2.3 案例实现

1. 案例分析

关于网页的实现不再赘述，运用前面所学的HTML+CSS就能实现。这里运用了onclick事件，实现了单击下方按钮在上方黑框内显示按钮下的数字或者功能。

2. 代码实现

1）HTML页面

```
<table>
    <tr>
        <td colspan="4"><input class="screen" type="text" disabled /></td>
    </tr>
    <tr>
        <td><input class="but_ac but" type="button" value="AC" style="color: orange">
</td>
        <td><input class="but_ac but" type="button" value="<—" style="color:
orange"></td>
        <td><input class="but" type="button" value="+/-"></td>
        <td><input class="but" type="button" value="/"></td>
    </tr>
    <tr>
        <td><input class="but" type="button" value="7"></td>
        <td><input class="but" type="button" value="8"></td>
        <td><input class="but" type="button" value="9"></td>
        <td><input class="but" type="button" value="*"></td>
    </tr>
    <tr>
        <td><input class="but" type="button" value="4"></td>
        <td><input class="but" type="button" value="5"></td>
        <td><input class="but" type="button" value="6"></td>
        <td><input class="but" type="button" value="-"></td>
    </tr>
    <tr>
        <td><input class="but" type="button" value="1"></td>
        <td><input class="but" type="button" value="2"></td>
        <td><input class="but" type="button" value="3"></td>
        <td><input class="but" type="button" value="+"></td>
    </tr>
    <tr>
        <td colspan="2"><input class="but" type="button" value="0" style="width:
180px"></td>
    <td><input class="but" type="button" value="."></td>
    <td><input class="but" type="button" value="=" style="background-color:orange;
color:white"></td>
    </tr>
</table>
```

2）CSS页面

```
table{
    margin:0 auto;
```

```
    }
    .but_ac{
        width: 80px;
        height: 60px;
        background-color : lightgray;
        font-size: 1.2em;
    }
    .but{
        width: 80px;
        height: 60px;
        background-color : lightgray;
        font-size: 1.2em;
    }
    .screen{
        width: 350px;
          height: 70px;
          font-size: 1.5em;
          color: white;
          background-color: black;
          text-align:right;
    }
```

3）JavaScript 页面

```
window.onload = function(){
   var result;
     var str = [];
    var num = document.getElementsByClassName("but");
    var scr = document.getElementsByClassName("screen")[0];
      for(var i = 0;i < num.length;i++)
      {
         num[i].onclick = function(){
          if(this.value == "AC"){
         scr.value = "";
          }
         else if( this.value == " + / - "){
             if(scr.value == "")
             {
                 scr.value = "";
             }
              else if(isNaN(scr.value.charAt(scr.value.length - 1)) == false&&isNaN(scr.
value.charAt(scr.value.length - 2)) == true)
             {
scr.value = scr.value.substr(0, scr.value.length - 1) + "(" + " - " + scr.value.charAt(scr.
value.length - 1) + ")";
             }
          }
      else if (this.value == "<—"&&this.value!= ""){
            scr.value = scr.value.substr(0,scr.value.length - 1);
        }
         else if(scr.value == ""&&this.value == "."){
              scr.value = "0.";
```

```
            }
            else if(this.value == " = "){
                 scr.value = eval(scr.value);
            }
            else if(scr.value == ""&&(this.value == " + "||this.value == " - "||this.value ==
" * "||this.value == "/"))
                 {
                   scr.value == "";
                 }
            else
                {
                  scr.value += this.value;
                }
          }
        }
}
```

3. 运行效果

上述代码的运行结果如图 7-46 所示。

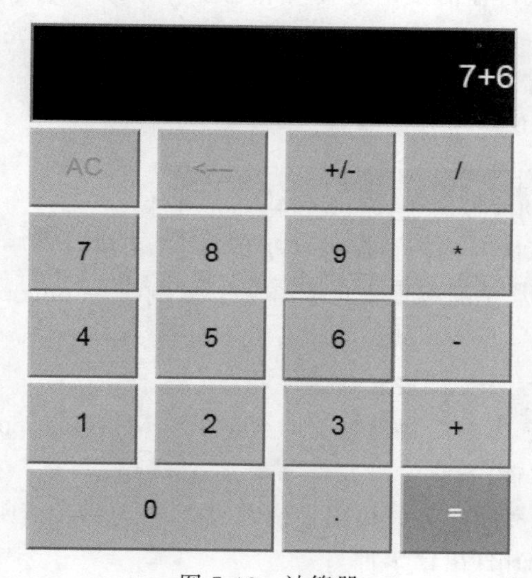

图 7-46　计算器

本章小结

本章的主要知识点如下：

- BOM 是 Browser Object Model 的缩写，简称浏览器对象模型，的核心对象是 window。
- window 对象是所有对象的根对象。
- open()方法用于打开一个新窗口。
- setTimeout()方法用于设置一个计时器。
- clearTimeout()方法用于取消由 setTimeout()方法设置的计时对象。
- setInterval()方法可按照指定的周期(以毫秒计)来调用函数或计算表达式。

- clearInterval()方法用于取消由 setInterval()方法设置的计时对象。
- navigator 是一个独立的对象，用于提供用户所使用的浏览器以及操作系统等信息。
- screen 对象包含有关客户端显示屏幕的信息。
- location 对象用于提供当前打开的窗口的 URL 或者特定框架的 URL 信息。
- history 对象包含用户(在浏览器窗口中)访问过的 URL。
- JavaScript 的事件很多，包括 5 个部分：鼠标事件、键盘事件、表单事件、编辑事件和页面相关事件。
- 在 JavaScript 中，调用事件的方式共有两种：在 script 标签中调用；在元素中调用。
- 鼠标单击事件是 onclick。
- 鼠标移入和移出事件分别是 onmouseover 和 onmouseout。
- 鼠标的按下和松开事件分别是 onmousedown 和 onmouseup。
- 在 JavaScript 中，常用的键盘事件有 3 种：onkeypress 事件、onkeydown 事件和 onkeyup 事件。
- onkeypress 事件是在键盘上的某个键被按下到松开整个过程中触发的事件。
- onkeyup 事件是在键盘的某个键被按下之后松开的一瞬间触发的事件。
- 在 JavaScript 中，常用的表单事件有 4 种：onfocus 事件、onblur 事件、onchange 事件和 onselect 事件。
- onfocus 表示获取焦点触发的事件。
- onblur 表示失去焦点触发的事件。
- 文本框内字符串的改变将会触发 onchange 事件。
- onselect 事件的具体过程是从鼠标按键被按下，到鼠标开始移动并选中内容的过程。
- 在 JavaScript 中，常见的编辑事件有 3 种：复制事件 oncopy、剪切事件 oncut、粘贴事件 onpaste。
- 在网页中复制内容时会触发复制事件 oncopy。
- 网页文本框等中选中的内容被剪切时会触发剪切事件 oncut。
- 在文本框等中粘贴内容时会触发粘贴事件 onpaste。
- 在 JavaScript 中，常用的页面相关事件共有 3 种：onload(加载事件)、onresize(页面大小事件)和 onerror(出错事件)；
- onload 事件表示在文档加载完毕再执行的事件。
- 页面大小改变的事件是 onresize。
- 当文档或图像加载过程中发生错误时就会触发 onerror 事件。

参考文献

[1] 陈承欢. HTML5＋CSS3网页设计与制作实用教程[M]. 北京：人民邮电出版社，2018.

[2] 秦美峰. Web前端编程实践性教学的探索[J]. 福建电脑，2015，1：117-119.

[3] 阮晓龙. Web前端开发课程内容改革的探索与尝试[J]. 中国现代教育装备，2015，4：94-97.

[4] 赵爱美. 基于HTML5和.NET的移动学习平台研究与实现[J]. 河南科技学院学报，2013，8：62-66.

[5] 储久良. Web前端开发技术课程教学改革与实践[J]. 计算机教育，2014，14：12-15.

[6] 马新强，孙兆，袁哲. Web标准与HTML5的核心技术研究[J]. 重庆文理学院学报：自然科学版，2010，29(6)：61-65.

[7] 陆钻. 基于HTML5和CSS3网页布局技术应用[J]. 无线互联科技，2016，10：128-129，140.